버섯중독

菌中毒

네룽칭 지음
쩡샤오롄·양젠쿤 그림
김지민 옮김

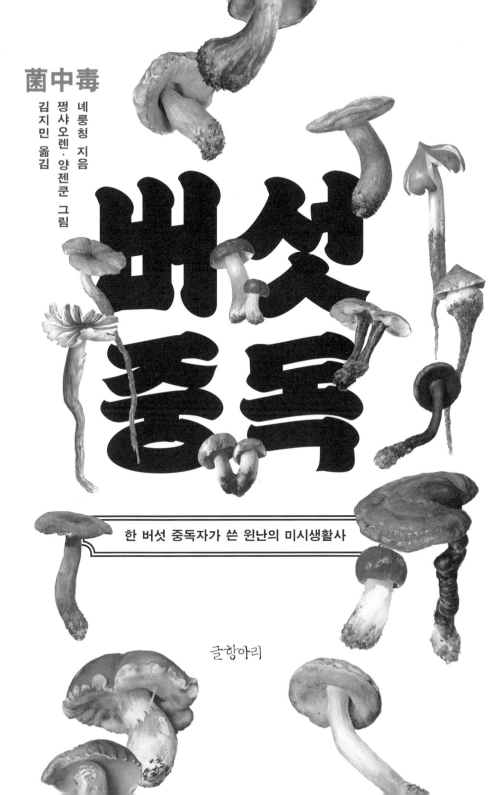

버섯 중독

한 버섯 중독자가 쓴 윈난의 미시생활사

글항아리

차례

일러두기

1. 이 책의 버섯 분류는 학명이 아닌 윈난 민간의 분류 방식을 따르고 있다.

2. 버섯 명칭은 국가표준버섯목록(http://www.nature.go.kr/kfni/SubIndex.do)을 기준으로 옮겼다. 다만 한국 정식 명칭이 확정되지 않은 것은 대중적으로 알려진 이름으로 옮겼고 아직 국내에 소개되지 않아 국명이 없는 것은 한자를 음독하고 학명을 병기했다.

3. 본문에서 윈난 방언이 나올 때는 외래어표기법을 따르지 않고 윈난 방언 발음에 따라 표기했다.

4. 이 책의 삽화 중 「버섯 세계의 정수를 취하다」에 수록된 삽화는 쩡샤오롄이 1975년 이후 창작한 진균 소재의 식물 세밀화이며 그 외의 삽화들은 모두 양젠쿤이 그렸다.

5. 모든 주는 옮긴이 주다.

서문

버섯에는 독이 있다.
그러나 아름답지 않은 삶이라면 살 가치가 없다.

버섯(인공 배양된 식용 버섯은 제외)은 삼림, 잡목림, 관목림, 싸리, 썩은
나무, 분변에서 생장한다. 아가리쿠스 캄페스트리스*Agaricus campestris*라는
라틴어 학명은 버섯이 균사체와 자실체 둘로 구성되어 있다는 데서 유래
했다. 균사체는 영양기관이고 자실체는 생식기관이다. 식물과 달리 버섯
은 진균에 속한다. 식물은 광합성을 할 수 있지만 버섯은 불가능하다. 버
섯은 3만 6000여 종이나 되며 성숙한 포자가 발아해 균사가 된다. 균사는
격막이 있는 다세포로 그 끝이 생장해 뻗어가면서 흰색 솜털 형태에서 점
차 가늘고 긴 실의 모양을 갖춘다. 이 균사끼리 서로 얽혀 긴밀한 군체를

이룬 것을 균사체라고 한다. 균사체가 부생腐生한 뒤 짙은 갈색이던 배지培地는 옅은 갈색으로 바뀐다. 버섯의 자실체는 다 성장하면 활짝 펴진 작은 우산처럼 갓, 대, 주름살, 턱받이, 가근假根* 등으로 구성된다. 독버섯은 사람의 건강에 유해하며, 독버섯에 심하게 중독되면 목숨을 잃을 수도 있다.

윈난雲南에서는 매년 7월 전후로 비가 충분히 내리면 뭇 산에서 각종 버섯이 흙을 뚫고 나온다. 이때를 대지의 명절이라 할 수 있다. 기쁨에 취한 사람들은 버섯의 훌륭한 맛을 느끼기 위해 위험도 마다하지 않는다. 버섯을 대환영하는 건 윈난 사람들만이 아니다. 이맘때면 광활한 위도 범위에 위치한 각종 식물 왕국에서도 자연스레 서로 약속이라도 한 듯 버섯에 환호한다. 예를 들어 윈난과 비슷한 위도에 있는 라틴아메리카와 동남아시아 지역은 지리 환경이나 기후 조건, 지방의 특색과 풍습이 윈난과 비슷하고 커피, 사탕수수, 감자, 옥수수, 양귀비, 버섯, 선인장이 많이 난다. 멕시코의 원주민들은 환각을 일으키는 독버섯을 '신의 선물'이라 부르며 제전祭典 활동에 썼다. 그들은 3000년 전부터 이런 독버섯들을 알고 있었다. 예를 들어 환각버섯, 주사위환각버섯, 저림가락지버섯, 가시환각버섯처럼 유명한 버섯은 이름만 다를 뿐 윈난에도 똑같이 존재한다. 멕시코의 우간균牛肝菌은 환시, 환상, 환청, 광소狂笑, 헛소리, 손발을 덩실거리는 증세를 비롯해 몸이 느낄 수 있는 감각을 초월해 '릴리푸티안 환각'**까지 일

---

* 버섯류의 기부와 흙 및 배양료와 맞닿는 부위의 실뿌리를 닮은 구조로 기질에 부착하거나 물질의 흡수 기관 역할을 한다.

** 왜소 환각. 『걸리버 여행기』에 나오는 소인국 릴리퍼트에서 따온 말로, 물체가 실제 크기보다 더 작게 보이는 증상이다.

으킬 수 있다. 그러니까 손발을 덩실거리는 건 예로부터 지구 위 같은 위도에 놓인 긴 선에서 함께 일어났던 동작이다. 윈난에 남아 있는 불후의 민족 서사시, 음악, 춤, 제사에도 분명 우간쥔, 견수청見手靑 같은 버섯 족의 공헌이 있었으리라. 굴원이 「구가九歌」에 썼듯, 아마 무당도 산속에서 비밀스러운 활동을 했을 것이다.

> 혜초로 제물을 싸고 난엽으로 바닥을 깔아
> 육계와 산초로 빚은 좋은 술을 올리네
> 북채를 들어 둥둥 북을 치고
> 소박한 가락과 느린 박자로 나지막이 연주하다가
> 피리를 불고 슬瑟을 타며 목청 높여 노래하네
> 무녀의 춤추는 자태 아름답고 그 복장은 더욱 아름다운데
> 향긋한 향기가 흘러넘쳐 대당을 가득 채우는구나
> 궁상각치우 오음을 합주하며
> 신군께서 즐겁고 건강하기를 간절히 기원하세

저자 녜룽칭은 이렇게 말한다.

"윈난 사람은 세계 어디에 있든 이 계절만 되면 이렇게 말한다. '버섯이 너무 먹고 싶어.' 자, 윈난 사람이 집단으로 이 미식에 중독되고 싶어하는 때가 온 것이다."

그렇다. 이 말은 거짓이 아니다. 예로부터 "백성은 먹는 일을 하늘같이 여긴다"라고 하지 않던가. 이때 '하늘'은 물질적인 것을 뜻하기도 하지만

비물질적인 의미이기도 하다. 윈난 사람에게 버섯을 먹는 일은 윈난의 지방성을 띤 철학적인 사건에 더 가깝다. 윈난의 형이상은 신체, 대지, 고원, 산, 강, 숲 그리고 버섯 속에도 있는데, 이는 개념의 초월이 아닌 감수성의 초월이다. 버섯에 대한 사랑으로 인해 윈난 사람은 대체로 생사를 담담하게 보는 초월적 태도를 갖는다. 윈난성에서 공리주의란 보편적으로 비웃음거리가 된다. 이곳은 '시심' '환각' '무용' '실패' '낙후' 같은 단어와 너무 가까워, 급기야 총명한 사람은 윈난에서 분분히 도망치고 만다. 그들은 버섯을 두려워한다.

　윈난 사람의 버섯을 향한 광적인 열기는 우리 현시대의 식문화와는 역방향으로 달려간다. 이는 허기를 채우기 위한 것도, 양생하기 위한 것도, 신체 건강을 위한 것도, 장수를 위한 것도 아니다. 버섯은 정신적인 것에 더 가깝다. 특별한 영양소가 있는 것도 아니고 독이 있을지도 모르니 '완전히 쓸모없다'고까지 말할 수 있다. 하지만 버섯의 신비한 맛은 모종의 형이하에서 형이상을 이끌어낸다. 맛의 도道를 도라고 부르려면 변치 않는 도가 아니어야 하니 이는 버섯의 도라! 버섯에 깃들어 있는 것은 '유무상생有無相生'이다. 버섯은 유이기도 하고 무이기도 하며, 그 무용한 독이 생명을 위협할 수도 있다. 그러나 이런 독성에 바로 버섯의 맛과 매력이 있다. 버섯을 먹는 일은 윈난 사람이 지닌 초월성의 세계관을 엿볼 수 있는 방법 중 하나다. 이 '먹을 복'은 대지가 응원하는 신체의 모험이자 부정확한 정신적 사건(중독될 수도 있고 안 될 수도 있다)이다. 먹을 복의 '복福'자는 '시示' 변을 쓰는데『설문해자說文解字』에서 '시'는 이렇게 해석된다. "하늘이 천문 현상을 내려 사람들에게 길흉을 알린다는 뜻이다. 위의 이二는 하늘을 뜻하고 아래로 늘어진 세 선은 해, 달, 별을 뜻한다. 천문을 관찰함으로써 시간의 변화를 살핀다. 시는 신의 일이다." 매년 버섯이 자라나면 신령이 현신한 듯 사람들을 깨워서 이 영원한 주제를 캐묻는다. 사느냐, 죽느냐.

버섯의 가치는 그 맛에 있다. 공자가 말하길 "지극히 아름답고, 또한 지극히 착하다". 아름다움이 첫째고, 착함은 그다음이라는 뜻으로 중국의 고전 사상에서 아름다움은 착함보다 더 중요하고 고급스러운 것이었다. 사람을 사람으로 여기게 하는 것은 초월적이고 비물질적인 삶을 끊임없이 의식하는 데 있다. 아름다운 삶은 아름답지 않은 삶보다 높은 곳에 있다. 사람들은 버섯의 아름다운 맛을 위해 목숨을 아낌없이 내걸고 도박한다. 이는 굴원 또는 플라톤식의 생명에 관한 추궁이자 변론만은 아니다. 이런 정신 활동은 윈난의 대지, 고산, 숲, 하류, 협곡, 늪, 호수에서 일어나고, 아름다운 생활이 이렇게 시작된다. 현지 사람이 숲에서 한 광주리 짊어지고 나온 우간균은 어느 산속 식당에 나타날 수도 있고, 란창강瀾滄江 유역의 스타일로 꾸며진 쿤밍昆明 시내의 식당에서 발견될 수도 있다. 기름에 튀긴 견수청 한 접시는 마귀 같은 이름을 갖고 있다. 중독될 확률이 높은 우간균을 먹을 것인가 말 것인가? 먹을 때마다 두려움에 떨며 생명의 의의를 고문拷問한다.

윈난 사람 대부분은 설사 죽는다고 해도 먹겠다는 태도다. 까짓것 먹고 죽으면 그만이지, 생명이란 기껏해야 하늘을 가로지르는 유성 같은 게 아니던가. 그들에게 중요한 선 지금의 아름다움을 체험하고 감각하는 것이다. 아름다움이란 추상적이지만은 않다. 맹자가 말했듯 "충실한 것을 아름다움이라고 한다". 이는 일종의 '무無'의 충실이기도 하다. 그날그날을 되는대로 살아갈 뿐이라면 그 삶은 비교적 낮은 차원에 머물러 있다. 칸트는 미적 경험을 무목적의 합목적성이라고 여겼다. 공자도 말했다. "삶을 모르는데 어찌 죽음을 알겠는가?" 그렇다, 삶을 앎으로써 죽음을 향해 나아간다. 밝은 지식을 갖고 살아가면서도 지혜를 드러내기보다 침묵하고, 유와 무가 상생한다. 이는 더 고차원적인 생명의 사건이다. 공자는 또 이렇게 말했다. "시를 배우지 않으면 할 말이 없다." 시적 의미가 담긴 말이 바로 아름다운 말이다. 시를 배우지 않으면 사람은 동물처럼 말없이 살아만 있을 뿐 존재한다고 할 수 없다. 버섯에는 시가 충만하다. 시는 확정되지 않은 채로 존재한다. 사람은 버섯을 먹음으로써 신체를 제물로 바칠 수 있고, '사느냐, 죽느냐'의 사고를 일깨운다. 알록달록한 색깔과 기기괴괴한 형태의 각종 버섯을 통해 윈난 사람은 거듭 자기를 가장자리에 둔다. 사느냐, 죽느냐? 그날그날 되는대로 살면서 연명할까, 아니면 삶을 초월해버릴까? 이 깨달음은 술에도 마찬가지로 적용된다.

토박이 윈난 사람으로서 나는 이 문제를 평생 물어왔다. 매년 버섯은 차례대로 현지 시장에 등장하며 '내게는 독이 있다, 목숨을 거두러 왔다'고 말하는 듯했다. 어떤 해에는 나도 버섯 때문에 병원에 입원해야 했다. 아직 여름이 오지 않은 4월인데도 사람들은 버섯을 찾아 이곳으로 돌아오고 소식을 분주히 전한다. 센불에 유채 기름과 홍고추를 넣고 달달 볶은 견수청을 이야기하지 않는다면 이 한 해는 허송세월이었다고, 상당히 무덤덤했다고 할 수 있다. 7월에는 견수청, 우간균, 기와무늬무당버섯, 접시껄껄이버섯, 간파균干巴菌, 계종鷄㙡 때문에 윈난으로 돌아오는 탕아가 적지 않다.

내가 예전에 쓴 시다.

윈난 버섯 노래

칠월에 또 비가 많이 내리면
윈난의 지면은 분분히 일어난다
강물이 그중 하나요
사과 과수원이 그중 하나요
호두가 그중 하나요
파인애플이 그중 하나요
새끼 밴 암말이 그중 하나요
양치는 마을의 혼례가 그중 하나요
만발한 버섯이 그중 하나라
하늘에는 둥실둥실 버섯 구름 떠다니고
그 아래 푸른 산 호수 수풀 풀밭 돌 아래 곳곳에서 버섯이 돋네
빨간 건 소의 간이 데롱거리는 홍요괴
하얀 건 흰 장화를 신은 백요괴
파란 버섯은 고개를 까딱거리며 산의 노래를 부르네
노란 버섯은 수줍음쟁이
보라 버섯은 귀신의 아이
기와무늬무당버섯은 머리에 작은 투구를 썼네

간파균은 말 못 하게 못생겼군 마귀나 저렇게 생겼겠지

목이의 귀는 한 더미인데 전부 귀먹었고

송이에게는 귀가 없다네

윈난의 특산물은 장미 모란 샥스핀 게가 아니라

메뉴판 위에서 지록위마하는 미식도 아니라

소박하고 무미건조한 작은 버섯이라네 알로록달로록

향유로 볶으면 맛있어진단다

우기가 또 왔구나

버섯들이 수풀 속에서 회의를 열고 발언하네

숲이 고요해지거든 저들이 숨바꼭질하는 소리를 들어보렴

촌스럽고 천진난만한 토박이라야 어디에 숨었는지 알 수 있을

거야

현지인이라야 어디에 숨었는지 알 수 있을 거야

카메라는 모를걸

여름의 토요일

버섯 서커스단

바구니가 하나하나 길가에 등장해

진흙투성이 조그만 머리통을 흔든다

내가 누구인지 맞혀볼래?

어깨가 넓고 입술이 두꺼운 남자들이

머리가 길고 가슴이 풍만한 여자들이 맨발로 산과 언덕을 누비며

노래하고 춤춘다

반드시 그들을 존중해야 한다

반드시 죽음과 떨어지지 않는 신에게 변치 않는 호감과 경의를 보여야만

마미송 아래에서 그들을 찾을 테니까

손 빠르고 눈썰미 예리해도 소용없네

뜻있는 자는 반드시 얻는다지만 시운을 만나지 못하면 분명 빈손으로 돌아올 테니

버섯을 찾아내는 건 무당의 손이라네

보렴 험상궂은 붉은색 자주색이 산언덕을 환히 비춘다 축축하게

작은 시바 인도인의 철학을 닮았네

"생식과 훼멸을 겸비한 창조와 파괴의 이중인격

여러 가지 기괴하고 색다른 모습을 드러낸다

링가* 모습으로 무시무시한 모습으로 온유한 모습으로 초인적인 모습으로 얼굴 셋의 모습으로 무도의 왕 모습으로"

여러 형태로 바뀌며 사람을 홀려 보기가 힘들구나

아무 영양도 없고 비타민도 아니고

혈압을 내려주지도 않고 혈당과도 상관없고 지방은 위험한데

이 사람은 '과식으로' 죽게 될 거야

다음 사람도 헛소리하면서 비밀을 불어버릴지 몰라

그래도 드실래요

* 시바의 상징인 남근 모양의 돌기둥.

우선 기도부터 하죠 하느님께서 당신을 무사히 보호해주시기를

신이라야 그 아름다운 맛을 안다네

사람을 홀리는 게임 죽음을 자초하는 매력이 산다는 걸 초월하네

버섯 때문에 죽은 거지 특급 병원에서 죽은 게 아니라네

마치 한 단어가 빗속에 적나라하게 시 한 수에 죽어 대지에 받아들
여지듯

우리처럼 비범한 원난 사람은 건기에 그를 생각하고 비 오는 날에
그를 토론하네

식탁에서 시장에서 묘회廟會*에서 숲속에서 카페에서 차의 뒷좌석
에서도 그를 논쟁하네

깊은 밤 사랑하는 옛 버섯의 꿈을 꾼다네

가장 오랫동안 지속하는 화제

모든 바구니가 버섯의 꿈을 꾼 적이 있다네

공기 중에 가득한 선인의 부채질이 일으킨 버섯의 향만으로도

우리는 공작처럼

흥분하고 요동치고 다정해지고 뜨겁게 사랑하고 단결하네

나가려 하고 모이려 하고 죽는 걸 두려워하지 않네

코끼리도 두렵지 않고 높은 산도 두렵지 않고 토사류도 두렵지 않
고 가시도 두렵지 않다네

우리는 대지를 의심한 적도 없고 음식물에 중독될까 두려워한 적

* 중국의 사원에서 제례를 올릴 때 열리던 임시 시장.

16

도 없다네

  그렇지만 교통사고는 두렵지

  우리가 사는 남방 이남의 구름 아래에는 헤아릴 수 없이 많은 희귀
한 버섯이 있다네

  하나같이 초탈하고 비범해서 끊임없이 생장하고 번성하네

  우간균 볶으려고? 마늘을 많이 넣으렴!

  절대로 신을 냉장고에 두지 말라는 외할머니의 유훈

2021년 7월 25일

  이 책은 식용 야생 버섯에 관한 과학 교재가 아니다. 윈난의 버섯 이야기, 윈난 전기에 관한 산문집으로 유일무이하며 매우 재미있다. 마치 숲속에서 커다란 늑대 한 마리가 바구니를 든 채 빨간 모자에게 버섯 이야기를 들려주는 것 같다. 가령 다음 이야기는 내가 앞에 쓴 윈난 지방의 버섯 철학을 완전히 뒷받침한다.

  "버섯 철이던 어느 날, 차를 몰고 집에 가다 습관적으로 쿤밍 방송국 라디오 채널을 틀었다. 그런데 문득 그날따라 프로그램 진행자가 이상하다는 느낌이 들었다. 원래 표준어로 진행되던 방송에서 쿤밍 사투리 억양이 들려오는 것이었다. 게다가 여성 진행자의 감정도 점점 고조됐다. 결국 노래 한 곡을 더 듣고 왔고 진행자는 다른 사람으로 바뀌었다. 나중에 방송국에 근무하는 친구 쩡커曾克에게 들었는데, 그 진행자가 방송국 근처 식

당에서 점심을 먹을 때 견수청 볶음을 주문했다지 뭔가. 식사를 마치고 프로그램을 진행하는 사이 기분이 '업'되어버렸다는데, 그나마 음악 프로그램을 방송하던 중이라서 큰 지장은 없었다. 그 사건 이후로 방송국에서는 업무 시간에 버섯을 먹은 아나운서는 생방송 프로그램을 진행하지 못하도록 매우 주의하고 있다고 한다."

이 책은 미식에 관한 읽을거리라기보다는 버섯에 대한 숭배, 감격, 회상이라 할 수 있으며, 버섯 세계관을 위한 일종의 독본이라고 보는 게 더 적절하다.

"그날 나는 직접 주방에 가서 견수청과 기와무늬무당버섯을 요리했다. 우리는 버섯을 먹으면서 이야기를 나눴고, 매우 즐거운 시간을 보냈다. 그런데 나중에 그 무용단의 한 사람이 하소연을 하는 게 아닌가. 바로 그날부터 리핑 누님이 기와무늬무당버섯에 꽂히는 바람에 자기네도 버섯을 물릴 때까지 며칠 내내 먹었다는 것이다……. 그는 자기의 예술 인생 50주년을 기념하자마자 눈물을 머금고 「윈난영상」 가무단을 해산한다고 선포했다. 하지만 그가 가무단과 그의 단원을 버린 것은 아니었다. 2022년 4월 양리핑이 감독하고 출연한 십이지 시리즈 무용 예술영화 「후샤오투虎嘯圖」가 온라인으로 상영되었다. 양리핑의 주도하에 각 장르의 무용 대가들이 한데 모여서 여러 예술 기법을 활용해 무용 예술의 새로운 형식을 보여주었다. 양리핑이 포스트 팬데믹 시대와 무용 관람을 함께 사유함으로써 시도한 일이었다. 그의 어머니는 그에게 잠깐 멈추라고, 쉬었다 다시 가라고 곧잘 타일렀다고 한다. 그러나 그는 팬데믹 상황이든 천하가 태평할 때든 시종 멈출 수가 없었다."

윈난 버섯의 독은 정신적인 독약이라 윈난에서 양리핑 같은 인물을 끊임없이 배출했다. 윈난은 중국의 민간 가수, 무용가, 음악가, 시인, 예술가, 무당이 가장 많이 나온 성이다. 물론 이 책을 쓴 거우칭狗慶(저자의 별명, 버섯을 먹을 때면 그를 이렇게 부른다)도 그중 하나다.

위젠于建

등황분포우간균

Tylopilus aurantiacus, 橙黃粉孢牛肝菌

버섯 중독

매년 5월 쿤밍은 연중 가장 더운 시기에 들어선다. 1년 내내 불던 바람이 자취를 감추고 겨울부터 봄까지 이어지던 푸른 하늘도 이 기간에는 따스한 회색을 띤다. 쿤밍은 사계절 내내 봄 같은 기후로 유명해 '춘성春城'이라는 별명을 얻었지만, 이 며칠간 사람들은 이름 모를 답답함을 느낀다. 방에 남북으로 통하는 창이 없으면 바람이 충분히 통하지 않아서 땀투성이로 잠에서 깨곤 한다. 매번 이 시기면 모두 하늘이 얼른 비를 내려줘서 '엄살쟁이' 쿤밍 사람에게 혹서처럼 여겨지는 더위를 식혀주길 바라는 듯하다. 광장에서 춤을 추는 냥냥娘娘(한번 읽어보자. 윈난 사투리로 아주머니라는 뜻이다)이든 에어컨이 없는 빌딩의 엘리베이터에 탄 회사원이든 "왜 아직도 비가 안 온담" "예전 이맘때는 진작 내렸는데" 등등 불평을 한다. 쿤밍 사람이 우기를 기다리는 것은 당장의 꿉꿉함이 가셨으면 해서지만, 그보다 훨씬 더 중요한 것은 따로 있다. 우기의 시작은 미식 철을 맞이한다는 의미이며, 비가 내리고 나면 버섯이 시장에 잇달아 등장한다. 윈난 사람은 자연으로부터 온 이 미식을 애정을 담아 지얼菌兒(버섯의 윈난식 발음)이라 부른다. 만약 당신이 쿤밍의 청과물 시장에 가서 버섯을 어디서 사냐고 묻는다면, 분명 느타리나 인공 배양 버섯으로 뒤덮인 좌판으로 데려다줄 것이다. 고집스러운 쿤밍 사람에겐 인공으로 키울 수 없는 오직 야생에서 자란 버섯이야말로 지얼이라고 불릴 자격이 있기 때문이다.

단오가 지나면 병원에는 전에 없던 환자들이 늘기 시작한다. 바로 버섯을 먹고 중독된 환자다. 만약 식사 도중 버섯을 먹은 친구가 머리를 줄곧 손으로 감싼 채 자기가 물병으로 변한 것 같다고, 몸을 흔들면 머릿속에서 물이 흘러나올 것 같다고 말하더라도 윈난 사람은 전혀 이상하게 여기지 않는다. 단지 친구가 버섯에 중독됐다고 판단하고 이 친구를 곧바로 적십자병원에 보낼 것이다. 병원에는 이미 버섯을 먹고 중독돼 덩실거리는 많은 환우가 경험이 풍부한 의사에게 치료받고 있다. 윈난의 의사라면 이런 유의 환자에게는 진작 이골이 났다.

버섯, 이것은 쿤밍 사람이 미식을 논할 때 절대 빠질 수 없는 부분이다. 윈난 요리 계통에서 버섯을 빼야 한다면 윈난 사람은 다른 지방 사람과 윈난의 미식에 관해 토론할 밑천이 똑 떨어져버릴 것이다. 5월에 비가 내리기 시작하면 쿤밍으로부터 조금 외진 곳에 있는 산에서는 습도와 기후가 크게 변하고, 버섯이 우후죽순 자라난다. 그래서 보통 5월 중순부터 쿤밍 시장은 산에서 운송된 버섯들로 하나둘 채워진다. 쿤밍 사람은 시장에 가장 먼저 나온 버섯을 '만물 버섯'이라고 부른다. 올해 우기의 첫 비를 맞고 자란 버섯이기 때문이다. 사실 이맘때의 버섯을 과감하게 먹을 수 있는 사람은 많지 않다. 쿤밍 사람은 만물 버섯이 아주 위험하다고 생각하는데 마치 일본인이 복어를 다루는 것과 비슷하달까. 한 해의 먹을 복을 가장 일찍 누리려면 어느 정도의 용기는 필요하다. 매년 이 햇것을 탐식하는 사람들은 만물 버섯을 먹고 중독되고 이맘때가 되면 모두 조금 흥분한 상태로 버섯을 수소문한다. "지얼이 나왔는데 먹었어? 맛있어? 어느 집은 가족 모두가 지얼을 믹고 중독됐대!" 화실히 매년 쿤밍에는 버섯을 먹고 중독되는 사람이 많다. 그 바람에 쿤밍의 윈난성 적십자병원에는 버섯에 중독된 환자를 응급 치료하는 전문 센터가 있다. 다들 마음이 복잡해진다. 한 해의 최고 별미인 야생 버섯을 얼른 맛보고 싶기도 하지만, 버섯을 먹고 중독될지도 모른다는 두려움도 다소 있다. 그 때문에 큰비가 몇 번 더 내릴 때까지 기다린 다음에야 부담감을 떨치고 버섯을 우걱우걱 먹는다. 쿤밍 사람들은 누가 버섯을 먹고 중독됐다는 이야기를 들을 때마다 그래서 어떤 일이 벌어졌는지 강렬한 호기심에 사로잡힌다. 심지어 조금 흥분을 느끼며 자기도 살짝 맛보고 싶다는 마음을 품기도 한다.

버섯은 그 품종과 조리 방식에 따라 중독 여부가 결정된다. 독이 있다고 증명된 독버섯은 절대로 먹으면 안 된다. 지난해 인터넷에서는 버섯 중독 방지를 위한 노래가 떠돌았다. '빨간 우산, 흰 막대, 다 먹고 나자 다 같이 털썩 쓰러졌네. 털썩 쓰러져 관짝에서 잤다네, 그다음 다 같이 산에 묻혔다네……' 노래는 대유행했다. 네티즌들은 노래를 가지각색으로 편곡해서 여기저기 퍼트렸다. 사실 이 노래는 버섯에 관한 두루뭉술한 이미지 중 하나를 다뤘을 뿐이다. 윈난에도 유럽에서 자주 나는 '빨간 삿갓, 흰 막대'의 독버섯이 있긴 하지만, '회색 우산, 흰 막대'나 '흰 우산, 흰 막대'처럼 생긴 치명적인 광대버섯이 훨씬 더 많다. 그런 탓에 윈난 민간에서는 '머리에 모자를 쓰고, 허리에 치마를 두르고, 발에 신발을 신은' 버섯은 절대 함부로 먹지 말라고 한다. 이 책에서 다룬 20여 종의 버섯은 전부 윈난 사람에게 대대로 전해 내려온 안전한 미식이다. 조리 시간을 지키지 않았을 때 가벼운 중독 현상이 나타날 뿐, 생명이 위험해질 정도는 아니다. 물론 단일 품종의 버섯을 먹는 게 가장 좋다. 여러 종류의 버섯을 한꺼번에 먹다보면 식별하기 어려운 광대버섯이 섞여 들어가서 치명적인 중독을 일으킬 수 있다.

버섯의 조리법과 가공법을 연구하는 일은 윈난 사람이 지치지도 않고 즐겨온 삶의 모습이다. 그래서 누군가는 윈난 사람더러 먹이사슬 꼭대기에 살고 있다고 말하기도 한다. 윈난에서 버섯 중독은 대수롭지 않기 때문에 만약 누군가 일을 망쳐버린다면 다들 유머러스하게 말할 것이다. "버섯 먹고 탈이 난 건가?" 하지만 이 말에 괄시하려는 뜻은 없다. 오히려 윈난에서는 자기만의 독특한 사고방식으로 일을 결정하거나 사업을 진행해서 탁월한 성취를 이룬 사람들을 이렇게 평가한다. "그 친구, 버섯을 많이 먹었나봐." 사고의 양극단을 방불케 하는 예지만 전부 버섯을 먹는 것과 관련된다.

쿤밍 사람이라면 누구나 버섯 중독과 관련된 일화를 몇 가지씩 알고 있다. 나는 어릴 적 아버지가 직장에서 배정받은 단층집에 살았는데, 그 일대에는 원락 몇 채가 붙어 있었다. 그 시절 모두 일찍 잠자리에 들었으므로 밤 10시 반만 넘으면 불이 켜진 집은 거의 없다시피 했다. 하루는 자정

등황분포우간균

고부만망병우간균

Retiboletus kauffmanii, 考夫曼網柄牛肝菌

이 훨씬 넘었는데 원락 안에 있는 한 집이 여전히 훤했고, 탕탕거리는 소리도 났다. 부모는 불을 피워 밥을 짓고, 자녀들은 바삐 들락거리면서 채소를 씻고 상을 차리고 있었다. 궁금증을 못 참은 이웃이 물었다. "저녁밥은 다 먹지 않았나요? 음식을 왜 이렇게 많이 차려요?" 그 집 사람은 분주한 와중에 아무도 없는 곳을 가리키며 대답했다. "집에 친척들이 왔거든요. 보세요, 저렇게 많이 왔잖아요. 저 사람들을 다 먹이려면 음식이 부족할지도 몰라요!" 경험이 풍부한 노인이 바로 진단을 내렸다. 그들 일가가 전부 버섯에 중독된 것이다. 이에 얼른 이웃 사람들을 동원해 돼지기름을 탄 홍탕수紅糖水*를 그들에게 억지로 먹였고, 날이 밝을 때까지 난리를 치고서야 소동이 가라앉았다. 이튿날 회복된 그들은 자기네가 본 장면을 생생히 묘사했는데 난쟁이들이 왔다는 것이다. 이웃들은 웃음을 참지 못했고, 이 일은 버섯 철마다 사람들의 입에 올랐다.

한번은 이런 일도 있었다. 버섯 철이던 어느 날, 차를 몰고 집에 가다 습관적으로 쿤밍 방송국 라디오 채널을 틀었다. 그런데 문득 그날따라 프로그램 진행자가 이상하다는 느낌이 들었다. 원래 표준어로 진행되던 방송에서 쿤밍 사투리 억양을 띤 '마자馬街** 표준어'가 들려오는 것이었다. 게다가 여성 진행자의 감정도 점점 고조됐다. 결국 노래 한 곡을 더 듣고 왔고 진행자는 다른 사람으로 바뀌었다. 나중에 방송국에 근무하는 친구 쩡커曾克에게 들었는데, 그 진행자가 방송국 근처 식당에서 점심을 먹을 때

---

* 비정제당인 홍탕을 넣고 달인 물.

** 쿤밍에서 가장 큰 시장.

견수청 볶음을 주문했다지 뭔가. 식사를 마치고 프로그램을 진행하는 사이 기분이 '업'되어버렸다는데, 그나마 음악 프로그램을 방송하는 중이라서 큰 지장은 없었다. 그 사건 이후로 방송국에서는 업무 시간에 버섯을 먹은 아나운서는 생방송 프로그램을 진행하지 못하도록 매우 주의하고 있다고 한다.

2020년 어느 날 저녁은 아내 천잉陳穎과 함께 쿤밍 남쪽에 있는 뎬츠滇池호에서 회식을 마치고 북쪽에 있는 집으로 돌아가는 길이었다. 집에 거의 다 왔을 때 차를 몰던 아내가 뜬금없이 브레이크를 밟더니 미세하게 방향을 틀었다. 다행히 아무 사고 없이 몇 분 뒤 집에 도착했다. 집에 들어와 한참 씻는데 아내가 와서 자기가 버섯에 중독된 것 같다고 말했다. 식사 때 견수청을 몇 점 먹었다는 것이다. 방금 오던 길에서도 도로에 푸른 덩굴이 길게 뻗어 있는 것을 보고 황급히 액셀이랑 브레이크를 밟아가며 피했는데, 지금도 눈앞에서 탕카*가 자기를 향해 날아들고 있다고 했다. 초점 없는 눈빛에 횡설수설하는 말을 듣자 나는 얼른 아내를 병원에 데려가기로 했다. 병원 엘리베이터에서도 아내는 여전히 중얼거렸고, 몸을 덩실거리며 자기가 본 '아름다운' 광경을 묘사하는 한편, 자기를 향해 날아드는 탕카를 손으로 밀쳐내려고 했다.

밤새 수액을 맞고 치료를 받은 뒤 우리는 집으로 돌아왔지만 아내의 증상은 완전히 사라지지 않았다. 그나마 환각 증상만 있을 뿐 다른 아픈 데가 없기에 망정이었다. 이튿날 더 전문적인 윈난성 적십자병원으로 갔다.

* 티베트불교의 두루마리 형태의 불화.

접시껄껄이그물버섯^(황라두)

Rugiboletus extremiorientalis

녹색쓴맛그물버섯

Chiua virens

흑자색그물버섯

Boletus violaceofuscus

이곳에 윈난성에 하나뿐인 버섯 중독 치료 전문 센터가 있다. 로비에 들어
서자 간호사가 큰 소리로 말했다. "우간균에 중독된 분이 또 왔어요." 고개
를 들고 둘러보니 응급실 병상에 죄다 버섯에 중독된 환자들이 누워 있었
다. 중독 증세가 심한 사람은 손발을 덩실거리면서 환각 속의 온갖 신기한
것을 잡으려고 허공을 움켜쥐었다. 중독 증세가 가벼운 사람은 수액을 맞
으며 꾸벅꾸벅 졸고 있었다. 아내는 형형한 눈빛으로 탕카를 쫓았다. 아내
는 병상에 누워 사흘이나 수액을 맞고 난 다음에야 완치되었다. 환각만 보
았을 뿐 몸은 전혀 아프지 않았다고 하자 수많은 친구가 무슨 품종의 버
섯을 먹었는지, 얼마나 먹었는지, 얼마나 익힌 뒤 먹었는지를 물었다. 아
무래도 이런 감각을 체험해보고 싶은 사람이 꽤 많은 모양이었다. 그들 중
대다수는 화가나 음악가였다. 그리고 참 신기하게도 그 사건 이후 아내는
툭하면 중독됐다. 매년 견수청을 먹으면 반응이 오는 게 느껴진단다. 그래
도 경험을 한번 한 덕분에 좋은 게 보이면 좀 오래 보고, 좋아하지 않는 게
보이면 안대로 눈을 가린 채 쿨쿨 자버린다. 그리고 별나게도 내가 직접
요리한 견수청을 먹으면 한 접시를 뚝딱 비우고도 아무런 불편함을 느끼
지 않았다.

버섯에 중독된 덕에 전화위복을 맞은 사람도 있다. 바로 쿤밍식물원에
서 식충식물을 연구하는 청년 학자 시왕郗望의 부친인데, 그 역시 쿤밍식
물원의 노과학자였다. 그는 고혈압 환자였지만 견수청에 한번 중독되고
난 뒤 기적처럼 혈압이 정상 수치로 회복됐다. 이는 극히 드문 사례였으므
로 연구소의 화젯거리이자 풀리지 않는 수수께끼가 되었다. 또한 진균류
의 약용 가치를 연구하겠다는 연구소 모든 과학자의 열정에 불을 지폈다.

매년 5월이 시작되면 한 해의 버섯 중독이 또 시작되고, 새로운 일화가 생겨난다. 버섯 중독 현상은 버섯 속 여러 독소가 생리적인 중독 반응을 일으킨 것일 테지만 한편으론 내심 버섯 중독을 바라던 원난 사람들의 마음이 반응하는 것이기도 하다. 그들은 버섯 중독에 관해 특수한 상상을 품고 있는 특별한 사람들이다. 하늘이 내려준 이 미식에 매혹됨과 동시에 버섯의 독소를 좋아하면서도 두려워하는 모순적인 심리를 갖고 있다. 사실 그들은 버섯을 한입 먹기도 전부터 일찌감치 희열에 중독된 상태에 들어선다. 원난 사람은 세계 어디에 있든 이 계절만 되면 이렇게 말한다. "버섯이 너무 먹고 싶어." 자, 원난 사람이 집단으로 이 미식에 중독되고 싶어하는 때가 온 것이다.

접시껄껄이그물버섯

우간균
(그물버섯)

로마는 하루아침에 생겨난 게 아니다. 그러나 숲과 대지의 우간균牛肝菌은 하루아침에 자란다. 균사체 네트워크로 뒤덮인 윈난의 숲속, 우간균 하나하나는 눈에 보이지 않는 정령처럼 생장하려는 흔적을 전혀 찾아볼 수 없다. 하지만 하루만에 각양각색의 우간균이 화려하게 차려입고 춤추러 나올 수도 있다. 우간균은 품종마다 색깔이 다 다르다. 그 풍부하고 자연적인 색조화에는 색을 잘 쓰는 예술가라도 감탄해 마지않을 것이다.

우간균은 전 세계에 약 1300종 있는데, 윈난성에서 226종 이상이 자란다. 그러나 윈난 사람 대대로 내려오는 생활 경험을 총망라해보면 우간균 먹기란 다음과 같다. 민간에서 '황라두'라고 부르는 접시껄껄이그물버섯을 비롯해 백우간균, 황우간균, 흑우간균, 견수청 등 자주 볼 수 있고 쉽게 판별 가능한 종류만 먹는다.

매년 5월 첫 비가 내리면 윈난 사람은 올해의 버섯 먹기 계획을 세운다. 시장에 새로 난 야생 버섯이 줄줄이 나오고 노인들은 늘 노심초사하며 젊은이에게 권고한다. 맨 처음 나온 만물 버섯은 먹지 말라고, 반드시 비가 흠뻑 내리고 난 다음이라야 먹을 수 있다고. 하지만 젊은이들이 어디 그런 걸 일일이 따지겠는가. 진작 우걱우걱 먹어치웠다. 만물 버섯 중에서도 윈난 사람에게 가장 사랑받는 것은 견수청이라 불리는 우간균이다. 쿤밍 사람은 견수청 먹기를 올해 버섯 먹기의 서곡으로 삼는다. 만약 견수청을 먹고도 중독 반응이 없었다면 올해는 버섯을 먹더라도 중독되지 않을 것 같은 느낌마저 든다. 그 뒤로 이어지는 버섯 철 내내 황우간균, 흑우간균, 백우간균 등 익숙한 우간균을 모조리 먹고 나서야 모두 이루었다고 할 수 있다.

우간균 가족 중 매년 가장 먼저 등장하는 견수청은 '란마오아 아시아티카*Lanmaoa asiatica*'라는 매우 멋진 학명을 가지고 있다. 이 이름은 명나라 시기 윈난의 의학자인 난무蘭茂의 이름을 따서 명명된 것으로, 우간균이라는 단어도 난무가 쓴 『전남본초滇南本草』에 처음 나온다. 우간균은 유난히 풍부한 색채를 띠는데, 특이하게도 버섯 전체에 붉은색과 노란색이 돌아서 민간에서는 홍우간균, 홍총紅蔥, 홍견수紅見手라고 부르기도 한다. 보통 이런 버섯의 갓과 인편은 자홍색 또는 짙은 장미색이다. 주름살 부분은 예쁜 노란색인데, 갓과 가까운 대는 노란색과 올리브색을 띤다. 견수청의 표면은 보송보송하지만 물기와 닿으면 끈적끈적해진다. 여러 독버섯이 그렇듯 견수청도 색이 변한다는 특징이 있다. 조리 과정에서 견수청을 썰려고 손을 대면 잘린 버섯의 단면이 노란색에서 푸른색으로 변해버린다. 이 때문에 민간에서는 손이 닿으면 파랗게 변한다는 의미로 견수청이라 이름 붙인 것이다. 외지인은 이런 색깔의 버섯을 보면 좀처럼 먹을 엄두를 내지 못한다.

우간균을 처음 접했던 때가 선명히 기억나진 않는다. 그저 모든 윈난 사람과 마찬가지로 음식을 먹기 시작했을 때부터 버섯이 있었을 뿐이다. 이웃집 장張 아주머니는 쿤밍 토박이였는데 말할 때 늘 장음을 끌며 '샤오'를 '시'로 발음하곤 했다. 이제는 좀처럼 이런 식으로 발음하는 쿤밍 사람을 보기 어렵다. 장 아주머니네는 매년 가장 먼저 버섯을 먹기 시작해서 가장 늦게까지 먹었다. 우리가 살던 작은 원락은 총 여섯 가구뿐이었고, 잠자는 시간을 제외하면 다들 문을 열어두고 지냈다. 그래서 나는 집집의 부엌에서 요리하는 냄새만 맡고도 그 집 식구가 오늘 뭘 먹을지 알아맞힐 수 있었다. 장 아주머니 집에서 우간균을 요리할 때면 마늘과 저우피皺皮고추* 향이 섞인 버섯 냄새가 작은 원락 안에 진동했다. 장 아주머니 집에는 식구가 많아서 밥을 지을 때마다 음식을 큰 사발 한가득 만들었는데, 특히 버섯을 요리할 때는 더 그랬다. 뜰 안에서 맴돌던 버섯 냄새가 밖으로 풍겨 나오면 우리 원락에 사는 꼬마들은 사발에 밥을 푸고 반찬을 얹은 뒤 일부러 장 아주머니네로 달려가서 그 집 아이들과 작은 상에 둘러앉아 밥을 먹었다. 그럼 장 아주머니는 맛있는 버섯을 우리 밥그릇에도 얹어줬다. 이 경험이 내가 버섯 미식을 사랑하고 밥을 얻어먹었던 맨 처음

* 윈난의 고추 품종으로 겉껍질이 쭈글거리고 뒤늦게 느껴지는 얼얼한 매운맛이 특징이다.

의 기억이다. 장 아주머니네는 늘 여러 우간균을 요리해 먹었으므로 나는 그 집에서 견수청, 황라두, 흑우간균을 어떻게 구별해야 하는지를 일찍부터 배웠다. 그래서 윈난 아이에게 버섯이란 맛있는 음식일 뿐, 동화에 나오는 그런 아름답고 신기한 전설과 연관 짓기란 무척 어려웠다. 우리는 일찍이 다음과 같은 관념을 주입당했다. 버섯은 맛있는 음식이지만, 수많은 버섯은 사람을 중독시켜 죽일 수도 있으니 요리할 때 반드시 조심해야 한다. 우린 먹을 수 있는 버섯과 중독되는 버섯을 대강 구별할 줄 알았고, 우아하고 치마를 두른 회백색 버섯은 절대 건드리면 안 된다는 사실을 단단히 기억했다. 바로 그게 치명적인 광대버섯이기 때문이다.

타향 사람들은 설령 쿤밍에서 수십 년을 살았다고 해도 견수청 얘기만 들으면 안색이 싹 변한다. 견수청은 시장에 나오는 시기가 상대적으로 이른 편이고 쿤밍 사람조차 가장 먼저 나온 만물 버섯이 위험하다고 생각한다. 하지만 쿤밍 사람으로서 말하자면, 나는 매년 이 햇견수청을 먹어야만 버섯 먹기의 계절이 시작됐다고 느낀다.

이런 품종의 우간균은 조리 방법에만 주의한다면 일반적으로 중독 증상을 일으키지 않는다. 사실 윈난 요리에서 '맛있다'는 말의 참뜻은 식재료를 향한다. 조미료와 지나치게 복잡한 기교를 동원해 견수청을 요리하는 것은 불필요한 일이다. 쿤밍 사람은 시장에서 견수청을 사와 물에 담그고 잔가시가 달린 호박잎으로 버섯 표면을 깨끗이 닦은 뒤 편으로 써는데, 그 두께는 반드시 균일해야 한다. 동시에 마늘도 편으로 썰어 잔뜩 준비한다. 그 밖에도 윈난성 추베이丘北의 마른 고추나 쿤밍의 저우피고추를 마련한다. 중국식 전통 무쇠솥에 돼지기름과 유채 기름을 절반씩 넣고 달군다. 처음에는 편마늘을 센불에 볶고, 고추를 넣어서 향을 낸 뒤 썰어둔 견수청을 솥에 넣어 골고루 뒤집어가며 볶는다. 그전까지 파란색을 띠던 견수청은 열을 가하면 곧바로 노란색으로 되돌아온다. 볶다보면 견수청에서 천천히 즙이 나오는데, 한동안 뒤적거리면 견수청 즙도 천천히 졸아붙어 솥에는 기름만 남는다. 아무 조미료도 넣지 않고 소금만 약간 넣을 뿐이지만, 이 견수청이야말로 인간 세상의 천연 자체인 미식이다. 아직 중독된 적이 없는 수많은 젊은이는 견수청의 아삭아삭한 맛을 보겠다고 고작 7~8분만에 솥에서 꺼내지만, 12분은 볶아야 비교적 안전하다. 물론 견수청을 먹고 중독된 적이 있는 식객이라면 반드시 15분을 볶아야 한다며 고집할 것이다. 과하게 볶은 견수청이라야 절대 안전하지만, 버섯 즙이 바싹 졸아붙어서 견수청 특유의 그 걸쭉하면서도 매끄러운 맛은 덜해진다.

윈난의 어느 지방에나 나름의 독특한 버섯 조리법이 있다. 내 친구 밍강明剛은 미식에 조예가 깊은데, 그의 고향인 거주시個舊市 라오창진老廠鎭에서는 0.5센티미터 두께로 썬 견수청을 홍고추 및 풋고추와 함께 5분간 센불에 볶고 바로 먹는다. 나도 이걸 처음 먹었을 때는 내심 두려웠다. 말로만 듣던 견수청 회를 먹는 듯했다. 그러나 그 아삭아삭한 식감은 내가 이제껏 먹었던 견수청에서는 한 번도 맛보지 못한 것이었다.

견수청을 조리할 때는 반드시 뒤집개에 들러붙은 버섯 조각을 떼어내야 한다. 골고루 볶지 않아서 설익은 버섯 한 조각에도 중독될 수 있기 때문이다. 예전에 쿤밍의 노인들은 요리할 때 마늘이 검은빛을 띠면 중독 증세가 나타날 수도 있다고 말했다. 하지만 내 경험에 따르면 마늘이 검은빛을 띤 적은 한 번도 없다. 마늘이 검은빛을 띠지 않더라도 중독 현상은 나

백우간균

Boletus bainiugan, 白牛肝菌

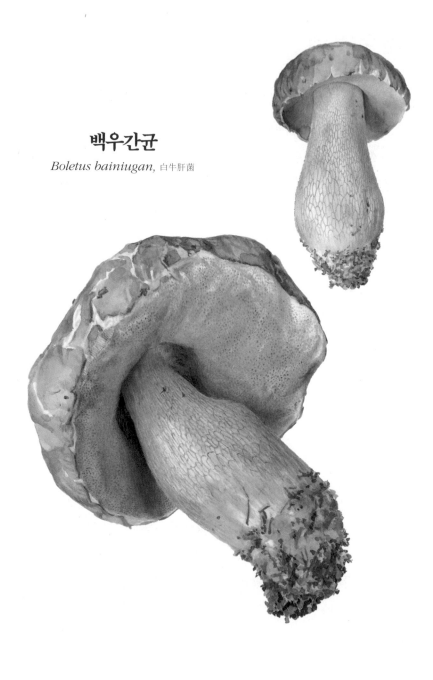

차갈신우간균 (흑우간균)

Neoboletus brunneissimus, 茶褐新牛肝菌

매황황육우간균

Butyriboletus roseoflavus, 玫黄黄肉牛肝菌

매황황육우간균

타날 수 있다. 그러니 약불에 천천히 볶아 완전히 익히는 게 견수청을 먹고도 중독되지 않는 유일한 비결이다. 특히 요리한 견수청을 다 먹지 못하고 냉장고에 넣어두었을 때를 주의해야 한다. 하룻밤 묵히고 이튿날 견수청을 먹을 거라면 반드시 무쇠솥에 넣어서 다시 한번 볶아야 안심하고 먹을 수 있다. 게으름을 피워 전자레인지로 데워 먹는 식객도 있다는데, 그러면 백 퍼센트 중독되고 만다.

어느 해 내가 홍콩에 갔을 때의 일이다. 홍콩으로 이주한 지 오래된 친구 리메이李梅가 견수청을 좀 갖다달라고 부탁했다. 가져간 버섯은 홍콩에 도착하자마자 냉장고에 넣었다. 그러나 며칠간 우리 두 사람 모두 일하느라 바빠서 식사는 식당에서 해결했고 견수청을 먹을 틈이 없었다. 그렇게 시간이 흘러 내가 막 쿤밍으로 돌아갈 준비를 하는데 그에게서 전화가 왔다. 자기는 한시도 지체하지 않고 집에 가자마자 오랫동안 그리워했던 고향의 미식을 먹을 것이라고. 홍콩에서 출발한 비행기가 쿤밍에 도착하자마자 또 그의 전화가 걸려왔다. 이미 '혀가 꼬부라져 있어' 발음이 불분명했다. 그는 무척 흥분해 있었는데 자기 집 벽지 무늬가 계속 바뀌는 데다가 움직이기까지 한다고 말했다. 나는 그가 버섯에 중독됐다는 걸 바로 알아채고 리메이의 애인에게 연락해 병원으로 데려가라고 했다. 홍콩의 병원에서는 버섯에 중독된 환자를 흔히 볼 수 없었기에 의료진이 벼락치기로 공부하고, 연구하고, 치료하고, 며칠 동안 야단법석을 피운 뒤에야 그는 회복할 수 있었다고 한다.

개인적으로 견수청이 모든 우간균 중에서도 특히 맛있는 종이라고 느낀다. 우간균 대가족에는 수많은 품종이 있지만 견수청은 매년 버섯 철이 시작돼서 끝날 때까지 대체로 쉽게 찾을 수 있다. 최근 몇 년 사이 윈난 요리는 점점 전국적으로 환영받고 있다. 사람들이 각지의 윈난 식당을 통해 다양한 윈난 야생 버섯을 알아가기 시작한 것이다. 그러나 견수청이라는 이 인간 세계의 미식은 평범한 식당에서 누리긴 어렵다. 중독될 위험이 있으므로 일반 식당에서는 황우간균, 흑우간균처럼 독성이 적은 버섯을 선택하기 때문이다. 게다가 손님의 안전을 위해 버섯을 썬 뒤 기름에 살짝 튀기거나 물에 데쳐 완전히 익혔다는 전제하에 다시 전통적인 방식으로 조리한다. 이렇게 바싹 익히면 견수청의 특별한 식감이 완전히 사라져버린다. 또 최근 몇 년간 유행한 야생 버섯 휘궈는 야생에서 찾을 수 있는 버섯을 죄다 한 솥에 넣고 끓여버린다. 그러면 맛있는 탕 한 솥이 나오긴 해도 모든 버섯의 맛이 똑같아진다. 나는 아무래도 보물을 낭비하는 것 같다고 느끼지만, 이는 쿤밍 사람이 외지인에게 버섯을 접대하는 새로운 방식으로 자리잡았다. 쿤밍 사람이 집에서 약불로 천천히 조리한 견수청을 손님에게 내놓는다면 그건 최고의 접대라는 데 의심의 여지가 없다.

2020년 시인 위젠과 예술가 마윈馬雲의 친필 원고 전시회 '문인文人'을 준비할 때 위젠이 1980년대에 촬영한 사진작품 「다관가大觀街」를 보았다. 이 작품을 보자 수많은 기억이 단숨에 떠올랐다. 어릴 적에는 내가 먹는 게 견수청인지, 황우간균인지, 흑우간균인지 잘 분간하지 못했다. 요리하고 나면 겉모습에 별 차이가 없었기 때문이다. 그러나 신선한 견수청이라면 한눈에 알아볼 수 있었는데, 어릴 적 버섯 철이면 다관가의 시장에서 친구들과 장난을 치며 다닌 덕분이었다.

옛날의 다관가는 런민서로人民西路에서 다관루大觀樓까지를 통칭했다. 런민서로와 환청마로環城馬路(지금의 시창로西昌路) 사잇길을 따라 장들이 열렸고 각양각색의 좌판 노점이 모여들었다. 그만큼 대단히 시끌벅적했고 볼거리가 많았기 때문에 다관가라고 불렸다. 반면 환청마로에서 다관루까지 가는 길에는 민족사무위원회, 군부대의 43병원 등 국가기관이나 부서가 위치해 있어서 썰렁함이 두드러졌다. 이곳은 다관로라고 불렸고, 이를 보면 쿤밍 사람이 노路와 가街를 명명하는 기준이 매우 엄격하다는 것을 알 수 있다. 노는 상업이 집중되지 않은 길을 뜻했고, 가는 상업이 집중된 길을 뜻했다.

그 시절의 다관가는 언제나 시끌벅적했다. 지금도 쿤밍에서 가장 큰 농무시장農貿市場*인 좐신篡新 농무시장이 바로 훗날의 다관로에 있다. 유난히 번성한 좐신 농무시장은 과거 다관가 시장의 유전자를 갖고 있다고도 할 수 있다. 1970년대 온 나라에서 엄격한 계획경제 공급제를 시행하던 시기에도 다관가는 시민의 생활을 보조하는 '자유시장'으로서 기적처럼 존재하고 있었다. 이는 인근의 좐탕篡塘 부두가 명청대 이래 쿤밍에서 비교적 집중적인 상업 지구 중 하나였기 때문이다. 거리에는 쿤밍의 전통적인 토목 구조로 지은 집들이 늘어서 있었다. 아래층은 가게였고, 위층에는 주인이 살았으며 문과 창문, 문짝은 일률적으로 녹색 페인트로 칠해졌다. 다관가 시장은 비교적 중간 구간에 집중되었는데, 창추리倉儲里와 칭펑가慶豊街에 가까운 이 구간은 오늘날의 다관 상업성** 일대이기도 하다. 청과

* 농촌에서 잉여 생산물이나 수공예 생산품을 임시 또는 정기적으로 거래하는 시장.
** 쿤밍의 상업 중심지.

물 시장의 가장 중심지 입구는 창추리 근방이었고 길 어귀에는 나라에서 운영하는 다관 식당이 하나 있었다. 당시 그곳만 유일하게 고기 요리를 팔았다.

그 시대에는 정부가 발행한 고기 배급표가 있어야만 고기를 살 수 있었다. 시장이 아무리 떠들썩하다고 해도 그곳에서 파는 건 농민들이 자류지自留地에서 재배한 채소와 국가의 관리 범위 밖에 있는 덴츠호 및 부근 하천에서 잡은 작은 물고기나 민물새우, 농가에서 만든 절임 채소 정도였다. 이런 사정으로 매년 버섯이 날 무렵이 바로 다관가의 전성기였다. 계획경제 체제하에서는 국가가 유통되는 물자를 통일해 계획을 세우지만 비 온 뒤 산에서 자라나는 버섯까지 제어할 수는 없다. 시골 사람은 분분히 산에 올라가 버섯을 채취해 팔았고 푼돈을 벌어다가 집안 살림에 보탰다. 당시에는 오늘날처럼 발전한 물류 체계도 없고, 외지에서 온 침 흘리는 식객도 없었으므로 야생 버섯과 채소의 가격은 다 엇비슷했다. 대나무로 짠 바구니에 버섯을 종류별로 담아 바구니 하나당 몇 마오를 받고 파는 식이었다. 버섯을 팔던 농민들은 쿤밍 주변 마을에서 왔는데, 대부분 관두官渡, 시산구西山區 일대의 산을 끼고 있는 지방 출신들이었다. 그들의 복장은 매우 전통적이었다. 농민 부녀자는 머리에 짙푸른 색의 머릿수건을 쓰고, 그들이 '자매장姊妹裝'이라 부르는 중국식 전통 의상에 자수를 놓은 허리띠를 맸다. 남자들도 대부분 중국식 매듭단추가 달린 맞섶 옷을 입고 천으로 만든 검은 신발을 신었다. 그들은 자신감 넘치는 우렁찬 목소리로 짙은 관두 억양이 밴 말투를 썼다. 우리 같은 아이들은 그들의 말투를 흉내내곤 했다. 그래서 쿤밍 아이라면 기본적으로 관두 억양을 섞은 농담 몇 마디쯤은

다관가 거리, 1989, 윈난성 쿤밍, 장웨이민張衛民 촬영

할 줄 알았다. 견수청이 장에 나올 때가 되면 시골 아낙들은 산에서 캔 고사리류 식물의 잎을 바구니 밑에 깔고 그 위에 알록달록한 우간균을 쌓았다. 쌓는 데도 요령이 있었다. 우선 키가 크고 갓이 펼쳐진 버섯을 세워 담고, 그 위를 갓이 덜 펼쳐진 버섯으로 덮으면 더 푸짐하고 신선해 보였다. 우리 아이들은 늘 농민들의 이 귀여운 교활함을 짓궂게 들춰냈다. 손을 바구니에 집어넣어 헤집으면 바구니에 가득했던 버섯이 절반으로 푹 꺼져버린다. 우리가 줄행랑을 치면 시골 아낙들은 쫓아오며 욕을 했다. "저 대가리를 깨버릴 놈, 맞아 죽으려고 환장했나!" 아이들은 신나게 웃으며 시장을 뛰어다녔고 다음 목표물을 찾아나섰다.

다관가 뒤에 숨어 있는 창추리는 옛 지명으로, 다관 상업성이 건설된 뒤 이 이름은 영영 사라져버렸다. 과거 촨탕 부두와 가까운 곳이라 관부에서 창고로 썼다고 해서 창추리라 불린 듯하다. 창추리의 한쪽은 칭평가와 맞닿아 있고, 다른 한쪽은 좁은 길을 지나 둥펑서로東風西路로 통했다. 두 길의 지면에는 예전부터 있던 석판이 보존되어 있는데 사람과 말이 하도 밟고 다닌 탓에 석판 하나하나가 반들반들 광이 날 정도로 닳아 있다. 길가 몇 군데에 남아 있는 우물은 거주민들이 1980년대까지도 사용했다고 한다. 좁은 골목 깊숙한 곳에는 쿤밍의 장아찌 공장이 하나 있었다. 나는 직공들이 목 높은 고무장화를 신고 공장 안을 오가면서 온갖 장아찌를 담그는 광경을 자주 보았다. 그때는 도무지 이해할 수 없었다. 먹는 음식인데 어떻게 그 위에 장화를 신은 채 올라가서 밟을 수 있을까. 그때 기억 때문에 지금까지도 장아찌류를 잘 먹지 못한다.

쿤밍은 옛날에 군대가 주둔했던 곳이라 수많은 지명을 당시의 군대 편

난무우간균 (견수청)

Lanmaoa asiatica, 蘭茂牛肝菌

독그물버섯 (홍견수)

Boletus luridus

제에서 따왔고 그 때문에 '첸웨이잉前衛營' '왕치잉王旗營' 등의 지명이 여전히 남아 있다. 창추리는 고대에 물자를 보존하던 곳이었을 테지만 나중에는 쿤밍의 상업이 집중되고 발달한 지역으로 거듭났다. 이 구역은 쿤밍의 전통 민가가 가장 밀집된 곳 중 하나이기도 하다. 이곳의 전통적인 '이커인一顆印'* 민가 역시 자연 형태에 근거해서 만들어진 색다른 양식의 거주민 주택이다. 골목 깊숙이 자리한 집들에서 쿤밍 사람의 순박한 삶의 전통을 볼 수 있다. 어느 집 뜰을 보더라도 자기만의 화단이 있어서 심은 지 수십 년 된 포도나무가 자라기도 하고, 심고 나면 몇 년 만에 흐드러지게 피는 금은화가 보이기도 한다. 만약 뜰이 딸린 집이라면 손님을 접대하고, 식사하고, 볕을 쬐는 등 일가족의 일상생활은 뜰 안에서 완성된다.

　다관가 부근의 창추리 가장 깊은 곳에는 내게 절대로 견수청을 먹이지 않았던 다섯째 할머니가 살고 있었다. 다섯째 할머니는 내 할머니의 다섯째 여동생이라서 붙은 호칭이다. 할머니의 친정은 예전에 위시玉溪에서 가장 큰 염색 공방을 운영했다. 그들은 젊을 때 부모님이 정해준 대로 결혼했고, 할머니는 어린 나이에 위시에서 쿤밍으로 시집왔기 때문에 나이가 들면서 완벽한 쿤밍 억양으로 말했다. 반면 다섯째 할머니는 위시에서 좀 더 오래 살았으므로 단어 몇 개에서 여전히 위시 억양이 짙게 묻어났다. 다섯째 할머니가 쿤밍에 시집온 지 몇 년 안 됐을 때 남편이 세상을 떠났다. 나중에는 리李씨 성을 가진 사람과 재혼했는데, 리씨 성의 남편이 할머니에게 이 창추리의 원락을 남겨줬다. 다섯째 할머니의 원락은 좁고 긴 형

---

* 중국 주거 건축 형식의 일종으로 평면 구조 및 외관이 사각 도장과 비슷하다.

태로, 안으로 들어가면 바로 보이는 2층짜리 작은 누각은 한 부부에게 세를 줬다. 그리고 동쪽의 방 두 개 중 하나도 그림 그리는 젊은이에게 세를 줬고 다른 방 하나는 세입자가 주방으로 썼다. 집의 가장 안쪽에도 2층짜리 작은 누각이 있었는데 다섯째 할머니가 아래층에 살고 위층에는 세입자가 살았다. 다섯째 할머니의 침실 밖에는 오늘날의 응접실과 비슷한 공간이 있었다. 그러나 문이나 창문으로 닫혀 있지 않았고, 주방도 바로 붙어 있어서 얼핏 보면 개방식 주방 같기도 했다. 다섯째 할머니는 평생 자식이 없어 얼마 안 되는 방세에 의지해 1950년부터 세상을 떠난 1986년까지 살림을 꾸렸다. 그는 자식 대신 우리 같은 조카들을 애지중지했다. 매년 설이 오기 전이면 일찌감치 은행에 가서 빳빳한 신권을 바꿔다가 세뱃돈을 주고는 했다. 내 기억 속 인생 첫 세뱃돈을 준 사람은 부모님이 아니라 다섯째 할머니였다.

다섯째 할머니가 부잣집 태생이라서 그런 걸까. 나중에는 부양할 직계 친족이 없어서 '오보호五保戶'*가 됐는데도 할머니는 늘 낮잠을 자고 찻집에 가서 아마추어 배우들이 노래하는 쿤밍 화등극花燈劇**을 몇 분 들은 다음 느긋하게 집으로 돌아와서 점심을 먹었다. 사실 이건 '윈난식 애프터눈 티'를 즐기는 습관이었다. 그 시절에는 냉장고가 없어서 다섯째 할머니는 온갖 윈난 스타일의 간식을 작은 알루미늄 냄비에 넣어두었다. 그리고 반드시 매일 오후 4시쯤 간식 한 조각을 먹고 차를 마신 다음에야 천천히 저

* 의, 식, 주, 의료, 장례 다섯 가지 부문의 혜택을 받는 생활보장 대상자.
** 중국 각지에서 유행하는 민간 예술 공연의 일종.

녁밥을 차리기 시작했다. 나는 다섯째 할머니와 특히 각별했다. 초등학교 3학년 즈음부터 나도 혼자서 외출할 수 있었는데, 주말마다 다섯째 할머니를 만나러 내가 살던 탕솽로塘雙路에서 다관가의 창추리까지 걸어갔다. 가장 중요한 목적은 다섯째 할머니가 만든 맛있는 저녁밥을 얻어먹는 것이었다.

다섯째 할머니는 구시대가 저물고 신시대가 밝던 시절을 살았다. 평생 서양식 옷은 입어본 적이 없었고, 늘 자매장이라는 짙푸른 색깔의 구식 옷을 입었다. 전족을 했다가 푼 두 발은 전족이라고 할 수도 없고 그렇다고 정상적이지도 않은, 시대의 인장이 농후하게 남은 발이었다. 내가 갈 때마다 다섯째 할머니는 무척 기뻐했다. 버섯 철에는 길목에 있는 시장에 함께 가서 버섯을 사왔는데 견수청을 사온 기억은 없다. 늘 비교적 안전하다고 여기는 황우간균, 흑우간균을 사왔고, 가장 전통적인 조리법을 썼다. 쿤밍 저우피고추와 편마늘(단, 마른 고추는 쓰지 않는다)과 함께 약불에서 버섯을 즙이 나올 때까지 6~8분 정도 볶아 항저우 요리인 드렁허리 볶음과 비슷한 상태가 되면 솥에서 꺼낸다. 노란 버섯과 흰 마늘에 기름기가 반들거리는 녹색 저우피고추가 어우러져 대단히 깔끔한 맛이 났다. 여기에 쌀밥을 곁들이면 다른 반찬은 필요 없을 정도였다. 나중에야 알았지만 다섯째 할머니가 견수청을 한 번도 사오지 않은 건 어린 내가 버섯을 먹고 중독되는 위험을 겪지 않기를, 중독으로 고생하지 않기를 바라서였다. 오늘날까지도 여전히 내 마음속에는 그 옛날 다섯째 할머니의 마음 씀씀이가 새겨져 있다. 밥을 다 먹고 나면 다섯째 할머니는 집에 일찍 들어가라고 재촉하면서 매번 내 주머니에 몇 마오를 쑤셔 넣어줬다. 걸어가지 말고 버스를 타고 가라고 말하며 다음 주에는 좀 더 일찍 오라고 당부했다. 요즘 비가 많이 오니까 버섯을 먹으러 오라는 말도 덧붙였다. 그러니 쿤밍 사람이 여름에 버섯을 먹는 건 일종의 미식 생활이자 생활 의식에 더 가깝다.

1990년대 로코라는 이탈리아인이 쿤밍에 왔다가 이곳에도 고향에서 먹던 것과 똑같이 맛있는 우간균이 있다는 사실을 알게 되었다. 그는 쿤밍 대학가에 있는 원화항文化巷에 작은 피자 가게 러커樂客를 열었다. 쿤밍 사람은 이 가게 피자에 우간균이 들어간 걸 알아챘고, 피자 가게는 삽시간에 문전성시를 이뤘다. 나중에 그는 러커를 쿤밍 화조花鳥 시장의 융다오가甬道街에 있는 고색창연한 옛 원락으로 옮겼다. 화덕에서 갓 나온 우간균 피자를 먹는 것도 색다른 정취가 있었다. 그러나 윈난과 이탈리아에서 운영하던 우간균 사업이 점점 잘되자 로코는 조그만 피자 가게를 운영할 마음이 사라졌다. 그곳의 단골이던 우리 식객들은 다소 낙담하고 허전해졌기에 나는 견수청으로 피자 만드는 법을 스스로 연구하는 수밖에 없었다. 이제 견수청 피자는 우리 집에서 손님을 대접할 때 내놓는 대표 요리다. 매년 버섯 철이 올 때면 내 미국인 동료 제프는 늘 염두에 두고 있었다는 듯 묻는다. "언제쯤 견수청 피자 먹을 수 있어?"

간판균

도시는 끊임없이 새로워진다. 쿤밍에서 가장 북적이던 다관가 거리가 사라진 지 몇 년 뒤인 1998년, 옛 다관가에서 멀지 않은 좐탕 부근의 버려져 있던 도매시장에 근처 거주민들을 위한 농무시장이 천천히 형성됐다. 이 시장은 좐탕과 신원로新聞路 사이에 있었기 때문에 '좐신 농무시장'이라는 이름을 얻었다. 옛 다관가 시가지의 유전자는 좐신 농무시장이 쿤밍 도시의 번화한 기운을 이어가도록 했다. 쿤밍 도시 사람들도 사방팔방에서 시장으로 몰려들어 농업 부산물을 구매하기 시작했고, 시장은 점점 성황을 이뤘다. 고작 몇 년 만에 시장은 빠르게 발전해 도매시장 전체뿐만 아니라 주변의 사업장 몇 군데까지 좐신 농무시장에 포함됐다. 매일 1000여 개쯤 되는 가게가 열리고, 하루 평균 4만~5만 명이나 되는 사람이 오간다. 이곳은 언제나 시끌벅적하고 사람들의 활기가 흘러넘친다. 과거 다

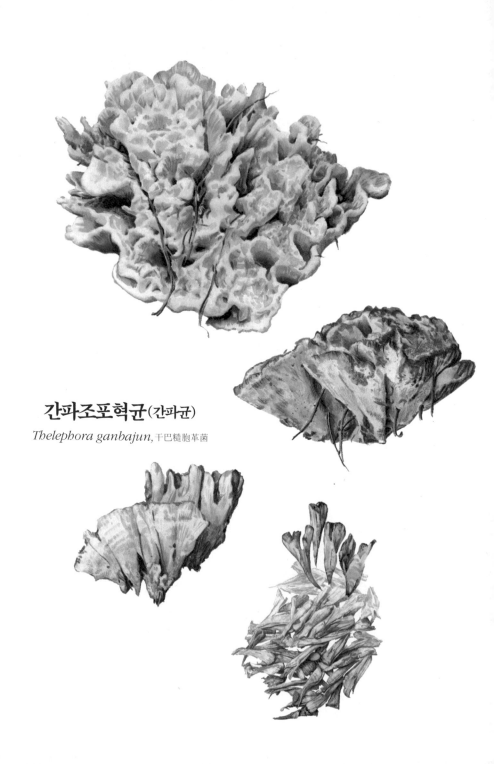

간파조포혁균(간파균)

Thelephora ganbajun, 干巴糙胞革菌

관가 시가지에서 팔던 윈난 여러 지역의 특산품부터 제철 채소, 생선, 고기, 음식, 달걀, 가금류가 얼마든지 있다. 가장 흥미로운 점은 각 지방의 특색 있는 간식들을 찾아볼 수 있다는 것이다. 장을 보러 온 아주머니들은 늘 완더우펀豌豆粉*이나 량미셴凉米線** 한 그릇을 사 먹고 힘이 솟아서 좌판 주인과 마지막 한 푼까지 가격 흥정을 하고, 장을 다 볼 때쯤엔 집 안을 장식할 동백꽃 한 다발까지 겸사겸사 사간다. 예전에 추이후翠湖호 주변이나 다관가 찻집에서 활약했던, 우리 다섯째 할미니도 좋아했던 민간의 아마추어 화등극단도 이 시장으로 옮겨왔다. 나는 가끔 장을 본 뒤 잠시 쉬고 싶으면 몇 위안을 내고 입장권과 차를 사서 공연장에 들어선다. 무대 위 그럴듯하게 분장했지만 노래할 때마다 음정이 삐걱거리는 아마추어 배우들을 따라 머리를 흔들거리며 한 단락 흥얼대다가 제풀에 웃음을 참지 못하고 도망쳐 나온다. 지난 몇 년간 정보 발달로 쿤밍의 좐신 농무시장은 이미 중국의 '핫 플레이스'가 되었다. 매년 쿤밍에 오는 친구들은 빼먹지 않고 좐신 농무시장에 '출석'하고 윈난과 동남아시아의 온갖 희귀한 식자재를 잔뜩 사들인다. 그중 당연히 버섯도 빼놓을 수 없다.

2021년 6월의 어느 날, 내가 쿤밍 좐신 농무시장의 단골 버섯 장수에게서 내 몫으로 주문해둔 신선한 간파균 한 바구니를 사서 돌아가려고 할 때였다. 그 버섯은 버섯장수가 그날 오전 어산峨山에서 특별히 공수한 것이었고, 그는 간파균에 붙은 솔잎을 샅샅이 골라내며 구구절절 설명을 시

---

* 완두콩으로 만든 묵에 여러 양념을 끼얹어 먹는 간식.

** 윈난식 차가운 비빔 쌀국수.

작했다. 이 간파균은 그의 친척 누이동생이 산에서 발견한 뒤 밧줄로 묶어 두고 무르익어 풍성해질 때까지 며칠을 지킨 다음에 캐온 것이라고. 때마침 옆에는 다른 지방에서 온 여행객이 있었는데, 그는 우리가 버섯을 한 송이 한 송이 감상하는 모습을 보면서 매우 이상하다는 듯 물었다. "이게 왜 그렇게 비싸요? 1킬로그램에 1000위안이나 한다고요?" 나는 순간 말문이 막혔다. 쿤밍 사람의 마음속에 간파균이 어떤 위치를 차지하고 있는지, 외지인에게 당장 말로 설명하기가 너무 어려웠던 것이다. 나는 그에게 알려주고 싶었다. 요즘 표현으로 간파균을 묘사하자면 간파균이야말로 쿤밍 사람의 야생 버섯 계급도에서도 최정상에 있는 존재라고. 모든 버섯 중에서도 간파균은 시종일관 가장 높은 가격을 유지한다. 쿤밍 사람이 괜히 이런 우스갯소리를 하는 게 아니다. 당신이 간파균을 자유롭게 먹는 날이 온다면 그건 당신이 경제적 자유를 이룩했다는 뜻이다.

간파균의 겉모습은 상당히 흉측하다. 버섯 정령 같은 외형도 아니고, 풍부한 색채도 없다. 간파균의 모양은 동물의 뇌를 닮았다. 색깔은 회백색이지만 캐고 나면 점점 회흑색으로 변한다. 문인 왕쩡치 선생이 산문 「쿤밍의 비」에서 이렇게 쓴 것도 이상하지 않다. '간파균이라는 버섯은 입에는 잘 맞지만 눈에 차지는 않는다. 처음 봤을 때는 참 의심스러웠다. 이런 것도 먹을 수 있단 말인가? (…) 꼭 마른 소똥이나 밟아서 으깨진 말벌집처럼 보였다.' 하지만 왕쩡치는 나중에 이렇게도 썼다. "(간파균과) 풋고추를 함께 볶은 걸 입에 넣는 순간 눈이 휘둥그레질 것이다. 이렇게 맛있다니?" 그는 산문 「균소보菌小譜」에도 썼다. "간파균은 버섯이지만 묵은 쉬안웨이

宣威 화퇴火腿*의 맛, 닝보寧波의 백어조림 맛, 쑤저우의 펑지風鷄** 맛, 난징의 오리 모래주머니 맛, 게다가 솔잎의 싱그러운 향이 섞여서 난다."

나는 외지에서 온 손님에게 간파균을 대접하려고 몇 번이나 시도했다. 처음부터 간파균을 쉽게 받아들이는 외지인은 드물다. 간파균은 땅에 떨어진 솔잎 위에서 자라므로 좋아하는 사람이라면 간파균에서 새벽의 싱그러운 솔향을 느끼지만, 싫어하는 사람이라면 간파균이 못생긴 데다가 그 냄새도 이상하다고 말한다. 간파균에서는 솔잎이 부패하고 발효되어 곧 술이 되기 직전의 냄새가 짙게 나는데, 누군가는 페니실린 냄새 같다고 표현했다. 물론 처음부터 간파균을 좋아하는 사람은 드물다. 첫 시도 뒤로도 천천히 맛을 음미한 다음에야 간파균이 점점 좋아지고 나중에는 빠져나오지 못하게 된다. 그래서 외지인은 대체로 간파균을 먹을 때 시험 삼아 조금 맛보고 시간이 지나서야 그 맛을 제대로 음미한다.

매년 6월 중순부터 9월 중순까지 간파균은 쿤밍 시장에서 버섯의 왕으로 군림한다. 그리고 생산량이 비교적 적어 윈난 야생 버섯 시장에서는 늘 간파균의 가격이 가장 비싸다. 윈난 서북부와 윈난 동북부의 일부 지역을 제외하면, 쿤밍, 위시, 홍허紅河, 추슝楚雄, 다리大理 등 윈난의 수많은 지역에서 모두 간파균이 난다. 특히 쿤밍 부근의 이량宜良, 어산, 이먼易門, 루펑祿豐과 홍허의 스핑石屛, 다리의 빈촨賓川 등에서 나는 간파균은 품질이 대

---

* 돼지 다리를 염제하거나 훈세해서 만든 중국식 햄으로 쉬안웨이 지방에서 생산되는 것이 유명하다.

** 닭을 죽인 뒤 털을 뽑지 않은 채 내장을 제거하고 안에 조미료를 채워 바람에 말린 것.

단히 우수하다.

간파균은 해발 600~2500미터에 위치한 홍토 솔숲 속 낙엽과 이끼 사이에서 자라며, 대부분 운남소나무, 사모송思茅松 Pinus kesiya Royle ex Gordon, 중국잣나무, 마미송馬尾松 Pinus massoniana Lamb의 낙엽이 떨어진 지면에서 나타난다. 신선한 간파균은 카르스트 지형인 윈난 스린石林의 돌처럼 생겼고, 산호처럼 부채꼴을 띠고 있다. 표면은 회백색 또는 회흑색으로, 검은색 바탕에 녹색 무늬를 점점이 띤 것도 있어 색채가 매우 고상하다. 간파균은 조직이 부드러우면서도 매우 쫄깃하고, 특이한 향을 풍긴다. 소나무의 싱그러운 향과 떨어진 잎이 부패해서 발생한 가스 향이 섞이며 진정으로 숲속의 싱그러운 기운을 호흡하는 듯한 느낌이 든다.

상등품 간파균은 두 종류로 나뉜다. 하나는 이물질이 매우 적은 간파균이다. 버섯 밑동의 진흙을 털어낸 뒤 잘게 찢으면 통통한 해바라기 씨앗처럼 보이기도 한다. 살짝 씻어서 바로 조리해도 손색이 없다. 다른 한 종류는 생장 과정에서 지면에 떨어진 솔잎과 함께 살아가느라 네 안에 내가 있고, 내 안에 네가 있는 경우다. 이런 간파균은 솔잎을 하나하나 깨끗이 골라내야 하므로 세척하는 것만 해도 손이 많이 간다. 하지만 이렇게 솔잎과 공생했던 간파균의 맛은 훨씬 더 진하다.

채취한 간파균이 쿤밍에 도착할 무렵에는 서서히 검은빛이 돌고 식감 역시 신선할 때만 못하다. 빠른 교통수단이라면 1910년 개통된 뎬웨滇越 철도의 미구이米軌 기차가 있다. 뎬웨 철도는 쿤밍과 허커우河口를 이어줬는데, 노선의 역마다 버섯을 파는 산사람들이 있었다. 기차가 정차하는 단 몇 분 안에 승객과 산사람은 재빠르게 버섯을 고르고 거래했다. 때때로 기차가 출발하기 시작하면 장사꾼들은 기차를 쫓아가서 버섯 값을 받았다. 이 광경은 보기만 해도 생동감이 넘쳤다. 그때는 사람들이 미구이 기차를 이용해 이량 부근의 산에서 캔 간파균을 가장 빠른 속도로 쿤밍의 식탁에 올렸다. 그래서 쿤밍 사람은 늘 이량, 어산에서 나는 간파균의 품질을 최고로 쳤는데 그만큼 버섯의 신선도는 버섯의 맛에 매우 큰 영향을 주는 요인이었다.

쿤밍 사람이 간파균을 조리하는 방법은 아주 간단하다. 우선 간파균을 볶아야 한다. 팬에 돼지기름과 닭기름을 반씩 넣고, 기름에서 연기가 나기 시작할 때 간파균을 넣어 1~2분간 볶는다. 간파균의 물기가 마르면 팬에서 꺼낸다. 그리고 녹색 저우피고추, 나사螺絲고추,* 빨간색 소미랄小米辣** 을 간파균과 동일한 양만큼 다지고, 다진 마늘 약간과 윈난 화퇴를 몇 조각 얇게 썰어 준비한다. 돼지기름과 닭기름을 반씩 솥에 넣어 녹인 뒤 화퇴, 마늘, 고추를 한데 넣어 센불에 볶는다. 고추 향이 올라올 때 미리 볶아둔 반쯤 익은 간파균을 넣고 1분을 넘지 않게 볶으면 완성이다.

예전에는 교통이 빠르지 않아서 신선한 간파균을 먹기 어려웠다. 그래서 민간에서는 따로 설비나 시설이 있었던 것은 아니지만 1년 내내 간파균의 좋은 맛을 느낄 수 있는 두 가지 보존 방식을 발명했다. 하나는 간파균을 기름에 살짝 데친 뒤 다시 기름에 푹 담가서 보존하는 방법이다. 이

---

* 저우피고추의 교잡종으로 나사처럼 길고 쭈글쭈글하게 생겼으며 비교적 매운맛이 난다.

** 윈난 지방의 특색 있는 관목형 고추 품종으로 진한 매운맛이 난다.

러면 이듬해 설 전후까지도 피망에 볶은 간파균을 먹을 수 있다. 물론 맛은 시간이 지남에 따라 많이 감소한다. 다른 방법은 부유한 쿤밍 특유의 방법이다. 간파균을 콜라비 절임雅으로 만드는 것이다. 쿤밍 사람은 이 요리를 '갑급甲級 짠지'라고 부르는데 이른바 갑급이란 재료가 고급이라는 뜻이다. 이 짠지의 정수는 절일 때 간파균을 쓴다는 데 있다. 천혜의 기후 조건과 풍부한 식자재 자원을 가진 덕분에 쿤밍 사람은 수많은 채소를 절임으로 만들 수 있었다. 맨 처음 절임은 소금과 홍국紅麴으로 절인 생선을 가리켰는데, 나중에는 쌀가루에 소금 및 각종 조미료를 넣고 잘게 다진 채소를 버무려서 항아리에 담아 절인 뒤 밥에 곁들이는 반찬을 가리키게 되었다. 쿤밍에는 전통적으로 가지로 만든 절임, 무로 만든 절임 등이 있다. 그러나 손맛도 좋고 먹기도 좋아하는 쿤밍 사람은 모든 식자재를 절임으로 만들 수 있는 듯하다. 그러고 보면 일본 교토에 있는 공방과 쿤밍의 이런 문화는 일맥상통하는 데가 있다. 어느 해 교토의 거리를 걷다가 각양각색의 절임을 파는 가게를 어디서나 찾아볼 수 있다는 걸 알아차렸다. 생선을 넣은 절임도 있었고, 채소를 잔뜩 넣어 만든 절임도 있었다. 어릴 적부터 절임을 먹으면서 자란 사람에게는 유난히 친밀하게 느껴지는 광경이었다.

콜라비 절임을 만드는 법은 독특하다. 여름철 햇볕이 좋을 때 콜라비를 깍둑썰기해서 볕에 말린다. 가늘게 찢은 간파균, 부추꽃, 녹색과 빨간색의 저우피고추를 깨끗이 씻고 그늘에서 말린 뒤 잘게 다져서 한데 섞는다. 여기에 홍탕, 소금, 고량주를 넣어 버무리고 항아리에 담아두면 몇 주 지나 바로 먹을 수 있다. 나는 겨울이 되어 간파균 맛이 그리워지면 달걀 볶음밥이나 흰죽에 간파균 콜라비 절임을 곁들여 먹는다. 입안에 간파균 맛이 확 퍼지는 순간 여름철 솔향이 풍기는 숲에 간 듯한 느낌에 사로잡힌다.

1999년 이전까지만 해도 쿤밍의 성시成市 형태는 기본적으로 오롯하게 남아 있었다. 진비로金碧路 일대는 중국 전통 거리에 프랑스 건축 양식이 어우러진 블록으로 상하이의 조계지 느낌이 났다. 진비로와 바오산가寶善街 사이에는 퉁런가同仁街가 있었는데, 퉁런가는 당시 쿤밍에 사업하러 온 광둥廣東 사람이 세운 것이었다. 길 양쪽으로 베란다가 가지런히 늘어서 있어서 이 거리를 걸으면 마치 광저우廣州의 '상샤주上下九'*에 온 듯했다. 세월이 흘러도 거리의 풍경은 변하지 않았지만 사람은 변했다. 이제 거주민은 쿤밍 토박이가 대부분이고, 광둥 출신 가정과 그 후손은 찾아보기 힘들어졌다. 추丘 사형의 집안이 바로 얼마 남지 않은 '광저우 출신' 가정 중 하나였다. 추 사형의 본명은 우리도 모른다. 그가 집에서 넷째였으므로 다들 '추 사형'이라고 불렀을 뿐이다. 추 사형은 전형적인 광둥 사람처럼 이마가 높고 눈이 부리부리했다. 젊은 시절에는 온종일 진비로의 '난라이성南來盛' 카페에 죽치고 앉아 커피를 마시고 주먹질을 해댔다. 그는 부지불식간에 반평생을 보내고 나서야 집에 늙은이와 어린아이가 있다는 사실을 자각했다. 현실을 마주할 수밖에 없었던 그는 집 앞 수린가書林街에서 야식을 팔며 생계를 꾸렸다. 이러면 가족을 부양할 수 있었고, 말년의 부친을 돌볼 수도 있었다. 추 사형은 효자였다. 날이 좋은 오전이면 부친과 함께 퉁런가 베란다 복도에 앉아 차 한 주전자를 끓이고 축음기로 광둥

* 광저우의 3대 전통 상업 중심지 중 하나.

퉁런가 경치, 1997년, 윈난성 쿤밍, 장웨이민 촬영

전통극을 틀었다. 밤에는 아버지가 외로워할까봐 함께 가게로 들어가서 광둥 사람이 좋아하는 '쐉쩡雙燕' 미주 한 잔을 따라드렸다. 이 한 잔을 한 밤까지 홀짝거린 다음에야 어르신은 비틀거리며 집으로 돌아갔다. 나중에 들은 이야기지만 어르신은 사실 베테랑 광둥 요리사로, 추 사형이 만든 요리가 걱정되어 자주 들여다보러 온 거라고 한다.

추 사형의 야식 가게가 열리자 예전에 난라이성 카페에서 어울리던 강호의 친구들이 매일 와서 자리를 채워줬다. 장사도 대단히 잘됐다. 추 사형은 팬을 휘적이며 볶음밥을 만들었고 그가 '와유玩友'*처럼 지냈던 시절, 이미 흘러가버린 화려한 강호 시절을 회상하며 특유의 걸걸한 목소리로 떠들어대는 광경을 자주 볼 수 있었다. 추 사형은 광둥 사람 특유의 민감한 미각을 지녔다. 그래서 다섯 가지가 안 되던 모든 메뉴를 엄선한 재료로 정성껏 조리했다. 그가 만든 볶음밥은 내가 이제까지 먹어본 것 중 가장 맛있는 볶음밥이었다. 그는 늘 자기가 잘 아는 쉬안웨이 사람이 파는 화퇴를 썼는데, 3년 정도 숙성한 화퇴를 사다가 비계와 살코기를 섞어 깍둑썰기했다. 밥은 반드시 전날 밤에 지어서 식혀둔 찬밥을 썼다. 화퇴를 볶아 향을 낸 뒤 밥과 달걀흰자와 노른자를 함께 볶되, 센불에 빠르게 볶아야 했다. 달걀과 화퇴 기름이 입혀진 밥알이 고온으로 달궈진 솥 안에서 춤출 때 미리 볶아둔 간파균을 한 숟가락 넣으면 맛있는 추씨 볶음밥 한 접시가 뚝딱 나왔다. 나는 한동안 매일 밤 자정만 되면 추 사형의 간파균 볶음밥이 먹고 싶어 견딜 수가 없었다. 지금까지도 나는 전날 미리 볶아

* 한량이라는 뜻의 윈난 사투리.

둔 간파균을 이튿날 볶음밥으로 만든다. 그러면 당일에 볶은 간파균으로 만든 것보다 훨씬 더 맛있다. 버섯 철이 아닐 때면 추 사형네 볶음밥에서도 간파균이 사라졌다. 그렇지만 우리 같은 단골이 오면 그는 묵묵히 앞치마에 손을 깨끗이 닦고 작은 종지에 간파균 콜라비 절임을 담아 슬그머니 내놓으면서 걸걸한 목소리로 말했다. "갑급 짠지다. 반찬으로 먹어." 추 사형은 늘 내키는 대로 굴었지만 옛 친구를 만나면 이렇게 시큰둥한 척하면서도 어떻게든 잘해주려고 애썼다. 반면 마음에 들지 않는 손님과 마주치면 장사고 뭐고 일에서 손을 뗐다. 바로 물 주전자를 들이부어 조리대 불을 꺼버리고 미소를 겨우 짜내 말한다. "오늘은 일찍 문 닫아요!" 그는 그날 장사를 아예 접는 한이 있더라도 강호의 기개를 유지하려고 했다. 쿤밍은 1999년에 엑스포를 개최하느라 대대적인 도시 공사를 진행했다. 퉁런가는 철거되어 재건축에 들어갔고, 추 사형 일가도 어디로 갔는지 모른다. 가장 맛있는 간파균 볶음밥도 영영 기억으로만 남겨졌다.

그동안 물류가 편리해지고 정보가 신속히 퍼지면서 간파균을 맛보기 시작하고 좋아하는 외지인도 점점 늘어났다. 하지만 상당수의 사람은 여전히 간파균의 맛에 적응을 잘 못 했는데 주된 원인은 부패한 냄새 때문이었다. 사실 중국에서 '삭힌 음식'이란 전통 음식을 먹다보면 늘 하나쯤 경험하기 마련이다. 남방, 북방에는 각지의 취향에 따른 처우더우푸臭豆腐*가 있고, 안후이安徽에는 처우구이위臭鱖魚**가 있으며 남방의 연해에서는

---

* 소금에 절여서 발효한 두부.

** 소금물에 절여 삭힌 쏘가리를 양념에 졸인 음식.

새우를 발효해 새우장을 만들어 먹기도 한다.

사람들이 라오탕老唐*이라 부르는 예술가 탕즈강唐志岡. 그는 내 친구 중에서도 삭힌 음식에 가장 홀딱 빠진 사람이다. 그의 부친은 안후이 사람이고, 모친은 난징南京 사람이다. 안후이 사람은 처우구이위, 난징 사람은 마오지단毛鷄蛋**을 즐겨 먹는다. 부모에게 물려받은 유전자 때문인지 라오탕은 온갖 종류의 괴상한 '삭힌' 음식을 유별나게 좋아한다. 만약 그와 식사 약속을 잡고 싶다면 삭힌 음식으로 유혹해보라. 그는 분명 기꺼운 마음으로 참석할 것이다.

라오탕은 남방 사람인데 북방 사람처럼 생겼다. 외모는 둥베이東北 지방의 군벌을 닮았지만 일반인을 뛰어넘는 예술가 특유의 민감함으로 음식 맛에도 상당히 예민하다. 라오탕의 매부리코가 독특한 음식 냄새를 맡으면 곧바로 교활한 작은 눈에서는 빛이 뿜어져 나온다. 부모의 고향 음식인 처우구이위, 마오지단뿐만 아니라 베이징의 녹두즙,*** 윈난 전통의 처우더우푸, 수이더우스水豆豉****가 일단 눈에 들어오면 흥분해서 말도 많아진다. 그는 음식이 가장 먹기 좋은 때는 살짝 부패하기 시작했을 때라는 입장을 고수한다. 그리고 이런 음식을 먹을 때마다 무척이나 만족스러워한다. 라오탕의 아내가 이런 음식들은 몸에 나쁘다고 잔소리해도 라오탕은

* 호칭이나 성 앞에 노老 자를 붙여 친근함과 존경심을 나타낸다.

** 부화되지 못하고 달걀 안에서 죽은 미성숙한 병아리로 찌거나 삶아서 먹는다.

*** 녹두를 갈아 전분 등을 걸러낸 후 남은 찌꺼기를 발효해서 만든 것으로, 특유의 산미와 냄새가 있다.

**** 발효한 콩에 고추 등의 양념을 넣어 먹는 음식.

전혀 아랑곳하지 않는다. 평소 건강을 신경 쓰던 조심성 따위는 사라진 지 오래다. 그는 희끗희끗한 수염을 기쁘게 쓰다듬으면서 우선 공기 중에 가득한 부패한 냄새를 즐기고, 그다음에는 우적우적 먹으며 맛의 아름다움을 느낀다.

라오탕은 어릴 때부터 함께 자라 비교적 그를 용인해주는 친구들 앞에서는 이러쿵저러쿵 떠들어대면서 조금 제멋대로 군다지만, 사실 그가 엄청나게 소심하다는 사실을 모두가 잘 알고 있다. 그는 피를 무서워하면서도 자주 성질을 부린다. 한번은 집에 있던 유리 기물을 부수는 바람에 사방에 피가 튀었는데 급기야 제가 먼저 혼절해버렸다. 그는 비행기도 무서워한다. 어느 해 설 연휴, 리장麗江에서 쿤밍으로 가는 비행기를 탔는데 때마침 매년 봄철에 부는 거센 바람을 만나는 바람에 기체가 심하게 흔들렸다. 나는 그와 통로를 사이에 두고 앉아 있었고, 그가 한쪽 손으로 손잡이를 꽉 잡은 채 눈을 까뒤집는 것을 보았다. 내가 몇 번이나 불렀는데도 아무 반응이 없었다. 그는 비행기가 착륙하고 나서야 정신을 차리고 사람들과 이야기할 수 있었다.

라오탕이 국수 하나 삶을 줄 모른다지만 그래도 미식가가 되는 데는 전혀 지장이 없다. 아주 오래전 자동차가 보급되기도 전에 그는 자동차를 샀다. 원래는 밖에 나가 사생화를 그리려고 산 거였는데, 결국 자동차로 여기저기 돌아다니더니 덴츠호 주변의 '현지인 맛집'을 잔뜩 발굴했다. 그다음 흥분해서 친구들을 불러 모아 차를 몰고 우렁이 냉채, 백조어를 먹으러 다녔다. 심지어 집밥 요리의 최고봉인 토마토 두부 볶음을 먹자며 우리를 데리고 50킬로미터나 떨어진 바이위커우白魚口로 차를 몰고 간 적도 있다. 그곳 사장이 직접 만든 이 요리야말로 그의 어린 시절 추억의 맛이라는 것이었다.

매년 버섯 철은 그야말로 라오탕이 1년 중 가장 행복해하는 시간이다. 라오탕은 간파균의 신선한 향 또한 약간 부패한 솔잎 낙엽 위에서 자란 덕분이라고 여긴다. 그리고 이 특수한 삭힌 맛을 위해 그는 매년 친한 친구 몇 명을 모아 차를 몰고 몇백 킬로미터 떨어진 어산에 오르고 이면으로 내려가 가장 신선하고 맛이 진하다는 간파균을 찾아나선다. 집에 돌아와 그의 아내가 산더미 같은 간파균을 볶아주면 모두 앞다퉈 먹어치우는 바람에 금방 동이 난다. 라오탕은 중국인의 식생활에서 도달할 수 있는 최고 경지는 '삭힌 음식을 먹는 것'이라고 말한다. 간파균처럼 부패한 맛을 내면서도 그 자체는 비할 데 없이 신선한 식품, 이거야말로 바로 인간 세상의 진수라 하기에 손색이 없다면서 말이다.

기와무늬무당버섯

버섯 철 내내 사람들은 기와무늬무당버섯*의 자취를 볼 수 있다. 매년 여름과 가을은 기와무늬무당버섯의 생장기로, 비교적 오랫동안 자라나는 데다가 비가 온 뒤에는 생산량이 급격히 많아져서 쿤밍 사람의 밥상에는 여름부터 가을까지 죽 기와무늬무당버섯이 오른다.

쿤밍 부근에서 나는 기와무늬무당버섯은 대부분 침엽수림, 활엽수림 또는 침활 혼효림에서 자란다. 기와무늬무당버섯의 생장은 참 흥미로운 데, 대부분 짝을 이루고 자란다. 버섯을 채집할 때 숲에서 기와무늬무당버

---

* 흔히 기와버섯이라고 부르지만, 국가표준버섯목록의 설명에 따르면 "이전에 기와버섯이라는 국명으로 불렸으나, 속국명을 붙이는 규정에 따라서 기와무늬버섯으로 해야 하는데, 기존 기와무늬버섯*Russula crustosa*이 있어 기와무늬무당버섯을 국명으로 추천한다"라고 되어 있어 이에 따랐다.

기와무늬무당버섯

Russula virescens

섯 한 송이를 발견했다면 1미터도 안 되는 거리에서 한 송이를 더 찾을 확률이 높다. 기와무늬무당버섯은 생장하기 시작했을 때부터 뛰어난 위장 능력을 갖추고 있다. 버섯의 갓은 구형인데 푸른 풀색인 덕분에 쉽게 눈에 띄지 않는다. 윈난 사람은 갓이 펼쳐지기 전을 기와무늬무당버섯 봉오리라고 부른다. 봉오리는 자라나며 반구형으로 변했다가 서서히 펼쳐지고, 갓 표피에는 거북 등딱지 무늬가 나타나기 시작한다. 주름살과 살은 모두 흰색이다. 기와무늬무당버섯은 우기를 앞둔 때 도랑 주변에서 가장 쉽게 발견된다. 쿤밍 주변의 각 지역과 윈난 서부의 상강병류三江并流* 구역에서는 기와무늬무당버섯이 풍성하게 생산된다.

버섯 철, 비 내린 뒤 시장에는 기와무늬무당버섯이 깔려 있다. 우아한 회녹색 갓과 새하얀 대는 청백전가靑白傳家**의 느낌이 다소 든다. 기와무늬무당버섯은 생산량이 많아서 비싸진 않다. 사람들은 퇴근길에 시장에 들러 손 가는 대로 몇 송이 사 들고 집에 가서 볶거나 탕으로 끓여 먹는다. 이 계절 서민 가정의 밥상에서 자주 찾아볼 수 있는 음식이다.

시장에 나온 농민들은 바구니에 야생 고사리류 식물의 잎을 깔고 그 위로 갓이 활짝 핀 기와무늬무당버섯과 피기 전의 봉오리를 나눠놓는다. 손님이 조리 방식에 따라 스스로 고를 수 있도록 하기 위해서다. 만약 그날 산 기와무늬무당버섯이 막 피어난 거라면 볶은 뒤 전분을 넣어 끓이기에

---

* 윈난 서북부의 누장怒江강, 진사강金沙江, 란창강 세 강이 나란히 흐르는 경관으로 유네스코 세계자연유산으로 등록되어 있다.

** 원래는 청렴결백한 풍속을 후손에게 물려준다는 뜻이나 여기서는 청靑자를 써서 푸른 갓과 흰 대로 이어지는 색의 변화를 빗대고 있다.

알맞다. 기와무늬무당버섯의 즙은 요리사가 전분을 풀어서 걸쭉하게 만든 요리처럼 식감이 부드럽고 매끄럽다. 최근에는 사람들이 쿤밍 더허德和 통조림 공장에서 생산한 군 납품용 훙사오러우紅燒肉* 통조림과 함께 조리하기도 한다. 기와무늬무당버섯을 볶다가 막 즙이 나오기 시작할 때 훙사오러우 통조림을 붓는 것이다. 그럼 기와무늬무당버섯에서도 색다른 풍미를 맛볼 수 있다. 이 버섯의 신선한 단맛과 유서 깊은 훙사오러우 통조림의 진한 향이 혼합되며 특별한 맛을 자아낸다. 확실히 기와무늬무당버섯은 훙사오러우의 느끼한 맛을 잡아주고, 훙사오러우는 기와무늬무당버섯의 신선한 맛을 이끌어내며 서로를 돋보이게 해준다. 만약 비교적 봉오리가 많은 버섯을 샀다면 윈난 전통 음식인 량칭터우쥔瓤青頭菌을 만드는 걸 고려해볼 법하다. 쿤밍 사람이라면 누구나 어릴 적부터 먹던 음식이다. 만드는 데 시간이 오래 걸리는 음식이라서 시간이 곧 돈인 도시의 식당에서는 거의 팔지 않는다.

기와무늬무당버섯은 우울증에도 효과가 있다고 한다. 이건 그냥 뜬소문일 가능성이 크지만, 이 버섯을 조리하고 먹는 과정에서부터 어느 정도 치유의 효과가 있기는 하다. 나는 기분이 좋지 않을 때면 기와무늬무당버섯을 사다가 량칭터우쥔을 만들어 한 상 잘 차려 먹고 기분을 전환한다. 기와무늬무당버섯 봉오리를 골라 사와서 깨끗이 씻은 뒤 갓 부분을 떼어낸다. 비계와 살코기가 섞인 돼지고기를 잘게 다진 뒤 파와 생강을 넣고 볶다가 물기가 졸아붙으면 소금, 후춧가루, 달걀노른자를 잘 섞는다. 그럼

* 삼겹살에 향신료 등을 넣고 만든 조림.

소는 완성이다. 그리고 달걀흰자에 물 조금과 전분 조금을 섞은 것을 기와무늬무당버섯 갓에 바른 뒤 만들어둔 소를 그 안에 가득 채운다. 이렇게 갓을 하나하나 채우고 있노라면 확실히 스트레스가 좀 풀리면서 기분도 좋아진다. 팬 안의 기름이 적당히 달궈졌을 때 소를 채운 기와무늬무당버섯 갓을 빠뜨려 기름에 살짝 익힌 뒤 기름기를 뺀다. 버섯 대는 손으로 찢어서 기름에 튀긴다. 찜기에 잘 튀겨진 갓을 먼저 담고 튀긴 대를 얹어 10분간 쪄낸 뒤 대접에 엎는다. 이어서 기름에 편마늘을 튀겨서 향을 낸 뒤 마늘은 건져내고 그 기름을 육수에 넣는다. 마지막으로 육수를 대접에 붓는다. 과학적인 설명에 따르면 기와무늬무당버섯에는 단백질, 탄수화물, 칼슘, 인, 철, 비타민B2, 니아신 등의 영양 성분이 들어 있어 누구에게나 좋다. 특히 간열이 왕성하거나 눈 질환, 우울증, 알츠하이머병을 앓는 사람에게 더 좋다.

기와무늬무당버섯은 채집한 날 바로 먹는 게 가장 맛있다. 하루 지나면 변질될 가능성도 있고, 쓴맛이 날 수도 있다. 그러나 이걸 신선하게 보존하면서 운송하기란 쉽지 않다. 그 때문에 윈난 이외 지방의 많은 식객은 이 대자연의 선물을 누리지 못한다. 먹어는 봤대도 정통 조리법으로 만든 게 아니라면 안 먹은 것이나 마찬가지다. 기와무늬무당버섯에 대한 윈난 사람의 사랑은 이 버섯이 윈난 사람처럼 소박하다는 데서도 일부 기인했다. 수많은 미식가가 불원천리 쿤밍으로 돌아와서 가장 먹고 싶어하는 것은 값비싼 계종이나 송이가 아니다. 집에서 만든 소박한 기와무늬무당버섯 볶음 한 그릇에 쌀밥과 유루푸油滷腐*를 곁들이는 것. 이는 어린 시절과 그 시절 마음의 집을 되찾을 수 있는 맛이다.

몇 년 전, 나는 건축가의 꿈을 한번 이뤄보겠답시고 타이 치앙마이에 내가 디자인한 집을 짓기 시작했다. 인부들은 나를 만날 때마다 무척 예의 바르게 대해줬지만 어려운 일이 생기거나 소통이 잘 안 되는 등 문제가 생기면 이튿날 말없이 사라져버리고 며칠 내내 현장에 나오지 않았다. 그러고는 이틀, 사흘이 지난 뒤 생글생글 웃는 얼굴로 나타나서 "사와디캅!" 이라고 말하는 것이다. 나는 그동안 이 인부들 때문에 몇 번이나 미쳐버릴 뻔했다. 인부들이 '파업'할 때면 나는 치앙마이의 시장을 돌아다닐 수밖에 없었다. 하루는 어느 산사람이 파는 기와무늬무당버섯 한 광주리를 발견했다. 가만 생각해보면 타이, 미얀마, 윈난은 산수가 연결되어 있어 자라나는 것들이 비슷했다. 단지 치앙마이에서 난 기와무늬무당버섯 갓의 녹색이 훨씬 더 옅었을 뿐이다. 모처럼 기와무늬무당버섯을 보자 나는 얼른 모조리 사와서 요리를 시작했다. 풋고추의 맛이 좀 다르다는 점만 빼면 나머지 재료들은 윈난에서 먹던 것과 흡사해 고향을 그리워하던 마음이 순식간에 달래졌다. 이 일을 계기로 나는 미식의 치유 작용을 더욱 믿게 되었다. 인부들이 제시간에 와서 일할지 말지, 집이 언제 다 지어질지도 전혀 중요하지 않게 느껴졌다. 나는 묵묵히 스스로를 타일렀다. 로마에 가면 로마법을 따라야지. 무슨 일이든 천천히 하면 돼. 이 모든 게 기와무늬무당버섯에 함유된 미량원소와 관련이 있는 건 아닐까?

---

* 처우더우푸를 말려 물기를 제거하고 양념을 넣어 절인 음식.

기억을 더듬어보면 기와무늬무당버섯을 처음 알게 된 때는 초등학교에 입학하기 전이었다. 그 시절 아이를 돌볼 사람이 있는 집들은 아이를 유치원에 보내지 않았다. 그때는 유치원 교육을 교육의 중요한 한 단계라고 여기는 사람이 많지 않았다. "아이고! 저 딱한 아이들 같으니. 잠도 제대로 못 자고, 밥도 많이 못 먹고!" 평생 짙푸른 색의 자매장을 입던 할머니는 매일 오전만 되면 맞은편에 있는 유치원에 가기 싫어서 울고불고하는 어린 여자애들을 보면서 입버릇처럼 중얼거렸다. 할머니가 보기에 저 아이늘이 유치원에 가는 건 다 부모가 아이를 돌볼 시간이 없기 때문이고, 아이들은 유치원에 가서 고생을 한다고 여겼다. 그 시절에는 우리처럼 유치원에 가지 않는 아이가 행복해 보였다. 하지만 결국 아이를 내버려두는 것과 다르지 않았고, 우리는 원락의 좀 더 큰 아이들이 데리고 다니며 놀아주는 데 의지해야 했다. 이웃집 어느 형의 아버지는 루펑 기차역에서 일했는데, 하루는 그 형의 아버지가 아는 열차 승무원 편에 기와무늬무당버섯 한 바구니를 보냈다. 이웃집 형은 나를 데리고 탕쯔항揚子巷 앞 타이허가太和街로 가서 버섯을 받아왔다. 그건 내 생애 최초로 부모님도 없이 원락에서 멀리 벗어나 반경 1킬로미터 밖의 지역을 탐험하러 간 것이었다.

탕쯔항은 뎬웨 철도 쿤밍남역이 있었던 그 일대를 통틀어 부르는 이름이다. 이 구역은 쿤밍남역에서 시작해 북쪽 타이허가까지, 동쪽의 퉈둥로拓東路에서 시작해 서쪽의 더성차오得勝橋까지 반경 1킬로미터 남짓한 공간이다. 프랑스인이 쿤밍남역을 지을 때 필요한 흙을 채취하느라 기차역 옆에 구덩이를 일곱 개나 팠고, 나중에 기차역을 드나드는 도로 양쪽으로 구덩이가 모이더니 커다란 연못 두 개가 생겼다. 중화인민공화국이 건립

뎬웨 철도의 기점역인 쿤밍남역, 1913, 역사 사진

된 이후 이곳은 우이 공원이라는 이름으로 바뀌었다. 1970년대 후반에는 이곳을 메우고 내가 다녔던 쿤밍 철도 제3중학교가 세워졌다. 뎬웨 철도가 개통된 뒤 쓰촨, 광둥, 푸젠福建, 광시廣西 등의 성에서 상인들이 소문을 듣고 몰려왔고 외국인도 잇달아 왔다. 기차역 주변에는 성당, 우체국, 서양식 병원이 생겼고, 은호銀號*가 성행했고 외국으로 건너가는 사람도 많아졌다. 식당, 카페, 술집, 찻집, 무도장, 기생집 등 갖가지 가게도 속속들이 주변에 나타났다. 연못과 골목이 생기자 자연스럽게 탕쯔항이라는 지명이 지어졌고 사람들은 그 이름처럼 뻗어나갔다. 기차역을 나와 길을 따라서 북쪽으로 여관과 식당이 줄줄이 늘어섰고, 시일이 지나자 어느새 시장이 형성됐다. 이 시장이야말로 사실 진정한 의미의 탕쯔항이었다. 탕쯔항 시장은 1910년 뎬웨 철도 개통 이후 서서히 암시장이 되더니 1981년 쿤밍남역이 철거된 뒤 점점 쇠락하여 사라졌다.

나는 탕쯔항 시장에 가보기 전부터 집안 어른들로부터 그곳에 관한 재미난 이야기를 익히 들어왔다. 그때는 나이가 너무 어려 그 이야기를 잘 이해하지 못했지만 늘 호기심을 자극하는 곳이었다. 어른들은 탕쯔항을 자유시장이라고 불렀는데 사실 늘 존재했던 암시장 중 하나였다. 옆집 형을 따라 탕쯔항에 갔을 때는 다른 세상에 간 것만 같았다. 마치 하늘에서 뚝 떨어져 아라비아 시장에 와버린 것처럼 시끌벅적하고 와자지껄한 소리가 가득했다. '훙잉紅纓'이라는 여관 입구에는 어느 소수민족인지 모를 까무잡잡한 피부의 사내들이 무리 짓고 서서 번쩍번쩍 빛나는 눈으로 오

* 비교적 규모가 큰 개인이 운영하는 금융기관.

가는 행인들을 보고 있었다. 여관의 문지기 할아버지는 팔뚝에 붉은색 완장을 차고 수연통을 안은 채 태연하게 살담배를 뻐끔뻐끔 피우고 있었다. 살담배란 윈난 산지의 촌민들이 그해 난 신선한 잎담배를 작두로 실처럼 썰어서 윈난 전통 수연통으로 피우는 국산 담배다.

좀 더 앞으로 가면 나라에서 운영하는 식당인 대중大衆식당이 있다. '대중'이라는 두 글자는 번체자에, 마오쩌둥의 필체로 쓰여 있어 나는 오랜 세월 그 글자를 '대상大象(코끼리)'이라고 읽었다. 대중식당에는 늘 국수를 받으려는 줄이 식당 안에서부터 바깥까지 늘어서 있었다.

인도에도 낮과 밤을 가리지 않고 늘 사람이 우글거렸다. "요술 마술 구경하세요. 요술 마술 재밌어요." 크게 외치는 소리가 들린다. 말라깽이 남자가 마술 두어 가지를 보여주고 등사인쇄를 한 마술 비법 책자를 팔기 시작한다. 낡은 군복 차림에 돋보기를 쓰고 "정력에 좋은 자양강장제요" 하고 외치며 해달, 해마, 해구신을 파는 화교 출신 중의사도 있었다. 인파속에는 심각한 표정으로 이른바 뒷골목의 분위기를 풍기는 남자들도 있었는데, 사람들은 그들을 '멜대'라고 불렀다. '멜대'는 주로 기차역에서 손님의 짐을 옮겨주고 번 품삯으로 생계를 꾸렸다. 짐 옮기는 일이 없을 때는 특별한 물품을 암거래해서 푼돈을 벌기도 했다. 그 시절 쿤밍에서는 미얀마에서 건너온 오성 가솔린 라이터가 가장 유행했다. 그래서 '멜대'들이라면 오성 라이터를 암거래했다. "오성 라이터? 오성 라이터 안 필요해?" 그들은 지나가는 사람을 슬그머니 떠본 뒤 수상쩍게 거래했다. 나는 이 '멜대'들이 참 야릇한 분위기를 풍긴다고, 주변에 있는 아저씨들보다 훨씬 더 매력적이라고 생각했다.

좀 더 걸어가면 철물점과 부식품 상점이 나왔다. 부식품 상점의 높은 매대에는 유리 항아리에 담긴 알사탕, 짭조름한 맛이 나는 우유사탕, 감람 등 언제나 그때 그 시절과 같은 먹거리들이 있었다. 퉈둥로의 교차점을 지나면 나의 초등학교 시절을 함께했던 문방구가 나온다. 공책, 연필, 만년필, 잉크 등 문구류는 모조리 이곳에서 샀다. 나중에 그림을 공부할 때 썼던 각종 종이와 물감도 여기에서 해결했다. 문방구 뒤에는 문이 열린 걸 한 번도 볼 수 없었던 신비한 성당이 있었다. 그 옆 아르데코 스타일의 건축물은 소문에 의하면 제2차 세계대전 당시 플라잉 타이거즈*를 접대했던 이안誼安 빌딩이라고 한다. 그렇지만 그때는 이름이 벌써 쿤밍 여관으로 바뀐 뒤였다. 두 곳 모두 쿤밍 토박이에게는 여러 전설과 함께 인식되던 곳으로 신비한 색채가 가득했다. 아직 세상을 겪어보지 못했던 나는 끊임없이 상상의 나래를 펼쳤다. 탕쯔항 전체는 내 유년기의 쿤밍 다운타운이었고, 세계에 대한 나의 인지와 이해는 모두 이곳에서 시작됐다.

부모들은 항상 우리에게 당부했다. 여기는 아주 복잡하고, '몔대'들도 좋은 사람들이 아니라고. 하지만 그런 말을 들을수록 아이의 호기심은 오히려 솟구치는 법이다. 우리는 시간만 나면 탕쯔항으로 달려갔다. 방학에는 아예 매일 그곳에서 살다시피 했다. 계획경제 시대에는 모든 주요 생활용품과 식품을 구하려면 배급표가 필요했다. 암시장에서는 고기 배급표, 양식 배급표, 천 배급표, 물품 구매권, 비누 배급표를 전부 거래했다. 가정

---

* 중일전쟁, 태평양 전쟁에서 중화민국 공군 소속으로 일본군과 싸운 중화민국 공군 제1미국인 의용 대대의 별칭.

마다 이런 배급표를 보관하는 서랍이 있었는데 양식 배급표, 고기 배급표
는 살림에 필수적인 배급표였으므로 어른들은 이것들을 특히 단단히 관
리했다. 반면 다른 배급표는 어디에 뒀는지 곧잘 까먹어서 우리처럼 머리
가 굵어진 아이들이 훔쳐가기 딱 좋았다. 아이들은 탕쯔항의 '멜대'들을
찾아가서 훔친 배급표를 돈으로 바꿨다. 겨울방학에는 설에 터트릴 폭죽
을, 여름방학에는 제철 과일이나 조악한 진사강표 담배를 샀다. 탕쯔항은
내게 시장과 장사라는 개념을 처음 알려준 곳이자 가장 일찍 사회와 친밀
하게 접촉한 곳이기도 하다. 지금도 해마다 기와무늬무당버섯을 먹을 때
면 유년 시절의 낙원인 탕쯔항이 떠오른다.

유럽에도 기와무늬무당버섯이 있다지만 윈난의 것과는 완전히 다르다
고 한다. 내 친구 후샤오강胡曉剛은 예전에 리나李娜라는 사람과 사귀었는
데, 처음에는 리나의 서구적인 외모를 달리 생각하지 못했다고 한다. 리나
의 할머니는 중국에서 독일로 유학 온 할아버지와 결혼했고, 할아버지는
공부를 마치고 귀국해 국민당 정부의 군사 설비 전문가가 되었다. 그들의
두 아들 중 한 사람이 리나의 부친 빅토어고, 다른 한 사람은 리나의 삼촌
레스토다. 두 사람 다 중국에서 자랐다. 나중에 빅토어는 해방군에 가입했
다. 타고난 예술적 재능을 살려 쿤밍 군구軍區 국방 문공단文工團* 무대 미
술 팀의 장이 되었기 때문이다. 레스토는 미미한 정신장애가 있었으므로
빅토어가 늘 동생을 데리고 다녔다.

그 시절 쿤밍에서는 유럽인 같은 외모를 찾아보기가 힘들었지만 쿤밍

---

* 문예공작단의 준말로 노래, 춤 등 다양한 형식으로 선전 활동을 하는 단체.

서악묘 일대에서만큼은 털보 외국인의 모습을 자주 볼 수 있었다. 빅토어는 평소 군복을 입고 있었으므로 유럽인다운 이목구비가 두드러지지 않았지만 레스토는 평상복을 입은 데다가 문공단 뜰 밖을 싸돌아다녀 사람들은 턱수염을 기른 외국인과 자주 마주치곤 했다.

레스토는 딱히 몸가짐에 신경 쓰지 않았지만 은근히 귀족적인 분위기를 풍겼다. 문공단 단원들은 이른 아침 그가 식당 입구를 지나가는 걸 보면 좋은 마음으로 찐빵을 사서 아침으로 먹으라며 그에게 주었다. 거지꼴이나 다름없는 레스토는 기름때로 꼬질꼬질한 옷에다 손을 쓱쓱 닦았다. 하지만 그는 찐빵을 받지 않고 시큰둥하게 말했다. "나는 아침에는 단 걸 먹지 않아." 하루는 내 친구 쑨둥펑孫東風이 실연을 당해 강가에 앉아 넋을 놓고 있는데 갑자기 레스토가 등 뒤로 다가와서 물었다. "예쁘지? 나도 예전에 라인 강가에서 석양을 봤어." 쑨둥펑은 사실 레스토가 사람들이 말하는 것만큼 미치지는 않았다고 생각했다. 그저 그를 이해하는 사람이 많지 않을 뿐이었다. 레스토는 나중에 쿤밍에서 병사했다.

빅토어는 퇴직할 때까지 쭉 문공단에서 일했다. 때마침 개혁개방을 맞이하자 독일 정부에서는 교민들을 데려가려 했고, 독일 출신인 빅토어 일가는 독일로 돌아갔다. 쿤밍에서 수십 년을 살았으니 그들 일가도 기와무늬무당버섯을 좋아했다. 빅토어도 기와무늬무당버섯을 산 적이 있고, 쿤밍 부근의 산에서 캔 적도 있다. 그가 독일로 돌아간 뒤 숲에서 뜻밖에도 윈난의 것과 똑같이 생긴 기와무늬무당버섯을 발견했다. 그는 의심 없이 기와무늬무당버섯을 캐다 먹었고 불행하게도 중독되고 말았다. 중국에서의 경험으로 기와무늬무당버섯에 독이 없는 줄 알았던 것이다. 그러나 이

틀, 사흘 시간이 지나는 사이 독은 간장으로 침입해버렸고 이를 치료하지 못해 죽고 만다.

반평생을 쿤밍에서 보낸 독일인이 쿤밍을 그리워하다가 독일에서 마주친 기와무늬무당버섯을 먹고 죽다니, 서글픈 일이 아닐 수 없다.

진근의소산 (계종)

Termitomyces eurrhizus, 眞根蟻巢傘

계종

윈난의 여름은 비가 끊임없이 부슬부슬 내린다. 매해 단오절을 앞둔 날이면 윈난 사람은 계종鷄㙡을 먹을 때가 왔다고 생각한다. 단오가 되기 보름 전부터 시장에 계종이 나오기 시작한다. 만약 윈난 사람 모두에게 버섯의 왕을 선발하라고 한다면 그 왕좌는 틀림없이 계종이 차지할 것이다. 계종의 맛은 어른이든 아이든 다 좋아한다. 예전부터 윈난의 모든 야생 버섯 중에서도 계종은 종류가 다양하고, 산지도 넓고, 생산량도 많아서 대중에게 큰 사랑을 받아왔다. 계종은 모든 야생 버섯 중에서도 가장 신선하고 달콤하다. 나중에 일본 송이가 유행하기는 했지만 계종의 인기에 편승했다는 느낌을 지울 수 없어 윈난 사람은 송이를 '못난이 계종'이라 부른다. 계종의 조직은 눈처럼 희고 기름지면서도 연하고 부드럽다. 맛은 싱그러우며 신선하고 달콤하다. 이 버섯을 먹어본 사람이라면 다들 절대 그 맛을 잊지 못한다.

소위 산해진미라는 단어에서 산의 진미가 계종이 아니라면 도대체 무엇이겠는가. 심지어 어떤 사람은 『장자』의 '아침에 돋아났다 해가 뜨면 말라 죽는 버섯은 그믐과 초승을 알지 못한다'라는 구절을 두고 2000여 년 전부터 사람들이 계종을 먹기 시작했다고 추측한다. 명나라 희종 주유교朱由校(재위 1620~1627)도 계종을 무척 좋아했다고 전해진다. 그 시절에는 역참의 빠른 말을 이용해 황제가 먹을 가장 신선한 계종을 경성으로 보냈을 것이다. 희종은 총애하는 후궁이나 대권을 독점한 위충현魏忠賢에게만 계종을 조금 나눠줬다고 하니, 황후조차 계종을 먹을 수 없었다. 훗날 건륭제 시대의 문장가이자 사학자인 조익趙翼도 군대를 따라 윈난 지방에 왔다가 계종을 먹고 감탄했다고 한다. "눈 깜짝할 새 먹보의 입에 들어갔는데 먹보는 이만큼 감탄한 적이 없었다. 신기해라, 이 계종이란 어떤 족속일까? 뼈는 없으나 가죽이 있고, 피는 없으나 고기가 있다네. 금치錦雉의 기름만큼 신선하고, 금작金雀의 뱃살만큼 기름지구나." 명나라의 대시인 양신楊愼은 "날씨는 2, 3월 같고, 꽃가지가 끊임없이 돋으니 사계절이 모두 봄이라네"라고 쓰며 쿤밍에 '춘성'이라는 아름다운 이름을 선사했고, 계종을 하늘의 선인이 먹는 '옥지玉芝'와 '경영瓊英'이라고 칭찬했다.

그는 영웅의 기개가 느껴지는 「임강선, 도도한 창장강은 동쪽으로 흘러가네臨江仙·滾滾長江東逝水」라는 시를 쓴 적이 있다.

도도히 흘러가는 창장강이 동쪽으로 사라지니 물보라에 영웅이 사라졌네

90

시비와 성패는 순식간에 허망해지는 것

청산은 여전한데 석양은 몇 번이나 붉었던가

백발 어부는 늘 강을 건너며 가을 달을 바라보고 봄바람과 마주
했네

탁주 한 주전자를 따라 만남을 기뻐하며

고금의 수많은 일을 전부 웃음과 이야기에 부치네

양신은 '대례大禮의 의義'*로 인해 문책을 받아 파면됐지만, 윈난에서 귀
양살이하는 동안 고생스레 떠돌아다니면서도 결코 태만하거나 실의에 빠
지지 않았다. 또 윈난에 정을 붙여 윈난의 산수와 풍물을 노래하는 훌륭한
시를 여러 편 창작했다. 양신은 전설로만 전해지던 미식인 계종을 운 좋게
맛보고는 감탄을 금치 못했다. 곧「목오화가 계종을 선물하다沐五華送雞堫」
라는 시를 지어 계종을 옥지, 경영 같은 진귀한 미식에 비유했다.

바다 위를 떠돌던 하늘의 바람이 옥지에 불었으나 나무꾼 아이는

깊이 잠들어 알지 못했네

화양동 근처에 사는 선옹이 경영 한 가닥을 둘로 나누었네

윈난에서 살았던 문학가 아성阿城은「향수와 프로테아제」에서 이렇게

---

* 명나라 세종이 후사가 없던 무종의 뒤를 이어 제위에 오르자 세종을 누구의 뒤를 이
은 황제로 인정할 것인지를 두고 조정에서 대립한 사건.

쓴다. "신선함으로 말할 것 같으면 전 세계 음식을 통틀어도 나는 중국 윈난의 계종이야말로 으뜸이라 생각한다. 이런 버섯을 탕으로 만드는 건 사실 대단히 위험하다. 신선함을 추구하느라 배가 터질 때까지 먹을 수도 있기 때문이다. 나는 이 버섯에 든 어떤 물질이 우리 머릿속 시상하부의 거식 중추를 완전히 마비시킨 탓에 우리가 배가 터져 죽을 때까지 탕을 먹으려드는 건 아닌지 의심스럽다." 계종은 그 특별한 '신선함' 덕분에 아성 선생으로부터 극찬을 받았다.

윈난 사람은 특출한 인물을 계종에 빗대기도 한다. 윈난 사람 대부분은 자신이 '자샤바오家鄕寶'*라서 조용한 것을 좋아하고, 담백한 삶을 기꺼워한다고 여긴다. 윈난에서는 두각을 드러내는 사람이 매우 드물고 다들 평범하다지만, 수많은 사람 중 발군의 인물이 몇몇 나오기 마련이다. 그들은 중국 각지에서 걸출함을 뽐낸다. 서화가 쳰난위안錢南園, 음악가 녜얼聶耳, 수학가 슝칭라이熊慶來, 예술가 장샤오강張曉剛, 문학가 위젠, 무용가 양리핑楊麗萍 등이 그렇다. 쿤밍 사람이 보기에 이 사람들 모두 '계종'에 속한다. 겸손한 윈난 사람일지라도 가끔은 자랑스럽게 계종에 대해 이야기할 것이다. "이 윈난이라는 지방의 사람들은 대부분 특출날 것 없이 평범하지만, 가끔 돋아나는 계종 두 가닥이 참 대단하단 말씀이야."

청나라의 문인 전문田雯은 『검서黔書』에서 이렇게 썼다. "종균樅菌은 7월이면 얕은 풀에서 돋아난다. 처음 땅을 뚫고 나올 때는 삿갓처럼 생겼다

* 윈난 사람의 유별난 고향 사랑으로, 어딜 가든 고향이 제일이라고 말하거나, 외지로 나가도 고향을 잊지 못해 돌아오려고 한다는 데서 나온 표현.

가 점차 뚜껑처럼 변한다. 시간이 지나면 어지럽게 퍼지는 모습이 닭털 같아 계종이라 부르게 되었다. 땅에서 자라므로 땅버섯楲이라고도 한다." 윈난의 많은 지역에서는 계종이 왕성하게 나며, 이는『본초강목本草綱目』『옥편玉篇』『정자통正字通』등의 책에도 모두 기재되어 있다. 쿤밍 주변의 푸민富民, 우딩武定, 루취안祿勸, 이량, 스쭝師宗, 추슝, 리장 등에서는 좋은 계종이 난다. 계종은 일반적으로 윈난 홍토 비탈에 있는 침엽림, 활엽림 또는 황무지나 옥수수밭에서 자란다. 계종이 나는 곳은 대체로 흰개미굴과 연결되어 있기도 하다. 때로는 흰개미굴 하나에서 계종 한 무더기가 자라기도 하고, 때로는 한 송이만 자라기도 한다. 여름비가 내린 뒤 해가 나와 온도와 습도가 높아지면 흰개미굴 위로 작은 흰색 구균이 돋아나고 계종으로 자란다. 버섯을 캐는 농민은 어디에서 계종을 찾을 수 있는지 안다. 그들은 곧잘 이렇게 말한다. 올해 여기서 모양 좋은 계종을 캤다면 '계종 굴'을 건드리지 말아야 이듬해에 또 계종을 캘 수 있다고. 버섯을 캐는 사람의 마음속엔 자기만의 '계종 굴' 몇 군데가 숨겨져 있는 법이다. 사실 이듬해 개미가 이사해버리면 계종이 나지 않지만 말이다. 더구나 어떤 농민은 아주 신비한 이야기를 한다. 자기는 계종 캐는 꿈을 자주 꿔서 계종이 어디 있는지 알 수 있다나. 꿈에서 가르쳐준 곳에 가면 계종을 잔뜩 찾을 수 있단다. 버섯을 캐는 농민들은 보통 새벽 3, 4시쯤 산에 오르고 자기만의 '버섯 굴'로 달려가서 아직 갓이 피지 않은 계종을 캔다. 뿌리에 묻은 홍토 진흙은 계종의 신선함을 지켜준다. 날이 막 밝아올 때쯤 농민들은 이미 산자락 농막으로 돌아와 있다.

윈난 사람은 계종의 갓이 흰색이면 백피계종白皮鷄堫, 노란색이면 황피

계종黃皮鷄㙡, 검은색이면 흑모계종黑帽鷄㙡, 회색이면 황초계종黃草鷄㙡이라 부르고 갓에 금이 가서 흰색 조직이 노출된 것은 화피계종花皮鷄㙡이라고 한다. 계종은 종생縱生하는 버섯이어서 여러 송이가 연결되어 자라는데, 이는 와계종窩鷄㙡이라 불린다. 반면 흰개미굴 위에 한 송이만 나는 독계종獨鷄㙡은 매우 드물어서 계종 중에서도 상품이다. 때로 밭고랑에서 열 송이에서 수백 송이에 이르는 계종이 잇달아 자라기도 하는데, 이건 윈난 스쫑 일대에서 많이 나는 화파계종火㩮鷄㙡 또는 두봉계종斗篷鷄㙡이다.

계종의 명칭은 확실히 그 생김새를 반영한다. 갓과 대를 세로로 죽 찢으면 닭가슴살이나 닭다리살을 찢어낸 것과 비슷하다.

나는 시장에 갓 나온 화파계종을 사다가 신선함을 맛보는 걸 가장 좋아한다. 화파계종은 스쫑에서 난 것이 제일이다. 마을 사람들은 계종을 호박잎으로 조금씩 싸서 판다. 집에 와서 화파계종에 붙은 홍토 찌꺼기를 호박잎으로 살살 닦아낸다. 갓은 가늘게 찢고, 대는 편으로 썬다. 2년 정도 묵은 좋은 쉬안웨이 화퇴를 비계와 살코기로 각각 분리한다. 비계로 기름을 내고, 살코기는 볶는다. 고추는 살짝 설익혀서 준비한다. 다른 솥에 소량의 저우피고추를 넣고 반쯤 익을 때까지 볶은 뒤 썰어둔 계종을 넣고 1분간 볶는다. 마지막으로 미리 볶아둔 화퇴를 넣고 골고루 섞은 뒤 불에서 내린다. 소금이나 다른 조미료를 넣을 필요는 없다. 이것만으로도 윈난 음식의 신선한 단맛을 한껏 맛볼 수 있다. 쉬안웨이 화퇴의 기름 향과 염분이 계종의 단맛을 끌어올린다. 이건 가장 손이 덜 가는 조리법이지만 도리어 가장 고급스러운 맛을 낸다. 시장에 계종이 점점 많이 나올수록 가격도 점점 저렴해진다. 광장 나들이를 즐긴 아주머니는 집으로 가는 길에 시장

구개의소산 (화파계종)

Termitomyces globulus, 球盖蟻巢傘

에 들러 큼지막한 계종을 사고 집에 가서 갓과 대를 길쭉하게 찢고 쉬안웨이 화퇴 몇 조각을 썰어 넣어 탕을 끓일 것이다. 버섯 철 쿤밍의 흔한 집밥 메뉴다. 좀 더 여유로운 날엔 솜씨를 발휘해서 잘 찢은 계종을 큰 사발에 넣고 그 위를 살코기와 비계가 섞인 얇게 썬 쉬안웨이 화퇴로 한 점 한 점 덮은 뒤 곧바로 찜기에 넣는다. 다 찌고 나면 화퇴의 기름은 계종에 스며들고, 사발 안에는 증기가 맺혀 신선하고 맛있는 국물이 만들어진다. 김이 모락모락 나는 계종 화퇴찜이 완성된 것이다.

계종은 맛도 좋고 독도 없어서 원난 연회상에서 절대 빠지지 않는다. 바이즈지쭝白汁鷄瑽,* 왕유지쭝網油鷄瑽** 홍사오지쭝紅燒鷄瑽*** 모두 대표 메뉴다. 또 계종은 진미답게 국빈 만찬에도 들어간다. 하지만 이렇게 연회석에서 준비한 계종은 아무래도 자연의 맛이 덜하다. 지나친 가공 때문에 색과 향은 뛰어날지라도 원난 사람에게 익숙한 계종 본연의 맛은 잃어버린다. 요 몇 년간 나도 몇몇 '핫 플레이스' 퓨전 레스토랑에서 요리사가 세심하게 조리한 계종을 몇 번 먹어보긴 했지만, 계종의 신선한 맛을 느끼진 못했다.

옛날 쿤밍 사람은 계종을 조리하면 남기는 법 없이 단숨에 먹어치웠다. 다 먹지 못할 만큼 너무 많이 산 계종은 기름에 튀겨서 유지쭝을 만들고 병이나 단지에 담아 저장했다. 살림이 넉넉한 집에서는 단지 여러 개를 채

---

* 계종을 볶아 육수를 끼얹은 요리.

** 계종을 돼지의 큰그물막에 싸서 튀긴 요리.

*** 계종에 고추와 향신료를 넣어 볶은 요리.

울 만큼 계종을 튀겨 그해 버섯 철이 끝날 때부터 이듬해 버섯 철이 시작될 때까지 두고두고 먹는다. 물론 평범한 쿤밍 가정집에서도 냉장고에 반드시 유지쭝 몇 병은 준비되어 있다. 유지쭝을 밥에 얹어 먹거나, 면에 비벼 먹거나, 냉채로 먹는 건 윈난 사람에게 조상 대대로 전해 내려온 계종을 먹는 방법이다.

세계 각지의 먹보들이 계종에 눈을 뜬 건 분명 윈난 사람과 영영 떼려야 뗄 수 없는 유지쭝에서 시작됐을 것이다. 그리고 수많은 외지인이 윈난의 야생 버섯을 처음 접한 것도 윈난 식당에서 작은 접시에 담겨 나오는 유지쭝에서 비롯됐을 수 있다. 그들은 계종을 맛보고부터 윈난의 야생 버섯과 사랑에 빠진다. 그리고 서서히 윈난의 산수를, 세상과 다투지 않는 윈난의 분위기와 느긋한 생활 방식을 사랑하고 급기야 윈난에 정착한다. 이것이야말로 버섯에 '중독'된 결과가 아닐까?

펑잉馮櫻은 내가 아는 사람 중 유지쭝에 관해서라면 가장 고단수다. 그는 도시와 시골이 섞인 쿤밍의 산림으로 이사해 두 딸을 키우면서 매일 숲을 마주하고 꽃 피는 봄날 같은 삶을 살고 있다. 매년 계종이 나는 시기만 되면 그는 유난히 바빠진다. 그는 푸민의 흑모계종과 이량의 흑모계종을 구별할 줄 알고 다리의 펑이鳳儀와 리장의 융성永勝에서 운송된 계종이 그 과정에서 어떤 영향을 받았는지 잡아낼 수도 있다. 그래서 계종의 산지를 유난히 깐깐하게 따진다.

유지쭝을 튀기기 위해 그는 우선 추슝주 뤄츠편구羅茨片區에 있는 농민들에게 연락을 돌린다. 그가 어느 산에서 나는 버섯이 필요한지 지정하면 버섯 캐는 농민은 보통 새벽 3, 4시에 산에 올라가 계종이 있는 장소를 찾고 휴대전화로 그 위치와 사진을 펑잉에게 전송한다. 펑잉은 보통 품질이 가장 좋은, 흰개미굴에 한 송이만 자란 흑모독계종을 원한다. 만약 버섯 대가 아이 팔뚝만큼 두껍기라도 하면 그는 좋아서 어쩔 줄 모른다. 동틀 무렵, 채집된 계종이 현지 버섯 사장의 손으로 모인다. 버섯 사장은 현지 화초花椒*와 초피나무 잎으로 버섯을 포장한다. 1시간 반이면 계종이 쿤밍에 도착한다. 펑잉은 성으로 들어오는 길목에서 화물을 수령하자마자 집으로 돌아가 유지쭝을 만들 준비를 한다. 계종은 물에 담그면 안 되므로 흐르는 물에 한 가닥 한 가닥 씻은 뒤 그늘에서 자연 건조한다. 계종을 전부 씻는 데만 오전이 다 가고 벌써 점심 무렵이다. 이때쯤 뜰 안에 있는 부뚜막에서는 불씨가 타오르기 시작한다. 이제 본격적으로 유지쭝을 만들 시간이다.

우선 솥에 든 기름을 정제해야 한다. 매년 그는 유채밭을 가꾸는 뤄핑의 한 마을에서 아는 사람을 통해 품질 좋은 유채 기름을 주문한다. 펑잉은 우선 필요한 기름을 한 번에 모조리 달군다. 솥에 유채 기름 4킬로그램을 한꺼번에 붓고 천천히 달군 뒤 그중 2킬로그램을 따라내 차갑게 식힌다. 이 기름은 두 번째 유지쭝을 만들 때 쓰인다. 솥에 남은 기름이 살짝 식으면 계종 10킬로그램을 넣는다. 그다음 저우피고추, 소금, 화초를 넣되 그 외의 어떤 향료나 조미료도 넣지 않는다. 약 4시간이 지나면 첫 번째 유지쭝이 완성되는데 고작 5킬로그램 남짓한 양이 전부다. 그러니까 품질 좋은 유지쭝은 절대 저렴할 수가 없다. 이제 두 번째 유지쭝을 만들기 시

---

* 중국 요리에 자주 쓰는 향신료로 얼얼한 맛이 나며 한국의 산초와는 품종이 다르다.

작한다. 고온의 기름에 계종이 빠르게 튀겨지지 않도록 계종을 튀기기 전에 반드시 조금 전 제련해서 식혀둔 차가운 기름을 두 바가지 넣어 기름 온도를 알맞게 조절해야 한다. 그래야만 계종과 유채 기름이 완벽히 섞일 수 있고, 가장 완벽한 유지쫑을 만들 수 있다. 마지막 유지쫑이 완성될 쯤이면 달이 중천에 떠 있다.

　매번 이맘때면 펑잉은 자기 머리부터 발끝까지, 심지어 모공에서도 계종 냄새가 난다고 말한다. 그는 SNS로 유지쫑 만드는 과정을 중계하곤 하는데 그럼 친구들은 그가 유지쫑을 튀기는 것을 본 순간부터 당장 차를 몰고 달려온다. 그들은 솥 주변을 지키며 매년 얼마 나오지 않는 버섯 봉오리 몇 개를 간절히 쳐다본다. 이건 유지쫑에서도 가장 고급스러운 부분이다. 모두 펑잉이 그해 만든 유지쫑을 나눠주기를 바라며 그에게 재료비를 조금 대주지만, 그래도 배보다 배꼽이 더 커서 펑잉은 매번 손해를 본다. 그럼에도 불구하고 그는 매년 계종이 시장에 나오는 철이면 열정을 다해 일을 벌인다. 마치 사업을 할 때처럼 전문성을 발휘해, 손해를 보더라도 1년에 한 번 친구들에게 주는 복지 혜택이라 여기고 유지쫑 프로젝트를 추진한다. 이쯤 되면 펑잉의 유지쫑 프로젝트도 사실 버섯을 먹는 데 '중독'된 쿤밍 사람을 대표하는 행위라고 할 수 있지 않을까.

송이

예전 쿤밍 사람은 가장 귀하고 싱싱한 버섯이면 다 계종이라고 여겼다. 산사람들도 계종과 맛이나 형태가 비슷한 버섯을 채취하면 일단 계종의 하나로 치곤 했다. 송이도 그중 하나다. 송이의 형태와 색이 계종과 닮기는 했다. 그러나 송이에서는 특이하고 이상한 비린내가 난다. 일본인은 이 냄새를 사람 몸에서 호르몬이 분비될 때 나는 냄새랑 비슷하다고 생각했다. 그 시절 윈난 사람에게 송이란 계종을 조금 닮았지만 맛이 그저 그랬으므로 '못난이 계종'이었다. 오랫동안 송이는 윈난에서 그다지 주목받지 못하는 버섯이었다. 1980년대 말 어느 날, 쿤밍 사람은 난데없이 쿤밍 우자바巫家壩 공항에 잇달아 착륙하는 미군 비행기를 본다. 쿤밍을 도와서 일본군을 무찌르려는 미군 비행기가 아니라, 일본의 미군 기지에서 보낸 '허큘리스' 수송기였다. 항전용 물자를 운송하러 온 것도 아니었다. 허큘

송이

Tricholoma matsutake

리스 수송기는 보랭 용기에 송이를 차곡차곡 싣고 일본으로 돌아갔다. 누가 미군 수송기를 전세 내서 송이를 운송하기로 했는지, 어떤 사연이 있었는지는 알 길이 없다. 그저 그들이 나중에는 난초를 운송해갔다는 것만 알려져 있을 뿐이다.

히로시마와 나가사키에 원자폭탄이 떨어진 뒤 딱 두 가지 생물만 살아남았다고 한다. 바퀴벌레와 송이. 그렇게 일본인은 전쟁이 끝나고부터 송이에 연연하기 시작했다. 쿤밍 사람은 답답할 뿐이었다. 우리 눈에는 신통치 않은 이 '못난이 계종'이 눈 깜짝할 새 수출 효자 상품이 된 게 아니겠는가? 해외 무역 회사에서는 송이의 인기를 도통 이해하지 못했지만 외화를 벌기 위해 일본인의 요구대로 송이에 등급을 매기고, 보랭 용기로 칸칸이 포장한 뒤, 흰 스티로폼 상자에 넣어 한 번 더 밀봉했다. 위생 검역까지 통과한 상품들은 일본으로 보내졌다. 하지만 쿤밍 사람은 여전히 송이가 딱히 특별할 게 없다고 여겼고, 송이를 사다 먹는 사람도 별로 없었다. 최근에야 송이의 가격이 점점 비싸지고, 접대나 회식 자리에도 송이가 나타나기 시작했다. 중요한 변화는 송이의 본질을 충분히 살릴 수 있는 요리법이 서서히 쿤밍의 가정에도 전파됐다는 점이다. 사용하는 식자재나 맛에 비교적 까다로운 쿤밍 사람도 송이를 세세히 맛본 뒤부터 '못난이 계종'일 뿐이었던 송이를 점차 받아들이기 시작했다. 또한 쿤밍의 신세대는 송이를 대수롭잖게 여겼던 기억이 없으므로 윈난에서도 전 세계로 수출되는 이 버섯을 곧잘 받아들였다.

버섯 철이 시작되고 이미 쿤밍 사람들이 온갖 버섯을 다 먹었을 때쯤 시장에 송이가 나온다. 매년 8월부터 10월 말까지가 송이의 제철이다. 송이는 솔숲, 침활 혼효림에서 자란다. 대체로 버섯 몸체는 희고, 갓은 직경 5~20센티미터로 납작한 반구형에 갈색이다. 대는 통통하게 굵은 편이고 길이는 보통 6~14센티미터다. 갓 표면과 대에 듬성듬성 갈색 섬모 형태의 인편이 있다. 송이는 솔숲에서 생장하고, 유균(어린 버섯)이 녹용처럼 생겼다고 해서 송이松茸라는 이름이 붙었다. 송나라 당신미唐愼微의 『경사증류비급본초經史證類備急本草』, 진인옥陳仁玉의 『균보菌譜』, 명나라 이시진의 『본초강목』 등의 옛 서적에도 이와 관련된 기록이 남아 있다. 쿤밍 주변과 추슝, 다리 등의 지역에서도 송이가 나지만 가장 유명한 건 샹거리라香格里拉* 송이다. 고증에 따르면 송이는 아시아 외에 아프리카, 유럽, 아메리카에서도 나지만 그중 아시아 송이의 품질이 세계 최고라고 한다. 아시아에서 나는 송이는 크게 세 계열로 나뉜다. 중국 지린吉林, 타이완, 북한, 일본에서 나는 일본계 송이와 티베트 및 쓰촨의 간쯔甘孜와 아바阿壩 일대에서 나는 쓰촨 티베트계 송이, 그리고 세계적으로 가장 유명한 윈난의 샹거리라계 송이인데, 중국에서는 샹거리라 송이가 최다 수량에 품질도 가장 좋다.

원시림에서 자라는 송이는 생장 환경 조건이 매우 까다롭다. 조금도 오염되지 않은 곳이어야 하며, 오염되거나 사람의 영향이 미친 뒤에는 송이가 다시 자라지 않을 수도 있다. 송이의 생장 방식은 매우 지혜롭다. 송이의 포자는 균사 조직을 형성할 수 있을 만큼 나이가 든 나무의 뿌리를 찾

* 본래 지명은 중덴현中甸縣이었지만 이상향을 뜻하는 샹그릴라Shangri-La로 이름이 변경됐다.

는데, 대체로 소나무 뿌리와 결합하며 일종의 공생관계를 형성한다. 그와 더불어 진흙 아래에서 송이의 자실체가 자라려면 동백나무, 상수리나무 등 활엽수림 나무들로부터 영양소를 흡수해야만 하며, 그 때문에 송이는 소나무 밑이 아닌 다른 곳에서도 자주 발견된다. 흙에서 나온 송이 자실체는 성숙하는 데 평균 7일이 걸리며 성숙하고도 48시간 이내에 채취되지 않으면 급속히 늙어버린다. 곧 체내의 영양분은 소나무 뿌리와 토양으로 돌아간다. 우리가 먹는 모든 송이는 땅속에 있던 시간부터 밖으로 나오기까지 최소 6년 이상 생장한 것이다. 결코 쉽지 않은 과정이다. 이렇게 보면 송이가 비싼 이유가 있다.

송이는 식감이 좋거나 향만 진한 게 아니라 약용 가치도 매우 높다. 야생 버섯이 주로 함유하는 단백질, 지방, 아미노산 및 칼슘, 인, 철 등의 무기질과 수용성비타민을 풍부하게 가지고 있을 뿐만 아니라 다당류 덕분에 인체의 면역력을 높이며 항암, 항바이러스, 항당뇨, 항염증 효력을 지닌다. 민간에서 송이 냄새가 인체에서 호르몬이 분비될 때 나는 냄새 같다고 하는 것은 사실 송이가 남성의 생식기관과 비슷하게 생겼다는 데서 비롯된 것이다. 송이의 자양강장 기능에 대해서는 저마다 이러고저러고 말하지만 과학적으로 증명되지는 않았다.

일본인의 송이에 대한 열렬한 사랑 덕분에 송이는 대체로 일본식으로 조리될 때가 많다. 대부분 달걀찜이나 탕에 넣어 먹거나 신선한 송이를 회처럼 세로로 얇게 썰어 온전한 형태를 유지하면서 간장과 와사비를 곁들여 먹는다. 이렇게 먹으면 송이 본연의 맛이 비교적 고스란히 보존돼서 훨씬 더 좋은 풍미를 느낄 수 있다.

양식을 좋아하는 식객이라면 이렇게 먹어보자. 오븐 팬에 은박지를 깔고 버터를 바른 뒤 얇게 썬 송이를 평평하게 깔고 그 위에 다시 은박지를 덮는다. 은박지의 가장자리를 오므려서 상자처럼 만든다. 팬을 섭씨 200도로 예열한 오븐에 넣어 10~15분간 굽는다. 팬을 꺼내 은박지 뚜껑을 벗기고 다시 오븐에 넣어서 수분을 날린 뒤 간 소금을 조금 뿌려 먹으면 된다. 연하고 신선한 버섯이 취향이라면 수분을 날리지 않고 먹어도 좋다.

나는 일본에서 오랫동안 산 친구 우즈강吳志剛이 가르쳐준 방법으로 조리하는 편이다. 송이를 스키야키처럼 만드는 것이다. 우선 살짝 언 소고기를 최대한 얇게 썰어서 넓은 접시에 펼친 채로 냉장고에 넣어둔다. 양파는 깍둑썰기하고, 파는 큼지막하게 썰고, 송이는 편으로 썰어 준비한다. 배추 속대는 먹기 좋은 크기로 찢고, 두부는 1센티미터 두께로 납작하게 썬다. 모든 채소와 두부, 소고기를 한 접시에 나란히 배열한다. 원래대로라면 스키야키용 우동 사리도 준비해야 하지만 여기는 쿤밍이고, 퓨전 스키야키는 주로 송이를 먹기 위한 것이므로 면을 생략한다. 간장, 육수, 청주, 미림과 백설탕을 섞어 소스를 만든다. 재료와 소스가 준비됐으면 전골 냄비를 달구고 바닥에 버터를 바른다. 뜨거운 냄비에 양파, 파, 송이, 배추, 두부를 넣어 약 2분간 빠르게 볶는다. 재료를 살짝 뒤적이며 소스가 적당히 배게 한다. 주의할 것은 모든 재료를 최대한 따로 볶는 것이다. 쇠고기 한 주먹을 한 장씩 냄비 바닥에 펼치고 양쪽 면을 30초씩 지진다(바짝 익지 않도록 적당한 시간을 지켜야 한다!). 그 위로 소스 약간을 두르고 고기가 소스를 흡수하게 둔다. 고기에 갈색이 돌면 불을 줄이고 모든 재료를 고루 섞은 뒤 소스를 좀 더 둘러 먹으면 된다. 먹으면서 송이를 추가하다보면 끝도 없이 먹을 수 있다. 송이 스키야키는 꽤 호화로운 조리법으로 송이가 나는 윈난에서나 해볼 법한 방식이다. 일본에서는 사람들이 송이를 대단히 귀하게 취급하므로 이런 조리법을 다소 아깝다고 느낄 수도 있다. 내가 일본인 친구를 쿤밍으로 초대해 송이 스키야키를 대접했을 때 그는 자기가 평생 먹은 송이를 다 합쳐도 이 한 끼에 먹은 양보다 많지 않을 거라고 말했다. 오랜 세월이 흐른 뒤 우리가 후쿠오카에서 다시 만났을 때까지도 그는 그 스키야키를 잊지 못했다.

상거리라에 거주하는 티베트족이 송이를 먹는 방법이야말로 송이를 완벽하게 즐기는 방법의 하나라고 여겨진다. 이 방법은 내 절친한 친구 마서우쥔馬壽俊이 가르쳐준 현지 조리법이기도 하다. 그는 내 고등학교 동창으로 티베트족 출신이다. 우리는 집에서 셋째인 마서우쥔을 마싼馬三이라고 불렀다. 그의 할아버지 마주차이馬鑄才는 과거 차마고도茶馬古道* 일대의 제일가는 부자였다. 마주차이는 젠탕구전建塘古鎭에서 태어나 열다섯 살이 되자 젠탕진의 상점 '궁허창公鶴昌'의 점원이 되었다. 그는 매우 총명했고 궂은일도 마다하지 않았으므로 나중에는 주인의 신임을 받아 마바리꾼의 우두머리가 되었고, 허칭鶴慶과 라싸拉薩 사이의 차마고도를 오가며 마방馬幇** 일을 했다. 나중에 마주차이는 스스로 '주지鑄記'라는 상점을 열었다. 그는 영리하고 유능한 데다가 사업에 심혈을 기울였으므로 곧 차마고도

* 윈난에서 시작해 쓰촨, 티베트로 이어지는 옛 교역로로 주로 중국의 차와 티베트의 말을 거래했다.

** 민간에서 조직한 말몰이꾼과 말, 노새로 이뤄진 수송대.

의 갑부가 되었고 이후 주지 상점은 차마고도에 여러 분점을 냈다. 1921년 마주차이는 인도 칼림퐁으로 거주지를 옮겼다. 몸은 인도에 있어도 마음만은 늘 고향을 향했던 그는 조국의 문화교육, 사회복지에 많은 공헌을 했다. 중일전쟁 시기에는 국외에 거주하는 화교 동포를 모아서 나라에 비행기 한 대를 기부하기도 했다. 또한 저우언라이周恩來 총리로부터 나라와 고향을 사랑하는 화교의 대표라는 말까지 들었다. 마주차이는 차마고도를 따라 길을 닦고 다리를 세웠으며 실업을 일으키고 학교에 기부하는 등 민속 경제를 크게 발전시켰다. 1959년 중국과 일본의 관계가 악화되자 마주차이는 인도의 압박을 받아 1962년 조국의 품으로 돌아왔다. 마주차이의 아들, 즉 마서우쥔의 부친은 중국인민해방군에 가입하여 군의가 되었다. 마서우쥔의 가정에 대해 말하자면 대략 이러한데, 이상하게도 마서우쥔은 군인 가정에서 나고 자란 아이 같지 않았다. 오히려 티베트 귀족 가정 출신다운 풍모를 풍기곤 했는데 특히 음식을 먹을 때면 그런 점이 더 두드러졌다. 가끔 함께 국수를 먹으러 가면 그는 가게 주인에게 국수를 깔끔하게 만들어달라고 했다. 깔끔하게란 면은 면, 갈비는 갈비, 파는 파, 조미료는 조미료로 분류해달라는 식이다. 그 시절 중학생들이야 손잡이가 달린 법랑 그릇에 면, 고기, 파, 뜨거운 국물을 전부 담아 훌훌 먹어치울 때가 가장 짜릿했다. 그런 내 눈에 그는 상당히 까다로운 사람처럼 비쳤다. 게다가 예전 쿤밍 사람들은 홍차를 잘 마시지 않았고 다들 녹차를 마셨는데 매번 그의 집에 가면 홍차를 얻어 마실 수 있었을 뿐만 아니라 그는 구운 얼콰이餌塊* 한 조각이 전부래도 반드시 다과를 곁들였다. 그때 우리는 그가 참 성가시다고 생각했다. 아무래도 그를 보면 루쉰의 붓끝에서 태어난 '쿵이지孔乙己'**와 다를 바 없어 보였지만, 나이를 먹고 나자 이런 까다로움이 집안 대대로 내려온 가르침이었음을 알게 되었다. 마서우쿼은 음식을 이해하고, 음식을 존중하는 사람이었다. 그와 함께 성장했던 시간 속에서 나는 모든 요리의 조리 순서를 엄격하게 준수하는 법을 배웠고, 각양각색의 식자재를 존중하는 법도 배웠다.

마싼이 내게 가르쳐준 샹거리라 전통 송이 조리법은 다음과 같다. 샹거리라 웨이시維西의 흑도黑陶 냄비에 현지에서 방사해 키운 토종닭을 4~5시간 고아 만든 육수를 붓고 살코기와 비계가 섞인 짱샹주藏香猪 납육臘肉(소금에 절여 훈제한 고기) 한 사발을 찐다. 짱샹주는 산에 방목하는 크기가 작은 돼지인데 동충하초와 버섯을 먹고 자라서 고기에서 독특한 향이 난다. 그러고는 얇게 썬 송이를 우유처럼 뽀얗게 우러난 계탕鷄湯(닭을 끓여 만든 탕)에 넣는다. 화로에 구운 현지의 비파고추를 손으로 으깨 넣고 후추와 소금을 친 뒤 국물을 조금 떠서 송이를 찍어 먹을 소스를 만든다. 고도가 높고 추운 샹거리라에서 뜨거운 송이 계탕에 쌀밥과 짱샹주 납육을 곁들여 먹다보면 모락모락 피어오르는 김과 내 숨결의 열기가 어우러지며 문득 인생이란 참 단순하구나, 꼭 그렇게 많은 게 필요하진 않구나, 그

* 윈난 특산의 쌀로 찐 떡으로 다양한 방식으로 먹는다.

** 루쉰의 단편소설 「쿵이지」의 주인공으로 몰락한 지식인이지만 과거의 환상에서 빠져나오지 못했다.

런 생각이 절로 든다. 이런 깨달음이 송이 계탕 한 그릇에서 오다니!

10여 년 전 마짠은 불행히도 교통사고로 젊은 나이에 세상을 떠났다. 재미있던 친우를 잃은 뒤로도 샹거리라에서 송이 계탕을 먹을 때마다 꼭 그가 떠오른다.

그를 추억하며 군말을 늘어놓았다.

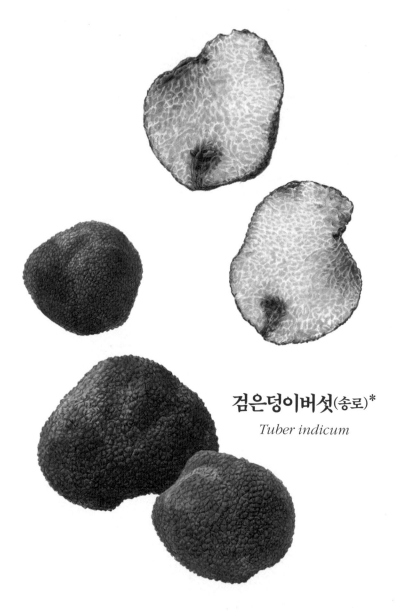

검은덩이버섯(송로)*

Tuber indicum

* 유럽산 트러플과는 다른, 윈난 지방에서 많이 나는 트러플이지만 국가표준목록에는 '검은덩이버섯'으로 나와 있다. 여기서는 송로로 번역했으나, 요즘에는 트러플이라는 이름이 더 많이 쓰인다. 검은 송로는 블랙 트러플, 흰 송로는 화이트 트러플로 불리기도 한다.

송로

　송로와 캐비아, 푸아그라는 서양 요리의 3대 식자재로, 세계 각지의 먹보들에게 각광을 받는다. 그러나 윈난에서는 그렇지 않다.

　한 해의 버섯 철이 끝나는 겨울 무렵, 밤이 되면 쿤밍 사람은 화롯가에 둘러앉아 이야기를 나누는 전통이 있다. 화로 가장자리에 감자 몇 개나 얼쾌이 몇 조각을 올려 구우며 묵혀둔 덩이버섯 술을 꺼내 홀짝거린다. 이는 윈난 사람이 겨울을 맞이하는 가장 만족스러운 방식이다. 덩이버섯으로 술을 담그는 건 윈난의 전통적인 담금주 제조법 중 하나다. 거의 20~30년이 지나서야 나도 알았지만 이 담금주에 쓰는 덩이버섯이야말로 윈난에서 가장 고급스러운 식자재이자 전 세계에서도 인기가 상당한 송로였다. 1990년대 후반, 중국인이 점점 양식을 받아들임에 따라 송로도 중국인에게 알려지기 시작했고 서서히 식탁에 올랐다.

윈난 사람은 송로를 누구나 다 아는 조금 촌스러운 이름인 주궁쥔猪拱菌이라 부른다. 송로는 주로 융런永仁, 궁산貢山, 리장麗江, 둥촨 등지에서 나며 검은 송로Tuber melanosporum와 흰 송로Tuber magnatum가 모두 난다. 큰 것은 호두만 하고 작은 것은 위간쯔余甘子 Phyllanthus emblica L*만 하다. 더 작으면 땅콩만 할 때도 있다. 다 자란 검은 송로는 표면이 검은색과 다갈색을 띠고 절단면이 갈색이다. 흰 송로는 전체적으로 회백색을 띤다. 윈난의 이족彝族 정착촌에서는 송로를 찾기 위해 조상 대대로 전해 내려오는 방식을 따른다. 바로 암퇘지를 이용하는 것이다. 이는 이족에 내려오는 송로에 얽힌 전설에서 비롯됐다. 옛날에 한 사냥꾼이 멧돼지를 쫓는데 멧돼지가 나무뿌리에서 칠흑색의 둥그런 무언가를 파내 우걱우걱 먹어치웠다고 한다. 그때부터 이 버섯은 주궁쥔이라 불리기 시작했다. 사냥꾼은 멧돼지가 버섯을 먹은 뒤 매우 빨리 달리는 것을 알아차렸다. 그래서 멧돼지를 잡지 못하면 멧돼지가 파헤쳤던 곳에나마 가서 그 칠흑색 덩어리를 캐 먹을 수밖에 없었다. 근데 이 칠흑색 덩어리가 배를 채워줄 뿐만 아니라 몸을 튼튼하게 해주고 심지어 정력에도 좋지 않은가. 윈난 사람들은 1990년대에야 주궁쥔이 바로 서양 요리에서 말하는 송로이자 세계에서 가장 비싸고 귀한 식용 버섯 중 하나라는 사실을 알게 되었다. 다른 나라에서도 비슷한 방법으로 송로를 찾는다고 한다. 프랑스는 윈난처럼 암퇘지를 이용하고 이탈리아는 잘 훈련된 암컷 사냥개를 이용한다.

송로는 전통적으로 서양에서 쭉 사랑받아왔다. 주로 검은 송로는 프랑

---

* 티베트의 상용 약재로 구형이거나 반구형으로 크기는 1.2~2센티미터 정도다.

스 남부 프로방스에서 나고, 흰 송로는 이탈리아와 발칸반도에서 난다. 중국과 서양은 송로의 맛과 향에 대해 약간 견해차가 있다. 왜냐하면 송로는 보통 양식 요리사가 서양식으로 조리하기 때문에 윈난에서는 송로를 먹는 사람이 많지 않으며, 조리법에도 어느 정도 한계가 있다. 수많은 중식 요리사가 여러 중국식 조리법을 동원해서 송로 요리를 시도해왔다. 기름에 지지거나, 닭과 함께 푹 고거나, 잘게 다져 정러우빙蒸肉餠*을 만들기도 했지만 확실히 중식에서는 이거다 싶은 조리법이 없었다. 그래서 송로에 대한 기억은 항상 양식을 먹은 기억과 함께 떠오르곤 한다.

개인적으로도 양식 조리법에서 송로를 사용하는 방식을 더 선호하는 편이다. 파스타에 뿌리든 스테이크 소스에 넣든, 자연림의 긴 여운을 간직한 향기를 맡을 수 있기 때문이다.

윈난 사람인 내가 처음으로 송로를 맛본 곳은 윈난에서 저 멀리 떨어진 이탈리아였다. 10여 년 전 나는 베네치아에서 단기 프로젝트를 마친 뒤 장샤오강, 뤼펑呂澎, 렁린冷林과 함께 나폴리로 날아갔다. 구불구불한 산길을 2시간이나 차를 몰고 올라가 서양인들이 평생 한 번은 꼭 간다는 아말피에서 휴가를 보냈다. 아름다운 바다가 보이는 호텔을 예약했으므로 처음에는 모두가 멋진 경치에 감동하느라 바빴다. 그러나 며칠이 지나자 풍경은 여전히 아름답지만 서서히 지루함이 시작됐다. 매일 아침 일어나서 보이는 거라고는 해수면의 일직선뿐이었다. 아말피 고성 중심에 있는 작은 광장으로 걸어가서 사생화를 그리거나 카페에서 조용히 글을 쓰고, 석

* 다진 돼지고기에 버섯과 기타 재료를 넣어 떡 형태로 만들어 쪄낸 요리.

양 속에서 맛있는 식사를 하는 일이 그 기간의 유일한 일정이었다. 장샤오강은 나중에 아말피 사생화 연작을 남겼고 뤼펑은 『정신병원에서 아말피로從瘋人院到阿碼非』라는 책을 썼다. 나와 렁린은 식당을 찾아다니며 파스타와 리소토에 든 검은 송로를 음미했고 그 차이를 세심하게 느껴보았다. 제철은 아니었지만 송로를 음미하는 감각이 깨어났고 삼림과 흙이 혼합되어 만들어진, 송로의 특별한 향에 차차 매료되기 시작했다.

송로라는 미식은 중국에서 서양 요리가 부흥하고 발전했던 시기와 긴밀하게 연결되어 있다. 청나라 광서제 시대 상하이 푸저우로福州路에 중국 최초의 서양식 레스토랑인 '일품향一品香'이 문을 열었다. 1950년대 이전 상하이, 베이징, 톈진 등 서양인이 모인 지역의 서양식 레스토랑은 주로 옛날 미국풍 음식을 내놓았다. 그러나 1950년 이후 중국과 소련의 관계 때문에 서양식 레스토랑에서도 러시아풍 음식이 나오기 시작했다. 베이징의 '모스크바 레스토랑'은 그 시대 청년들의 상상력을 자극했고 상하이의 노포 '훙팡쯔紅房子' 레스토랑마저 러시아풍 음식을 내놓곤 했다. 개혁개방 이후 전 세계에 진출한 호텔들이 중국에도 대거 들어온 다음에야 진짜 서양 요리가 일상에 널리 퍼져나갔다.

어릴 적 외국 영화를 보면서 서양 요리를 먹는 건 참 품이 드는 일이라고 느꼈다. 그 시절 한 친구의 할아버지는 덴웨 철도 쿤밍역에서 프랑스인 역장과 일했는데, 역장의 집에서 만찬이 열릴 때면 한밤중까지 설거지를 해야 했다고 자주 회상했다. 우리는 집에서 밥 한 끼를 먹는 데 잔이며 접시며 그릇이며 사발이 그렇게 잔뜩 필요하다고는 상상하지 못했다. 그 시절 우리는 설이나 명절을 쉴 때라도 커다란 사발 몇 개를 더 꺼내서 쓰는 게 전부였다. 그래서인지 양식을 먹는 게 괜히 더 격조 있는 일처럼 느껴지기도 했다. 조금 더 나이를 먹은 뒤에 베트남 화교가 쿤밍 진비로에 열었던 노포 난라이성에 가서 소년 시절에 품었던 서양 음식에 대한 환상을 만족시킬 수 있었다. 난라이성은 쿤밍에서 가장 일찍 문을 연 외국 식당 중 하나로, 베트남 사람인 응우옌민쑤언阮民宣이 1930년대에 개업했다. 난라이성은 중화민국 시대 쿤밍 사람의 사교 장소였다고 한다. 베트남의 국부 호찌민도 여기에서 제빵사로 일하면서 지하공작을 했다고 전해진다. 시난西南연합대학* 시기 수많은 지식인도 난라이성의 단골이었다. 소설가 선충원沈從文은 이곳에 후스胡適를 초대하기도 했다. 쿤밍에 주둔했던 플라잉 타이거스의 대원들도 여기에서 커피를 마시고 빵을 먹으며 향수를 달랬다. 내가 난라이성을 알았을 때는 이미 1970년대 초였다. 진비로로 들어서면 더성차오에서부터 빵 굽는 냄새가 풍겨왔다. 난라이성에 도착해 좁고 긴 가게 안으로 고개를 들이밀면 열에서 스물 남짓한 머리통이 동시에 이쪽을 돌아본다. 마치 내가 그들을 방해라도 했다는 듯이 말이다. 쿤밍 사람은 이 사람들을 '와유'라고 불렀는데 상하이 사람들이 '라오커러老克勒'**라고 부르는 부류의 사람들과 비슷했다. 매일 난라이성이 문을 열자마자 그들은 출근이라도 하듯 제때 와서 커피 한 잔을 주문한다. 물자 공급 문제 때문에 커피는 상하이에서 생산된 광밍光明표 분말 커피였는데,

* 중일전쟁 시기 국민당 정부가 베이징대학, 난카이南開대학, 칭화淸華대학을 합병해 창샤長沙임시대학으로 만들었다가 쿤밍으로 옮겨서 조직한 연합대학.

** 20세기 초반 상하이에서 서구 문화를 가장 먼저 받아들인 화이트칼라를 가리키는 말.

거대한 알루미늄 냄비에 커피 한 포대를 부은 뒤 긴 손잡이가 달린 바가지로 저어가면서 끓인 것이었다. 커피를 달라고 하면 유들유들한 얼굴에 긴 춘청표 담배를 꼬나문 아주머니가 커피를 바가지로 두어 번 휘저은 뒤 가라앉은 분말까지 함께 떠서 섬세하고 고급스러운 흰색 자기 찻잔에 붓고 젓가락 한 짝을 잔에 꽂아주었는데, 저어가며 마시라는 뜻이었다. 껍데기가 딱딱한 빵은 베트남 제빵사가 전수해준 방법으로 만든 프렌치 바게트로 유지나 우유, 설탕 등의 첨가물은 거의 넣지 않고 소금만 약간 넣어서 만든 것이었고 당시에는 반미 하나가 고작 9펀이었다. 빵이 어찌나 딱딱한지 빵을 다 먹으려면 오후 내내 우물거려야 했다. 단골들은 이렇게 커피 한 잔과 딱딱한 빵 하나만 시켜두고 온종일 죽치고 앉아 있었다. 물론 난라이성에서도 낮에는 미셴과 면을 팔았다. 커피 한 잔은 1마오 5펀, 빵 하나는 9펀, 국수 한 그릇은 1마오 2펀, 총 3마오 6펀이면 그들은 행복을 만끽할 수 있었다. 길을 지날 때마다 나도 커피 한 잔을 시켜놓고 와유처럼 한데 어울리고 싶었다. 하지만 그들의 매서운 눈빛에 남의 영역을 침범하기라도 한 느낌이었고, 나는 입구에서 딱딱한 빵 하나를 사서 천천히 우물거리며 진비로에 깔린 버즘나무 낙엽 위나 거닐었다. 그리고 막연히 머나먼 서양의 음식은 이런 것이리라 상상해보곤 했다.

그때 쿤밍에는 외교용 호텔이 쿤밍 호텔과 추이후 호텔 두 군데뿐이었다. 쿤밍 호텔은 당시 국제여행사라고 불렸는데, 소련 양식의 건축물로 내부 바닥에 윈난 대리석을 깔아 대단히 고급스러웠다. 추이후 호텔은 추이후 공원 한편에 있는 커다란 저택으로 우리의 일상생활과는 매우 동떨어진 분위기를 자아냈다. 호텔에도 서양식 레스토랑이 있었는지는 도무지

진비성 난라이성 커피하우스, 1996년, 윈난성 쿤밍, 류젠화劉建華 촬영

알 길이 없다. 나는 스물두 살 때에야 처음으로 옷깃을 단정히 여미고 양식을 먹으러 갔다. 1987년 겨울, 베이징 창청長城 호텔의 실크로드 레스토랑에서 나는 쭈뼛쭈뼛하면서도 짐짓 침착한 척 포크와 나이프를 놀렸다. 그러나 중국 전통 식사에 길든 위장은 신맛과 짠맛이 균형을 이루는 양식에 적응하지 못했다. 기껏 비싼 양식을 먹고 난 뒤 나는 바로 샤오웨이후퉁校尉胡同으로 달려갔다. 내 친구 저우웨이周偉는 당시 중앙미술학원* 학생회 회장으로 혼자 사용하는 작은 사무실이 있었다. 나는 저우웨이의 손바닥만한 사무실로 달려가면서 손 가는 대로 미술학원 선생님들의 겨울나기용 배추를 집어들었고 그의 사무실에서 솬양러우涮羊肉(중국식 양고기 샤부샤부)를 끓여 먹었다. 그러고 나서야 위장이 간신히 인간 세계로 돌아왔다. 내게 음식을 대접했던 외국인 친구는 당연히 화가 나서 나와 절교하다시피 했다. 그리고 그해 겨울 KFC가 처음으로 중국에 들어왔다. 인산인해였던 KCF 입구가 지금까지도 기억난다. 사실상 그때부터 양식이 중국인의 일상에 천천히 스며들기 시작했고, 이제는 어린아이도 아주 어릴 때부터 양식을 익숙하게 먹는다. 양식이라면 그게 정찬이든 패스트푸드든 전부 어렵지 않게 받아들일 수 있다. 우리 세대 사람들도 이제 양식 문화를 거의 받아들였고 양식을 먹고도 탈이 나지 않는다. 나도 작년 여름 유럽 발칸반도를 여행하던 한 달 동안 중식은 고작 두 끼를 먹었을 뿐인데도 불편함을 느끼지 못했다. 사실 해외여행을 할 때 푸얼차普洱茶 찻잎을

---

* 중앙미술학원은 1950년 왕푸징王府井 샤오웨이후퉁 5호에 개원했으며 2001년 현재의 위치로 이전했다.

챙겨가서 식후에 몇 모금만 마시면 느끼함도 가시고 소화도 금방 된다. 물론 아무리 양식이래도 송로를 뿌린 파스타라면 난 언제나 좋아한다.

곡숙균

Lactarius akahatus, 穀熟菌

곡숙균

　어릴 적에는 곡식이 누렇게 물드는 계절이 오면 더 신이 났다. 그때가 8월로 한 달뿐인 여름방학이었고 이 한 달은 제멋대로 신나게 놀 수 있었다. 주변 친구들의 부모님이 다들 철도 사업에 종사했으므로 아이들은 여름방학이면 약속을 잡고 몰래 기차를 탄 뒤 쿤밍에서 10여 킬로미터 떨어진 뉴제창牛家莊역으로 갔다. 그곳으로 가야 하는 이유는 두 가지였다. 첫째, 보병학교의 사격 훈련장에서 탄피를 주울 수 있었고 둘째, 사격 훈련장 주변 산에서 버섯을 캘 수 있었다. 그 일대의 산에서 가장 많이 나는 버섯이 바로 곡숙균穀熟菌이었다. 곡숙균을 채집해오면 할머니는 버섯을 큰 사발로 가득 볶아주었다. 그 시절 '혁명에 힘을 쏟고 생산을 촉진해야 했던' 부모들은 아이를 단속할 틈이 전혀 없었다. 그저 저녁 밥상에 난데없이 맛있는 곡숙균이 올라온 걸 보고 이상하게 느낄 뿐이었다. 할머니는 늘

121

슬쩍 둘러대는 식으로 나를 감싸주었고, 내가 보병학교 사격장에 갔다는 사실을 단 한 번도 폭로하지 않았다. 부모님은 그곳을 대단히 위험한 곳이라고 생각했기 때문에 놀러 가는 것을 결코 허락하지 않았다.

곡숙균의 학명은 붉은젖버섯Lactarius deliciosus으로, 곡황균谷黃菌이라고도 한다. 일부 산지에서 나는 곡숙균은 비교적 색이 짙고 청동기처럼 녹청색을 띠므로 동록균銅綠菌이라고 부르기도 한다. 이런 버섯은 솔숲이나 동과수冬瓜樹 Alnus nepalensis 등의 활엽수림에서 자라는데 일반적으로 매년 8~11월 가을걷이철에 생장한다. 곡숙균의 갓 직경은 4~15센티미터로 편평한 반구형이다. 가장자리는 안으로 말려 있다가 나중에 편평하게 펼쳐지는데 그 무늬가 소나무의 나이테와 흡사하다. 곡숙균의 살은 백색을 띠다가 서서히 당근색이 된다. 주름살은 갓보다 훨씬 더 색이 짙은데, 상처가 나거나 늙은 뒤에는 녹색으로 변한다. 대는 원기둥꼴에 가까우며 아래쪽으로 갈수록 점점 가늘어지고, 색은 주름살과 비슷하거나 그보다 좀 더 옅다.

쿤밍 사람이 곡숙균을 조리하는 방법은 무척 다양하다. 가장 흔한 조리법은 다른 버섯 조리법과 크게 다르지 않다. 풋고추, 편마늘과 함께 센불에 볶아 버섯에서 즙이 나올 때 먹으면 된다. 하지만 실력 좋은 요리사라면 품이 드는 조리법도 여럿 알 것이다. 데친 두부에 곡숙균을 넣어 만든 조림은 참신한 맛이 있고 훠궈를 먹을 때 곡숙균이 빠지면 섭섭하다. 내가 좋아하는 조리법은 다음과 같다. 팬에 식물성 기름과 동물성 기름을 반씩 넣고 다진 고기가 고슬고슬해질 때까지 볶는다. 녹색, 빨간색 저우피고추와 편마늘을 함께 볶아서 향을 내고, 잘게 다진 곡숙균은 즙이 나올 때까지 볶는다. 즙이 살짝 졸아붙은 뒤 불에서 내리면 밥반찬으로 먹거나 면에 비벼 먹을 수 있다.

윈난성 훙허주에 사는 뤄쉬羅旭는 곡숙균을 볶은 뒤 불에서 내리기 직전에 손 가는 대로 부추를 한 움큼 집어넣는다. 몇 초만 살짝 볶으면 맛이 확 달라진다. 뤄쉬의 이런 즉흥성은 전통적인 윈난 요리에 예술적인 색채를 더한다. 뤄쉬가 만든 요리를 통해 그를 알게 된 사람이 많다.

우리는 뤄쉬를 '뤄 영감'이라는 별명으로 부르지만 사람들은 그를 윈난의 가우디라고 부른다. 그가 디자인한 버섯 형태의 쿤밍 투주차오土著巢와 미러彌勒에 있는 둥펑윈東風韻은 건축계에 독설가로 정평이 난 칭화대학 저우룽周榕 교수에게도 인정받았다. 윈난에서 뤄쉬는 건축물을 훙토 지면에 자라는 버섯처럼 하나하나 세운 유일한 건축가일 것이다.

'뤄 영감'은 윈난성 훙허주 미러에서 나고 자랐다. 어릴 적부터 예술을 좋아해서 보름짜리 회화 속성반에 다닌 뒤 훙허주 젠수이建水 도자기 공장에서 일을 시작했다. 도자기 공장에서 일하는 동안 그는 그림을 그리는 데 몰두하거나 진흙으로 작은 수탉, 산양, 소와 말을 굽는 등 자기가 재미있어하는 일에 몰두했다. 나중에 도자기 공장이 도산하자 뤄쉬는 공사장에 가서 건축 인부가 되었다. 뤄쉬의 건축 예술에 관한 깊은 이해는 과거의 이러한 경력과 어느 정도 관련이 있을 것이다.

그는 예술학원 시험에 붙은 중학교 동창에게 자극을 받아 2~3년 동안 예술학원 시험을 준비했지만 합격하진 못했다. 하지만 때마침 현의 문화관에서 직원을 구하고 있었고, 손재주가 좋고 미술에 기초도 좀 있었던 뤄 영감이 문화관 직원으로 뽑혔다. 문화관에서 일하는 동안 상사들은 그를 베이징 중앙미술학원에 추천해주었고, 덕분에 그는 저명한 조각가인 첸사오우錢紹武 선생으로부터 조각 훈련 수업을 받을 수 있었다. 이 때가 뤄영감이 건축 인생에서 가장 체계적이면서 정규적인 공부를 한 마지막 때다. 그 이후 그는 사람들로부터 줄곧 엽기적이라는 말을 들어왔다.

뤄 영감은 윈난으로 돌아온 뒤 패기만만했고, 개혁개방이라는 큰 물결 속에서 예술로써 위업을 달성하려 했다. 그는 '자기를 가둘 수 있는' 개인 작업실을 만들 계획을 세웠다. 그는 쿤밍 근교 샤오스바小石壩에 땅을 빌려 공사장에서 일하며 배웠던 건축 상식과 조각 훈련반에서 익혔던 기술에만 의지해 몇천 평방미터에 이르는 황량한 토지에 건물을 설계하기 시작했다. 하지만 설계도 초안을 잔뜩 그려봐도 영 느낌이 오지 않고 만족스럽지 않았다. 그런데 그의 곁에서 놀던 여덟아홉 살 된 아들이 아빠의 초안에 낙서를 했고 가만 보니 버섯 형태의 집들이었다. 뤄쉬는 이를 보자마자 깨달았다. 이게 바로 '자기를 가둘 수 있는 공간'이 아니겠는가? 뤄쉬는 대나무 막대 하나와 아들이 낙서한 초안만 달랑 들고 땅 위에 건물 형태를 그려나갔다. 그리고 100여 명의 인부를 지휘해 현지의 붉은 벽돌만으로 설계도, 컴퓨터도, 철강 구조물도 없이 과거에 벽돌을 굽던 가마를 쌓는 방식으로 버섯 형태의 기이한 건축물 투주차오를 쌓기 시작했다.

나는 뤄쉬의 투주차오가 사실 버섯 중독으로부터 솟아난 작품이라고 생각한다. 홍토 대지 위로 한 무더기씩 자란 버섯 형태의 건축물은 그의 보금자리가 되었다. 그 안에는 미술관, 콘서트홀, 화원, 식당을 비롯해 뤄영감의 이사장실까지 있다. 예술이 생활에 침투하는 그의 유토피아적인 삶이 시작된 것이다. 뤄 영감은 대련 한 쌍을 써 붙였다. '먹다, 뭘 먹지?

문화! 본다, 뭘 보지? 예술!' 식당에는 소수민족 출신의 형제자매들이 있었고 이곳에서는 식사와 공연이 동시에 이뤄졌다. 요리는 참 맛있었지만 결국 경영 악화 탓에 상업으로 예술을 지지하겠다는 그의 꿈은 조용히 막을 내렸다. 투주차오는 다시 뤄 영감의 개인 작업실로 돌아갔다. 작업실에서 뤄 영감과 변함없이 함께했던 건 그가 아들처럼 여긴 나귀 한 마리였다. 그는 나귀에게 '뤄후이羅輝'라는 이름도 붙여주었다. 그동안 그의 예술 창작 활동은 전성기를 맞이했고 그는 토기를 재료 삼아「이사회懂事會」「합창단合唱團」같은 대표 작품을 창작했다.

그 시절 우리는 투주차오에 자주 방문했다. 그의 창작 활동을 구경하러 왔다는 구실을 댔지만 사실 목적은 밥을 얻어먹는 거였다. 그가 집에서 기른 채소 두어 줌을 뽑고 토종닭도 잡는 날이면 모두 그의 요리를 맛보고 마음이 편안해지곤 했다. 그는 특히 윈난 사람이 평범하다고 무시하는 곡숙균 같은 버섯을 사와 자기만의 독특한 방식으로 조리해서 모두에게 놀라운 기쁨을 선사하고 맛있는 식사를 대접하길 좋아했다. 한동안 우리는 투주차오를 제집 응접실처럼 여겼다. 윈난에 온 손님이 투주차오에서 한 끼 잘 먹고 잘 마시고 가면 이 일을 영영 잊지 못할 것을 알았기 때문이다. 윈난의 옛 친구들은 늘 즉흥적으로 만났고 문득 생각나면 차 한잔 얻어 마시러 훌쩍 가는 식이어서 전화 한 통 미리 하는 법이 없었다. 이렇게 즉흥적으로 방문하면 리안李安, 추이젠崔健, 양리핑 등 문화계의 유명 인사를 우연히 마주치기도 했다. 궁리와 쑨훙레이孫紅雷가 주연으로 출연한 영화「저우위의 열차周漁的火車」도 이곳에서 촬영했다.

응접실의 좌장 노릇을 오래 하고 나자 뤄 영감은 또 시시해졌다. 그러던 그에게 그의 고향 미러를 문화 관광 마을로 만들 것이라는 소식이 들려왔고 뤄 영감은 기발한 아이디어를 냈다. 그는 고향 미러로 달려가 예전 둥펑 노동 개조 공장 옆에 있는 창탕쯔長塘子 연못가에서 대나무 막대기를 들고 땅바닥에 그림을 그렸다. 그렇게 인부들과 함께 투주차오보다 더 웅장하고 규모가 큰 문화 관광 마을, 둥펑원을 지었다.

둥펑원 마을은 쿤밍의 투주차오보다 생태 환경을 더 풍부하게 살렸다. 건축물은 식물로 뒤덮여 있고 현지의 지형과도 잘 어우러져 있다. 그는 조각 기법을 이용해 건물을 지었는데, 건축물의 형상과 표면의 결을 자세히 들여다보면 그가 잘 다룰 줄 아는 붉은 벽돌을 재료로 썼고 홍토에 회녹색 유칼립투스를 섞어서 환상적이면서도 정다운 분위기를 풍기는 작은 마을을 구축했다. 이곳에는 소리가 특이하게 울리는 콘서트홀, 현지 역사 박물관, 저명한 예술가의 작업실, 바우하우스 양식의 쇼핑센터, 세련된 인테리어를 갖춘 호텔 등이 있다. 둥펑원은 매체에 소개되자 금방 미러 여행에서 꼭 가야 하는 장소가 되었다. 뤄 영감이 설계한 둥펑원에 있는 반뒤윈半朵雲 예술가회살롱은 2021년 독일의 레드 닷 디자인상을 받았다. 그가 디자인한 메이징거美景閣 호텔 역시 수많은 국내외의 디자인상을 휩쓸었다.

모두가 뤄 영감이 고향에서 만년을 누릴 거라고 생각했지만 그는 또 대나무 막대를 들고 슬리퍼를 질질 끌면서 그가 처음 일했던 도자기 공장의 소재지인 문화의 도시 젠수이로 돌아가 새로운 예술의 꿈을 구축하기 시작했다. 뤄 영감은 젊은 시절 일했던 공장 부근의 땅을 찾아내 한 번 더 대나무 막대기를 들었다. 몇 년 뒤 뤄 영감의 초대를 받고 젠수이에 갔더니 그가 예전에 지었던 투주차오나 둥펑원과는 완전히 다른 건축물이 우뚝 서 있었다. 이번에는 현지의 속이 빈 벽돌을 사용했고 예전과 마찬가지로 유토피아적인 분위기를 풍기는 공방을 만들었다. 이곳은 개미굴을 닮았다고 해서 개미 공방이라는 뜻의 이궁팡蟻工坊이라는 이름이 붙었다. 그는 이렇게 말했다. "예전에 지었던 집은 버섯 같았지. 지금 지은 집은 계종 아래에 있는 개미굴 같잖나." 뤄 영감은 윈난 사람이 '계종'이라고 부르는 부류의 사람으로 늘 기발한 예술 창작을 해낸다. 그는 건축물을 지을 뿐만 아니라 동시에 유화, 수묵화, 도예작품을 부지런히 창작한다. 우리는 뤄 영감의 엄청난 창조력에 늘 감탄하곤 한다.

뤄 영감은 평소에 두루마기 형태의 푸른색 베옷만 입는다. 바지는 늘 무릎까지 걷어붙여져 있다. 봄, 여름, 가을, 겨울을 막론하고 늘 슬리퍼를 끌고 다녔고, 겨울에도 양말을 신는 법이 없었다. 나는 가끔 그런 생각까지 했다. 뤄쉬는 단벌 신사인가? 왜냐하면 그가 일상생활에서뿐만 아니라 세계 각지의 전시회 개막식 등 중요한 자리에 참석할 때조차 이렇게 입고 다녔기 때문이다. 사실 뤄쉬는 보이는 모습에 몹시 예민한 사람으로 매번 똑같은 의상을 잔뜩 만들어뒀다. 하지만 평소 공사장에 있는 뤄 영감은 대부분 웃통을 드러내고 있었고 까만 피부와 가슴팍의 갈비뼈, 교활한 작은 눈은 햇볕 아래에서 유난히 번들거렸다.

뤄쉬는 윈난에서 가장 향토적인 미식가다. 그가 이해하는 미식이란 반드시 어릴 적부터 먹고 자란 전통 식자재를 다뤄야 한다. 그는 자기가 좋아하는 충차이沖菜(배추와 유채 대를 염장한 요리) 한입을 먹겠다고 끼니때만 되면 차를 몰고 200킬로미터를 달려 집으로 돌아와 각종 부재료를 섞

뤄쉬가 설계한 둥펑원 건축군, 2019년. 윈난성 미러, 어우양허리歐陽鶴立 촬영

어 먹은 뒤에야 비로소 만족스러워했고 절대 끼니를 대충 때우는 법이 없었다. 심지어 다른 지방으로 출장을 가면 일정을 단축하기까지 했다. 음식에 적응하지 못하기 때문인데 외국에서 열리는 전시회의 개막식 초대를 여러 번 사양한 것도 양식이 입에 맞지 않아서라고 한다. 양식을 두 끼 이상 먹으면 바로 성질이 난다나.

나는 뤄쉬를 따라 주방으로 가서 그가 농가에서 쓰는 커다란 무쇠솥에 그의 주특기인 황먼지黃燜鷄(닭다리살에 여러 재료를 넣은 찜요리)를 만드는 모습을 구경할 때 가장 신난다. 뤄쉬의 더우먼판豆燜飯도 명성이 자자하다. 그는 꼬투리를 벗기지 않은 매우 신선한 누에콩을 고른다. 품질 좋은 윈난 화퇴나 집에서 묵힌 납육을 함께 넣어 뜸을 들인다. 여기에 뤄 영감이 만든 모듬 버섯 튀김과 궁채나물 냉채를 곁들이면 천하의 미식을 실컷 맛본 먹보라 해도 먹는 데 푹 빠져 집에 돌아가는 것조차 잊어버린다. 뤄쉬가 만든 양고기탕을 먹기 위해 친구 펑신청封新城은 비행기표까지 바꿨다. 심지어 뤄쉬는 다른 지역에서 열리는 그의 전시회 개막식 때 요리를 해달라는 요청도 여러 번 받았다. 말로는 그의 전시회를 위해서라지만 실제로는 뤄쉬의 요리를 한술 얻어먹으려는 심보였다.

뉴욕과 치앙마이에서 활동하는 타이의 현대 예술가 리크리트 티라바니자가 떠오른다. 그는 자신의 특별한 작품으로 관중을 한데 모을 수 있었다. 리크리트는 '예술은 당신이 먹는 것Art is What You Eat'이라고 말하며 관중을 위해 타이식 커리를 준비했고 사람들은 전시회장에 앉아서 쉬고, 수다를 떨고, 서로 어울린다. 그는 세계 각지에서 이 같은 형식의 전시를 반복하며 예술적 실천을 이어갔고 한동안 그 스스로를 밥하는 타이인이라고 부를 정도였다. 그의 전시는 밥 한 끼를 짓는 과정을 통해 관람자와 교류하고 함께 행동했으며, 관람객들은 그의 예술을 더 잘 이해하고 느낄 수 있었다. 사실 뤄쉬는 이 방식을 더 일찍 실천했지만 이를 개념화하지 못했을 뿐이다. 어쩌면 이 또한 원난 사람의 습성 때문인지 모른다. 그는 자기가 사상을 고민하며 피곤해지지 않아도 되는, 자유롭고 즉흥적인 '맨발 아저씨'이기를 바란다.

뤄쉬는 원난 사람이 말하는 '버섯에 중독된' 사람과 유난히 닮았다. 그가 이번에 만들 곡숙균 볶음이 지난번과 똑같을지는 아무도 알 수 없다. 그는 늘 불시에 기발한 아이디어를 떠올리고 곡숙균 볶음 안에 부추나 절임 채소를 집어넣는다. 그가 다음번에 어떤 건축작품으로 새로운 놀라움을 가져다줄지 영영 알 수 없는 것처럼 말이다.

능이 (흑호장균)

Sarcodon aspratus

호장균

원난 사람이라고 식용 야생 버섯을 전부 알아보거나 먹어본 것은 아니다. 호장균虎掌菌도 잘 알려지지 않은 버섯 중 하나다. 호장균은 높고 험한 산의 수풀 깊숙한 곳에서만 캘 수 있으므로 매우 희귀한 데다가 생산량에도 한계가 있다. 대대로 호장균은 백성이 일상적으로 먹는 식자재가 아니라 황실에 바치는 공물이었다. 내가 어릴 때 노인들은 호장균의 특수한 향이 마치 향신료를 잔뜩 써서 염장한 육포 냄새와 아주 비슷하다고 말했다. 호장균은 햇볕에 말려둬도 그 향미가 매우 농후하다. 부엌에 말린 호장균을 두면 은은한 버섯 향이 공간을 가득 채운다. 말린 호장균을 쌀독에 넣어두면 쌀벌레도 방지할 수 있다. 게다가 어떤 노인은 집에 보관하고 있는 호장균의 냄새가 얼마나 짙은지에 따라 그날의 날씨까지 예측할 수 있다고 한다. 심지어 '호장균을 곁들인 음식은 사흘이 지나도 쉬지 않는다'라는 신기한 설도 있다. 호장균이 워낙 드물다보니 신선한 호장균을 한평생 보지 못한 윈난 사람도 많을 것이다. 그 때문에 호장균은 미식의 세계에서 도 풍문으로만 들었을 뿐 실제로 봤다는 사람은 없는 전설처럼 전해진다. 그런데 최근 과학자들의 연구를 통해 새로운 사실이 발견됐다. 실온에 둔 호장균에 휘발성 방향 물질이 42종이나 포함되어 있다는 것이다. 그러니 민간에 떠도는 호장균의 기이한 향에 관한 전설도 근거 없는 소리는 아 니다.

윈난에는 흑호장균黑虎掌菌(능이), 황호장균黃虎掌菌* 두 종류가 난다. 보 통 호장균이라고 하면 흑호장균을 가리킨다. 황호장균은 그보다 드물어 우딩 시장이나 난화南華 시장에 가야 가끔 보인다. 호장균의 표면은 짙은 갈색이고 갓의 중심부가 오목하게 패여 대의 기부까지 이르는 깊은 깔때 기 모양이다. 갓은 울퉁불퉁하고 흑갈색 인편이 두드러지게 돋아 있다. 대 는 대부분 짧고 굵고 속이 비어 있다. 표면은 길고 가느다란 회백색 가시 형태의 솜털로 잔뜩 뒤덮여 있다. 호장균은 형태와 색깔 모두 호랑이의 발 을 닮았다고 해서 붙여진 이름이다. 호장균을 캐서 햇볕에 말리면 조금 옅 은 회갈색이나 회백색이 된다. 먹보들은 호장균을 말렸을 때의 향미가 신 선할 때보다 더 그윽하다고 말한다.

호장균은 매년 7~9월, 윈난 고해발 지역의 험준한 산속 침활 혼효림 지 면에서 자라며 대부분은 단생이다. 호장균은 성숙한 첫해, 갓 밑면의 가시

---

* 원서에 기재된 흑장균의 학명 *Sarcodon aspratus*는 우리에게 능이로 잘 알 려진 노루털버섯을 가리킨다. 원서에서 기재하진 않았지만 황호장균이라고 추정되는 *Albatrellus ellisii*는 능이라고 볼 수가 없어 능이 대신 '호장균'을 그대로 살려 번역했다.

모양 돌기 끝에서 포자를 배출한다. 포자가 바람을 따라 부식질이 있는 토양에 떨어지면, 온도와 습도가 적절하다는 조건하에 싹을 틔우고 균사를 형성한다. 균사는 점점 멀리 뻗어나가 적당한 나무를 만나면 나무의 수염뿌리와 공생관계를 맺는다. 반년의 성장을 거쳐 균사는 원기原基*를 형성하고 원기가 점점 팽창하면 며칠 뒤에 대와 갓이 돋아난다. 이어서 빠른 속도로 생장하고 발육하며 금세 성숙한 호장균으로 자란다.

민간에서는 호장균이 근육을 풀어주고, 혈액순환을 돕고, 감기를 낫게 하고, 열을 내리고, 혈압을 낮추고, 배설을 돕고, 콜레스테롤 수치를 낮춘다고 여긴다. 현대 의학에서도 호장균에 포함된 미량원소와 다중 아미노산이 인체의 면역력을 높여주기 때문에 건강을 지키는 데 매우 효과적이라고 한다.

중국의 유명한 요리사 왕첸성王黔生은 호장균 요리를 인민대회당 국빈 만찬에 올려 국내외 귀빈들로부터 칭찬을 받았다. 이 요리의 빼어난 점은 간단한 재료와 조미료만으로도 호장균의 기이한 향을 충분히 돋보이게 만들었다는 데에 있다. 왕 셰프의 조리법은 단순했다. 마른 호장균을 끓인 물로 신속하게 불려서 잘게 썬 뒤 기름기 없는 팬에서 바싹 볶는다. 향이 올라오면 불에서 내려둔다. 붉은색 파프리카는 가늘게, 부추는 단단한 대를 위주로 썰고, 숙주도 절반으로 썰어 준비한다. 팬에 기름을 약간 둘러 예열하고 고추, 부추, 숙주를 센불에 볶은 뒤 미리 채를 썰어둔 호장균

---

* 개체 발육 도중에 장래에 어떤 기관이 될 것이 예정되어 있으나 아직 형태적, 기능적으로는 미분화 상태에 있는 것.

을 넣는다. 소금과 약간의 치킨 스톡을 넣어 맛을 끌어올리고 10초 정도 골고루 볶으면 완성이다. 파프리카의 단맛, 부추의 매운맛, 숙주의 연함이 호장균의 기이한 향과 아삭아삭하면서도 연한 식감을 돋보이게 해준다. 이건 누구나 만들 수 있을 만큼 간단한 국빈 만찬 조리법이다. 물론 신선한 호장균이라면 윈난의 전통적이면서도 소박한 버섯 조리법만으로도 충분하다. 호장균에 저우피고추, 편마늘, 윈난의 부추 꽃대를 센불에 볶아 만든 요리 역시 호장균을 즐기는 방식 중 하나다. 어떤 친구는 광둥 요리사가 XO소스(중국 음식에서 매운맛을 낼 때 사용하는 소스)를 만드는 방식을 응용해서 호장균으로 XO소스를 만들어냈다. 이 소스 역시 더없이 좋은 향이 나는 밥도둑이다.

매년 호장균 철이면 옛 친구 천리위안陳立元이 상하이에서 윈난까지 직접 차를 몰고 와서 야생 호장균을 사간다. 리위안 형은 타이완에서 왔지만 행동만 보면 '버섯에 중독된' 윈난 사람과 똑같다. 천리위안은 1970년대 타이완사범대학을 졸업한 뒤 한동안 타이완의 한 신문사에서 근무하다가 미국으로 유학을 갔다. 그 뒤로 캘리포니아에서 컴퓨터 회사를 경영하다가 사업이 크게 성공했고 장년의 나이에 경제적인 자유를 얻었다. 이후 내파밸리의 와이너리 하나만 빼고 나머지 해외 회사와 부동산을 몽땅 처분한 뒤 상하이 화이하이로淮海路의 별장 하나를 사들여 상하이와 타이베이를 철에 따라 오가며 산다. 최근에는 타이완 두란산都蘭山의 오렌지 나무 숲에 수영장이 딸린 독특한 외관의 은거용 저택을 지었는데, 그곳에서 매일 태평양의 끝없는 풍경을 즐기며 가수 후더푸胡德夫 같은 옛 친구들과 함께 노래 부르고 술을 마시며 자유롭게 지낸다고 한다.

136

리위안 형은 수집가다. 스타일은 내키는 대로 수집하는 편이다. 예전에는 쉬베이훙徐悲鴻과 장다첸張大千의 그림, 청화자기, 황화리黃花梨* 가구 등을 모으더니 이후에는 뜬금없이 위스키, 시가, 푸얼차로 관심을 돌렸다. 한동안은 벌꿀에 꽂히기도 했는데 그때는 차를 몰고 윈난 각지를 돌아다니며 각양각색의 벌꿀을 사들였다. 벌꿀에 대한 기준이 어찌나 까다로운지, 산 절벽에서 갓 딴 꿀을 사러 뤼춘綠春에 갔다가 야생 오미자에서 채취한 꿀을 사겠다며 곧바로 디칭迪慶고원에 가는 식이다. 그는 윈난 어딘가에서 종종 전화를 걸어온다. "나 곧 쿤밍에 도착해. 위시야오玉溪窯**에 가서 청화를 몇 점 살까 하거든." 우리는 리위안 형의 이런 자유분방함에 진작 이골이 났다. 그와 연락이 닿을 때마다 그는 후저우湖州에서 붓을 고르고 있다거나 징더전景德鎮에서 자기를 보고 있단다. 하물며 집에서 연자갱蓮子羹(연밥에 녹말과 설탕을 넣은 간식)을 하나 해먹을 때도 본인이 우이산武夷山에서 직접 골라온 우푸백련五夫白蓮***으로 만든 연밥을 고집한다. 식자재에 대한 그의 취향은 다소 까탈스러울 정도다. 하지만 그 덕분에 그의 상하이 집이야말로 상하이의 미식가 선훙페이沈宏非 같은 친구들이 모여 음식을 즐기는 장소로 제격이다.

타이완에 갈 때면 반드시 사전에 그와 약속을 잡아야 한다. 그래야만

---

* 자홍색이나 짙은 홍갈색을 띠는 목재로 무늬가 아름다워서 고급 가구를 만드는 데 쓰인다.

** 위시 일대에 있는 청화자기를 생산하는 도자기 가마.

*** 우이산 우푸전五夫鎮에서 나는 특산물로 황궁의 어용 식자재로 쓰였다.

대포지화공균 (황호장균)

Albatrellus ellisii, 大孢地花孔菌

함께 거리를 누비며 그가 잘 아는 식당을 찾아다니는 호사를 누릴 수 있다. 나는 그와 함께 식사할 때면 절대 한술 밥에 배부르지 않으려고 주의한다. 시간은 짧고 식당은 많으니까. 그는 한정된 시간 안에 우리에게 자기가 좋아하는 식당들을 잔뜩 선보이고 싶어한다. 아침밥부터 저녁밥까지, 끼니마다 놀라움과 기쁨이 깃든다. 저녁을 배불리 먹고 나면 그는 타이베이의 거리를 느긋하게 거닐자고 제안한다. 그러다가 느릿느릿 노포인 리지빙뎬梨記餠店에 들어가서 돌아갈 때 챙겨갈 타이양빙太陽餠(원형 페이스트리에 소가 든 타이완 과자)과 펑리수鳳梨酥(파인애플잼을 채운 타이완 과자) 등 기념품을 권하는 것도 잊지 않는다. 그러고는 본인은 한 걸음 물러선 채 모두가 잔뜩 신이 나서 쇼핑하는 모습을 흡족해하며 구경한다. 우리는 오래된 노포에 들어서면서부터 예스럽고 소박한 맛에 향수를 느끼고, 리위안 형도 모두 자신의 추천을 인정했다는 데에서 만족을 느낀다. 사들인 것들을 우편으로 부치고 우리는 조금 더 걸어 쿠차즈자苦茶之家로 간다. 이 가게는 원래 고차苦茶(쌉쌀한 맛의 여름 차)와 양약凉藥(열병을 치료하는 차가운 성질의 약)을 주로 팔았으나 나중에는 단골들을 위한 간식을 팔기 시작했다. 우리가 이 집을 찾은 것도 백목이와 연밥을 넣어 만든 토란탕을 먹기 위해서였다. 이 토란탕이 내가 여태 먹어본 토란 디저트 중 가장 맛있었다. 이젠 리푸荔浦산 토란으로 만든 음식만 먹으면 저절로 백목이와 연밥을 넣어 만든 토란탕이 떠오른다. 물론 가게를 나서며 고차 진액 몇 병을 사는 것도 빼먹지 않는다. 고원 지대는 타이완처럼 덥지 않아서 지금까지 채 한 병을 다 먹지 못했지만 말이다.

발걸음은 자연스레 쯔텅루紫藤廬로 향한다. 쯔텅루의 사장 저우위周渝는 리위안 형의 오랜 친구다. 쯔텅루의 80년 세월이 새겨진 이 일본식 저택은 저우위 선생의 부친인 저우더웨이周德偉의 고택으로 집 앞에 자등 세 그루가 있어서 자줏빛 등나무 집이라는 뜻의 쯔텅루라는 이름이 붙었다. 저우더웨이 선생은 일찍이 런던정치경제대학에서 유학했으며 하이에크(오스트리아의 경제학자로 1974년 노벨 경제학상을 수상했다)를 사사했다. 나중에 베를린대학에서 철학을 공부할 때 하이에크는 저우더웨이 선생의 화폐 이론 연구 논문을 서신으로 지도했다. 저우더웨이는 중일전쟁 시기 조국으로 돌아와 후난대학과 국립중앙대학에서 교편을 잡았으며 이후 타이완에서는 하이에크의 『노예의 길』을 저명한 자유주의 사상가였던 인하이광殷海光과 후스에게 소개했다. 만년에는 미국으로 건너가 하이에크의 거작 『자유헌정론』을 번역했다. 이 고택은 과거 타이완의 지식인들이 모이던 곳으로 인하이광, 쉬다오린徐道鄰, 리아오李敖 등도 이곳을 자주 찾았다고 한다. 저우더웨이 선생이 세상을 떠난 뒤 저우위는 고택을 다관으로 개조해 다양한 문화 활동을 펼쳤다. 그러니 여기서 소설가 바이셴융白先勇이나 영화감독 리안을 마주친대도 이상할 게 없다. 나는 타이베이에 갈 때마다 빠뜨리지 않고 쯔텅루에서 차를 마신다. 물론 쯔텅루의 고요함이 마음에 들어서이지만 저우위가 해주는 푸얼차 다도에 관한 이야기를 듣는 게 좋기 때문이다. 기회가 되면 저우위도 매년 윈난에 와서 쯔텅루의 푸얼차를 선물해주곤 한다. 우린 리위안 형 덕분에 현지 문화를 둘러보고 잊지 못할 추억을 쌓는다.

정확한 때는 가물가물하지만 그가 한번은 다리에서 상하이로 돌아가는 길에 난화에 들러 호장균 한 봉지를 샀다고 한다. 그때부터 그는 호장균으로 죽을 끓이는 데 꽂히더니 내게도 비법을 전수해줬다. 먼저 말린 호장균을 물에 불린 것이나 신선한 호장균을 깨끗이 씻어 잘게 썬다. 말린 관자도 불려서 깨끗이 씻고 으깬다. 토종닭을 우린 국물에 쌀, 좁쌀, 퀴노아를 넣고 이어서 호장균, 관자, 가늘게 찢은 닭고기도 넣어 죽을 끓인다. 점도가 생기면 약간의 파, 채 썬 생강, 후춧가루를 뿌려 먹는다. 그는 반드시 윈난 서부에서 난 야생 호장균이어야 한다고 단단히 강조했다.

회육홍고(대홍균)

Russula griseocarnosa, 灰肉紅菇

대홍균

윈난은 우기와 함께 여름이 시작된다고는 하지만 식물이 무성하게 자라는 일부 지역은 여전히 으슬으슬한 한기가 돈다. 특히 아침저녁 때가 그렇다. 윈난성 푸얼普洱의 보슬비가 자욱하게 내리는 여름날, 황혼 녘이면 푸얼 사람들은 대홍균大紅菌*을 먹을 때가 됐다고 느낀다. 사실 맛있는 요리란 각기 그 지역의 기후 조건으로부터 탄생한다. 예를 들어 충칭重庆의 훠궈는 부두 일꾼들이 양쯔강에서 가을과 겨울을 지내며 습기와 한기를 이겨내려고 발명한 민간의 미식이다. 그러므로 윈난 사람이 대홍균을 넣은 삶은 닭 요리를 발명한 데도 나름의 이유가 있을 것이다. 윈난에서는

---

* 무당버섯 종류를 통틀어 가리키는 듯하나 해당 버섯이 윈난, 광시 등 열대 지역에서만 생장한다고 하여 대홍균으로 옮겼다.

푸얼뿐만 아니라 추슝, 바오산保山, 위시 등지에서도 대홍균을 넣어 닭을 곤다. 그렇다면 대홍균의 매력은 대체 뭘까?

알록달록한 윈난 야생 버섯은 대부분 독성을 띤다. 색이 고울수록 독성이 더 강하다. 다만 대홍균만은 예외다. 대홍균의 별명은 아름다운 빨간 버섯인데, 차분하면서도 선명한 홍매색 갓 덕분에 붙여진 이름이다. 대홍균은 새빨간 빛깔이 반들반들하고 조직이 옹골찬 데다가 맛이 신선하고 영양도 풍부해서 '남방의 홍삼'이라고도 불린다.『본초강목』에는 '익수고益壽菇'라는 이름으로 실려 있으며 '맛이 담백하고 성질이 따뜻해서 식욕 증진, 지사, 해독, 보양에 좋으며 자주 먹으면 수명을 늘려준다'고 적혀있다.

대홍균은 보통 버섯보다 크다. 갓은 직경 6~16센티미터로 반구 형태이며, 갓 표면은 선명한 자홍색 또는 어두운 자홍색이다. 주름살은 완전붙은 주름살*이고 백색 또는 연노란색을 띠며, 갓 가장자리에 가까워질수록 보통 붉은색을 띤다. 대는 원기둥꼴에 가까우며 상부 또는 측면이 분홍색을 띠기도 하고, 전부 분홍색인데 아래로 갈수록 색이 점점 옅어지기도 한다.

윈난의 야생 대홍균은 주로 인적이 드문 고산준령高山峻嶺에서 자란다. 깊은 산 밀림 속에서 대홍균을 캐기란 무척 어렵다. 대홍균이 잘 생장하려면 초반에는 비가 내려야 하고 후반에는 날이 개야 하는데, 강우량과 비온 뒤 날씨는 대홍균 생산량에 직접적인 영향을 미친다. 대홍균은 주로 약산성 적갈색 토양 또는 라테라이트 비탈에서 자란다. 생장 기간은 비교적

* 주름살과 대가 완전히 이어져 있어 아래로 뻗거나 위로 향하지 않는 형태.

144

느린 편이고 생산량은 극히 적은 데다가 생장 환경의 온도와 습도는 높아야 한다.

대홍균의 살은 통통하고 부드럽다. 보통 찌거나, 삶거나, 전분을 풀어서 볶아 조리하며 닭이나 오리 또는 갈비 등 각종 육류에 곁들여 탕을 끓이면 더 맛있게 먹을 수 있다. 대홍균을 곁들인 탕은 진하고 신선한 맛과 깔끔한 식감 그리고 빨간 국물로 유명하다.

윈난 각지마다 대홍균이 나므로 조리법도 비슷비슷하다. 버섯 철을 맞아 버섯 미식의 세계를 항해하다보면 대홍균과 닭을 함께 곤 요리를 찾아낼 수 있다. 이 요리를 파는 곳들을 연결하면 윈난 미식 지도가 만들어질 것이다. 할머니와 어머니가 지어준 밥과 역사가 유구한 윈난의 간식을 제하면, 내가 진정으로 미식에 눈을 떴다고 할 수 있는 곳은 고등학교 맞은편에 있던 십위안식당이었다. 1980년대 쿤밍에서 10위안이면 두 사람이 몇 가지 요리를 주문해 한 끼를 해결할 수 있었다. 식당 이름을 이렇게 지은 것도 식객들이 부담 없이 들어오도록 하기 위함이었을 텐데 금방 알음알음 입소문이 났다. 판潘 사장님은 상도덕을 지키며 장사했고, 인맥도 넓어서 웬만한 동네 사람을 다 아는 듯했다. 다들 앞에서는 그를 '사장님'이라 불렀지만 뒤에서는 '할매'라 불렀고 우리 같은 아이들은 '판 냥냥'(윈난 사투리로 아주머니라는 뜻이다)이라고 불렀다. 판 냥냥은 키가 훤칠했는데, 분명 젊은 시절에 대단한 미인이었을 것이다. 슬하에 둔 두 딸도 가끔 가게 일을 거들 때 보니 빼어난 미인이었다. 게다가 딸들은 판 냥냥처럼 담배 때문에 목소리가 갈라지지도 않았고 강호 특유의 분위기도 없었다. 나중에 듣기론 둘 다 미국으로 시집가서 잘 산다고 했다. 판 냥냥은 가게 안에서도 담배를 놓는 법이 없었고, 걸걸한 목소리로 주문을 받고 계산을 했으며, 그때조차 역시 늘 담배를 꼬나물고 있었다. 그의 남편은 말수가 적었는데 조수 노릇을 하면서 일손을 거들었고, 그 외의 시간에는 늘 식당 한구석에 조용히 앉아 차를 홀짝였다. 그곳에서 자주 드나들다보니 판 냥냥도 우리가 학생이고 밥을 먹으려고 늘 10위안을 모아 온다는 걸 알게 됐다. 그 뒤로는 요리 몇 가지를 더 시키기라도 하면 바로 혼쭐이 났다. "두세 명이 먹을 건데 이 정도면 충분하지!" 말을 마치기가 무섭게 그는 주방에 들어가버렸다. 우리 변명 따위는 듣는 체도 않는 게 꼭 이웃집 아주머니 같았다. 그는 계산할 때 마치 가격표를 외듯 입으로 줄줄 암산을 늘어놓았지만 단 한 번도 실수한 적이 없었다. 판 냥냥은 쿤밍 사투리에서 말하는 '라차오辣燥(화끈하다는 뜻이다)'한 면이 있었다. 일을 안배할 때는 벼락같이 정확했고, 세부 사항을 지시할 때도 물샐틈없이 꼼꼼했다. 직원을 혼낼 때는 폭풍우처럼 휘몰아쳤지만 손님을 상대할 때는 그 걸걸한 목소리로도 부드러운 바람과 보슬비처럼 친절했다. 음식점 여주인장을 떠올리자면 내게는 언제나 판 냥냥이 그 기준이었다. 시간이 지나 장만위(영화 「신용문객잔」의 객잔 주인 역)와 옌니閆妮(시트콤 「무림외전」의 객잔 주인 역)의 연기를 보면서는 아무래도 어딘가 부족하다는 느낌마저 받았다.

윈난의 이런 식당에는 메뉴판이 없다. 먹고 싶은 메뉴는 주방에 가서 사장에게 주문한다. 이런 식으로 식당을 운영하려면 일단 식자재가 신선해야 하고, 주방 위생도 청결히 유지돼야 한다. 십위안식당은 둘 다 뛰어났다. 나는 이 식당에 가면 판 냥냥과 식자재 및 조리법을 두고 토론할 수 있었기 때문에 주문을 넣는 것도 좋아했다. 지금도 나는 토란꽃을 어떻게

고르고 조리해야 입안에서 껄끄럽지 않은지, 훙사오니추紅燒泥鰍(미꾸라지
에 고추와 향신료를 넣은 볶음 요리)를 만들 때는 어떤 야생 미꾸라지를 골라
야 하는지, 그가 알려준 내용을 다 기억하고 있다. 나는 판 냥냥이 버섯 고
르는 모습을 구경할 때가 특히 좋았다. 하루는 일행 대여섯 명과 식사하러
갔더니 판 냥냥이 와서 말했다. "오늘은 닭을 주문해. 버섯 보내는 사람이
대홍균도 같이 보냈거든. 탕에 넣어줄게." 그게 바로 내가 처음 먹어본 대
홍균 계탕이었다. 윈난 전통 토기에 토종닭을 고아서 진하게 우러난 계탕
에 대홍균을 넣으면 탕은 붉은빛을 띠고 좀 더 걸쭉해진다. 이걸 한 그릇
먹고 나면 얼굴이 불콰해지면서 행복감이 훅 끼쳐온다. 이후 십위안식당
은 장사가 점점 잘되더니 원래의 몇 배나 되는 크기로 확장해 민퉁로民通
路로 이전했다. 우리가 갈 때마다 판 냥냥은 여전히 살갑게 대해줬지만 더
는 판 냥냥과 미식을 두고 토론할 수는 없었다. 듣기로는 얼마 후 양쭝호
陽宗海에서도 큰 호텔을 열었다고 한다. 그러니 판 냥냥이 작은 식당 장사
까지 돌볼 틈은 없었으리라. 시간이 흘러 십위안식당도 쿤밍 사람의 추억
한 자락에 남았을 뿐이지만, 나의 대홍균에 관한 최초의 기억은 여전히 이
곳으로부터 시작된다.

위시 사람은 예로부터 음식 맛을 중시했다. 위시, 퉁하이通海 일대에서
훌륭한 요리사가 자주 배출됐고 집밥만 봐도 윈난의 다른 지방보다 훨씬
더 풍성했다. 나는 어릴 적 아버지를 따라 덜컹거리는 길을 4시간이나 달
려 처음으로 위시에 갔다. 그때 위시의 풍부한 식자재와 특산품에 놀랐을
뿐만 아니라 위시 시장에 나온 각종 버섯에 감동하기까지 했다. 위시와 그
주변의 진닝晉寧, 어산, 퉁하이, 이먼 등지는 윈난에서도 고품질 야생 버섯

이 나는 곳이다. 나는 이렇게 신선한 버섯이 이토록 많이 모여 있는 광경을 처음 봤다. 내가 아는 우간균, 기와무늬무당버섯, 간파균뿐만 아니라 난생처음 보는 형형색색의 기묘한 모양을 한 버섯들이 가득했고, 다들 산에서 갓 캐와 이슬을 머금고 있을 만큼 신선했다. 그날 점심에 아버지 친구분이 여러 종류의 버섯 요리를 만들어주셨던 기억도 어렴풋이 난다. 무슨 버섯이었는지는 기억이 잘 나지 않지만, 버섯 볶음의 맛이 뛰어났다는 것과 그날 밥을 몇 공기나 비웠던 것만은 줄곧 기억에 남아 있다.

오늘날 쿤밍에서 위시까지는 차로 1시간이면 간다. 그래서 버섯 철이면 차를 몰고 버섯 요리를 잘하는 농가 식당에 가서 버섯과 탄수화물을 마구 먹어치우며 방종한 주말을 보내곤 한다. 위시는 윈난에서도 부유한 지역 중 하나로 농가 식당이라도 대부분 여러 개의 별실과 주차장을 갖추고 있다. 식탁에는 우선 볶은 씨앗과 완두콩, 트럼프 카드 한 벌이 올라오는데 이로써 마치 마법처럼 일상의 한가로움이 시작된다. 음식은 관례에 따라 주방에 가서 사장과 그날 식자재의 신선도를 따져보고 주문한다. 내가 좋아하는 위시 베이청北城에 있는 싱룽興隆 버섯가든에서는 사장이 주방 안팎을 분주히 움직이며 손님들을 맞는다. 젊고 멋들어진 사장은 전혀 흐트러짐 없이 단정한 작업복과 길쭉한 주방장 모자를 착용하고 있다. 단골들은 그가 현란하게 팬을 흔들며 버섯을 볶는 모습을 보는 것만으로도 만족감을 느끼고 안심한 뒤 카드를 치러 식탁으로 돌아간다. 이 집은 두툼하게 썬 대홍균을 피망, 소미랄과 함께 1분 30초 동안 센불에 달달 볶는다. 그다음 약불로 바꾸어 뜨거운 기름을 듬뿍 붓고 팔각 조금과 초과草果(초두구의 하나로 신맛이 난다) 한쪽을 넣어서 재료들의 표면이 노르스름해질 때

무당버섯 종

Russula sp

까지 천천히 볶는다. 이 요리는 식혔다가 기름에 담가서 한동안 두고 먹어도 된다. 유지쫑과는 식감이 또 다르다.

예전에 윈난 서부로 자동차 여행을 갔었다. 고속도로를 타고 바오산 융핑永平을 지날 때 나는 고속도로에서 미리 빠져나와 조금 돌아가야 할지라도 320번 국도를 탔다. 융핑 사람이 만드는 여러 닭 요리가 생각났기 때문이다. 한 번도 융핑성 안으로는 들어가보지 않았지만 그 지명만 들으면 미식과 관련된 추억이 가득 떠오른다. 320번 국도는 루이리瑞麗 부두로 통하는 길목이라 화물차가 번다했는데 시대의 요구에 발맞춰 화물차 운전기사와 장거리 여행객을 위한 서비스 시설도 생겨났다. 첩첩이 이어진 산꼭대기에 시골 여관도 자리했고, 마을 근교의 황먼지 가게도 들어섰다. 황먼지 가게는 보통 두 자매가 운영하는데 한 사람은 손님 접대를 맡고, 다른 한 사람은 닭을 잡아 요리하는 일을 담당했다. 주문이 들어가면 채 30분도 안 돼서 1960, 1970년대 가정집에서 자주 쓰던 빨간 쌍희雙喜가 그려진 법랑 대접에 맛있는 냄새를 풀풀 풍기는 황먼지와 맑은 방가지똥 탕이 한 사발 나왔다. 이 요리의 비결은 지방 특유의 고추와 장, 타지에서도 인기가 있는 마늘과 산목과酸木果(윈난 특산 모과) 덕분인 듯했다. 이 재료들이 모여 다른 어느 지방에서도 찾을 수 없는 '융핑 황먼지'의 맛을 만들었다. 나는 버섯 철을 맞아 융핑에 가면 길거리 상점에 실한 토종닭 한 마리를 주문한다. 그리고 절반은 황먼지로 만들고, 절반은 융핑 산에서 난 대홍균을 넣어 탕으로 끓여달라고 한다. 졸졸 물이 흐르는 강변의 오두막에서 노릇노릇한 닭고기 조각과 흰 마늘, 불그스름하고 약간 걸쭉한 대홍균 계탕을 먹는 것이야말로 시골을 가장 멋지게 즐기는 방법이다.

최근 듣기로 윈난 푸얼에서 그 지방의 특산물들을 빠르고 정확하게 발음하는 놀이가 유행이라고 한다. '절판목각絶版木刻,* 푸얼차, 두유, 미간米干 (푸얼 쌀국수 중 하나), 대홍균'. 현지 대표 토산품을 포함하는 목록을 들어보면 대홍균이 푸얼 사람들에게 무척 중요하다는 걸 알 수 있다.

푸얼은 거닐기에도 좋다. 살기 좋은 해발고도에 위치한 데다가 대기는 청명하다. 푸얼에서 나고 자란 옛 친구 허쿤賀焜은 미식가로 늘 우리를 데리고 산과 마을을 누비며 그의 혀를 만족시킬 만한 음식을 찾아다닌다. 허쿤은 중국 판화계에서 명성이 자자한데, 일찍이 판화예술가 정쉬鄭旭, 웨이치충魏啓聰, 장샤오춘張曉春 등과 함께 절판목각을 발전시켰고 전국 미술대전과 전국 판화전에서 여러 상을 받았다. 덕분에 윈난 판화는 베이다황北大荒 판화,** 쓰촨 판화와 이름을 나란히 하며 중국의 3대 판화에 들었다. 나중에 허쿤은 윈난성미술협회 부주석으로 당선되어 한동안 쿤밍에 거주하며 일했다. 그러나 그는 얼마 안 가 푸얼의 산수가 그립다며 푸얼로 돌아갔고 창작 기지를 짓더니 절판목각을 오늘날 푸얼의 4대 보물 중 하나로 만들겠다며 온 힘을 쏟았다. 내가 본 허쿤의 작업실은 윈난 예술가의 특질이 남김없이 발휘된 곳이었다. 그의 작업실을 멀리서 보면 마치 차를 재배하는 산 위에 미야자키 하야오 그림을 걸어둔 듯하지만, 실내로 들어가보면 꽤 합리적이고 실용적으로 꾸며져 있다. 판화 작업실, 수묵 작업

---

* 푸얼에서 시작된 목판화를 제작하는 새로운 기술로, 하나의 목판에 모든 색판을 집중시키고 목판을 깎아가면서 색을 입히는 방법을 쓴다.

** 베이다황은 중국 동북 지방의 북부를 가리키는 말로 베이다황 판화는 문화대혁명 시기에 이곳으로 축출된 예술인들이 대자연과 투쟁하며 개간하는 모습을 주로 표현한다.

허쿤의 작업실, 2022년, 윈난성 푸얼, 허쿤 촬영

실, 예술가들이 거주하는 작업실, 전시와 교류를 위한 공간이 나뉘어 있고, 차를 마시는 곳도 따로 갖춰져 있다. 허쿤의 말에 따르면 그는 푸얼에 있을 때만 창작욕이 인다고 한다. 그는 끼니때마다 산꼭대기나 산골짜기 깊숙한 곳에 있는 농가 식당에 간다. 거기까지 가려면 한참을 걸어 올라야 하는데, 즉 푸얼의 미식을 즐기려면 중국에서 가장 깨끗한 공기를 한껏 들이마셔야 하는 것이다. 물론 그쯤 걸으면 뭘 먹든 행복감이 최상으로 치솟는다. 푸얼의 원시 삼림은 완벽하게 보호되었기 때문에 그 안에 엄청나게 다양한 종의 식물이 자생한다. 그 덕분에 푸얼 사람은 수많은 식물 향신료를 교묘하게 사용해 다른 지방의 음식과 차별화되는 푸얼만의 독특한 풍미를 만들어낸다. 내 눈에는 그런 푸얼 사람이 모두 요리사로 비친다. 허쿤만 해도 식당에 가면 요리사에게 닭을 요리할 땐 뭐를 더 넣어달라, 버섯을 요리할 땐 뭐를 넣지 말아달라고 전하곤 한다.

　푸얼 식당의 요리사는 대홍균을 먼저 온수에 5분 정도 담가두고 대홍균의 주름살과 다른 틈새가 벌어지면 부드러운 솔로 흙이나 먼지를 살살 털어낸다. 그리고 푸얼의 토종닭을 깨끗이 씻고 토막 낸 뒤 끓는 물에 데쳐 핏물을 제거한다. 솥에 닭과 미리 준비한 윈난 샹윈祥雲에서 난 흑마늘 반 사발을 넣고 적당히 물을 부어 삶은 뒤 약불로 2시간을 곤다. 그리고 깨끗이 씻은 대홍균을 손으로 찢어 넣고 중불로 다시 30분을 끓여 소금을 넣어 간을 맞추면 완성이다. 우러난 탕은 신선한 향을 풍기면서도 녹진하고 질리지 않는 맛을 낸다. 푸얼 사람은 대홍균을 계육균鷄肉菌이라고도 부르는데, 대홍균과 닭고기가 그만큼이나 잘 어울린다고 생각해서다. 이 요리도 흔한 가정식 중 하나다.

푸얼의 요리사들은 대홍균이 몸보신에 제격이라고 말한다. 버섯 철이 아닐 때는 말린 대홍균을 넣은 달걀찜을 만들어서 노인과 아이들에게 권한다. 우선 말린 대홍균을 물에 불리고 깨끗이 씻은 뒤 다져서 그릇에 담아둔다. 달걀을 깨고 온수를 조금 넣는다. 달걀흰자와 노른자, 다진 대홍균을 잘 섞은 뒤 찜기로 찐다. 찜기의 물이 끓고 7~8분 정도 지나서 달걀물이 모양을 갖추면 꺼낸다. 그 위에 적당량의 생추生抽*와 참기름을 두르고 쪽파까지 솔솔 뿌리면 완성이다.

우기가 또 찾아왔다. 대홍균을 떠올리기만 하면 가슴속에서 한 줄기 온기가 흐르며 직접 만든 대홍균 미식 지도를 따라 여행을 떠나고 싶은 마음이다. 예전에는 푸얼에 가든 융핑에 가든 2, 3시간 동안 장거리 버스를 타야 했지만 고속철도가 개통되고부터는 쿤밍에서 출발해도 2, 3시간이면 도착한다. 정말이지 '천연의 요새가 대로로 변했다'며 감탄할 수밖에 없다.

---

* 발효한 뒤 가장 먼저 짜내는 간장으로 요리의 맛을 더할 때 쓴다.

피조균

피조균皮條菌은 원난 사람이 가장 거들떠보지 않는 야생 식용 버섯 중 하나다. 자줏빛밀랍버섯*이라는 낭만적인 별명이 있기는 하지만 버섯의 식감이 가죽을 씹는 듯해 그 이름도 말에 짐을 멜 때 쓰는 가죽끈에서 따왔다. 개인적으로는 이 가죽을 씹는 듯한 식감이 매우 특별하게 느껴진다. 거북하기보다 오히려 씹을수록 향긋하기만 하다. 대학 시절에 영국 밴드 코일의 노래 「보랏빛 사기꾼Amethyst Deceivers」을 들었는데 그때는 그저 몽환적이고 어두운 분위기의 노래라고만 생각했다. 나중에야 노래의 제목이 자주졸각버섯Laccaria amethystina에서 유래됐으며, 그게 피조균의 별칭이

* 한국에서는 자주졸각버섯이라 하며 중국어로는 紫蠟蘑라 쓴다. 蠟蘑는 졸각버섯을 뜻한다.

윈난랍마(피조균)

Laccaria yunnanensis, 雲南蠟蘑

라는 것을 알았다. 그러자 문득 노래를 좀 더 잘 이해할 수 있을 것만 같았다. 아마 밴드 멤버들이 독성을 띤 보랏빛 피조균을 먹고 가벼운 중독 증상을 느낀 뒤 거기서 영감을 얻어 지은 게 아닐까. 이렇게 생각하자 노래도 괜히 더 좋게 들렸다. 원난 사람이 먹는 피조균에는 대부분 독성이 없다. 피조균을 먹고 중독됐다는 이야기도 별로 들어본 적 없다.

원난의 피조균은 솔숲의 지면에서 단생 또는 군생으로 자라며 통상 여름부터 늦가을까지 난다. 캐기 전에는 보라색을 띠다가 운송 과정을 거쳐 시장에 도착할 즈음이면 대부분 갈색으로 변해버리고 주름살에만 옅은 보라색이 남아 있다. 버섯의 전체적인 색은 시간이 지나며 가죽띠와 더 비슷해진다. 시장에 도착해서도 옅은 자주색이 도는 피조균은 조심해서 먹어야 한다. 피조균에 중독되는 건 이렇게 옅은 자줏빛의 독성을 가진 피조균을 잘못 먹었기 때문이다. 물론 버섯 중독에서 영감을 얻어 중국의 '보랏빛 사기꾼'을 짓지 말라는 법은 없다.

예쁘고 독성이 있는 옅은 자주색 피조균의 갓 직경은 보통 1~6센티미터로, 가장자리가 사방으로 비죽 튀어나온 모양이고 안쪽은 평평하며 정중앙은 옴폭 패어 있다. 습할 때는 짙은 라일락 빛을 띠지만 천천히 수분이 날아가며 보라색은 사라지고 갈색으로 변한다. 중심부는 비늘 조각 같은 것으로 덮여 있을 때도 있으며 옴폭 팬 곳은 끈적하고 남보라색 또는 연분홍색을 띤다. 습기를 머금고 있을 때는 밀랍의 질감과 비슷하다. 갓의 가장자리는 물결 같기도 하고 꽃잎 같기도 하며 두꺼운 홈이 나 있다. 살은 갓과 같은 색이다. 대는 보통 3~8센티미터 길이로 솜털이 듬성듬성 나 있으며 아래로 갈수록 조금 굽어진다. 원난 사람은 색이 고운 버섯일수록 함부로 먹어선 안 된다고 말하는데, 자주색 피조균은 색이 곱지 않더라도 함부로 먹으면 안 된다. 윈난의 피조균은 나무 뿌리에 기생하는 균근성 버섯으로 잣나무, 가문비나무, 전나무와 균근菌根*을 이룬다. 캘 때 독이 든 피조균이 아닌지 생김새와 색을 주의해서 구별해야 한다. 아름다움과 미식은 때때로 위험을 동반하는 법이다.

피조균은 담백하면서도 맑은 향이 나고, 씹는 맛이 특히 좋다. 윈난 사람은 피조균을 딱히 귀하게 여기진 않아서 조리할 때도 대충대충 하는 것처럼 보인다. 하지만 마른 고추, 피망, 납육, 약간의 조미료만 넣어서 볶아도 특별한 맛을 낸다. 윈난 가정에서 가장 흔한 조리법은 역시 두 종류의 고추를 넣어서 볶는 것이다. 우선 갓에 긴 흙을 깨끗이 씻어내고 길게 찢는다. 저우피고추를 가늘게 썰고, 편마늘과 저우피의 마른 고추도 손질해둔다. 기름을 달군 뒤 편마늘을 볶아서 향을 낸다. 곧이어 마른 고추를 넣고 달달 볶다가 고추가 노릇노릇해지면서 타는 냄새가 올라올 때 저우피고추를 마저 넣고 1분간 볶은 뒤 불에서 내린다. 새 팬을 꺼내 기름을 두르고 피조균을 10분 정도 볶는다. 버섯 즙이 졸아들면 미리 볶아둔 고추들을 넣어서 3~5분간 함께 볶고, 적당히 소금을 치면 완성이다.

피조균을 손으로 잘게 찢거나 칼로 다져서 조리하는 사람도 있다. 일단 통마늘과 피망을 달군 기름 팬에 센불로 볶는다. 다진 피조균을 넣고 버섯 즙이 졸아들 때까지 더 볶다가 소금을 뿌리면 끝이다. 이렇게 조리한 피조균은 짭조름한 향이 나면서도 쫄깃하게 씹는 맛이 있어서 간파균을 먹는

---

* 고등식물의 뿌리와 균류가 긴밀히 결합하여 일체 되고 공생관계가 맺어진 것.

느낌도 난다. 피조균은 윈난 곳곳에서 자라 쉽게 구할 수 있다. 그래서 피조균의 값이 저렴할 때 사들여서 햇볕에 말려 쟁여두는 사람도 있다. 겨울에 피조균 말린 것을 물에 불려다가 토종닭과 함께 고아 먹으면 색다른 풍미를 느낄 수 있다.

작년 가을, 친구와 함께 스핑에 가서 옛 건축물을 구경하고 스핑박물관 옆의 작은 호텔에 묵었다. 친구와 함께한 여행이니만큼 저녁 겸 야식을 즐기려는데, 젠수이 스핑 일대에 온 이상 두부조림과 밤술이 빠질 수 없었다. 식사는 해 질 녘에 시작돼 한밤까지 이어졌다. 가장 놀랍고 멋진 일은 우리가 들른 작은 가게에서 구운 피조균이 나왔다는 것이다. 불 향이 나는 구운 피조균을 스핑식으로 고추 소스에 찍어 입에 넣자 이제껏 경험해보지 못한 맛을 느낄 수 있었다.

스핑은 뎬둥滇東 남쪽으로 슈산秀山 옆에 있는 이룽호異龍湖를 끼고 지은 고성이다. 근처 젠수이 고성보다 규모가 작아서 새로운 시대의 경제 발전 과정에서 그다지 주목을 받지는 못했지만, 공교롭게도 찬밥 신세였던 덕분에 이 작은 성은 조용히 보존될 수 있었다.

스핑의 역사는 유구하다. 스핑은 전한, 후한 시대부터 동진 시대까지 승휴현勝休縣에 속했고, 수나라 시대에는 곤주昆州, 당나라 시대에는 여주黎州에 속했다. 성의 규모는 작았지만 늘 국가 편제編制에 포함되어 있었다. 여러 시대를 거치며 지역의 건축 구조부터 민풍과 민속은 독특한 전통을 이어왔다. 오래전 친구들과 함께 스핑 젠수이에서 설을 쇤 적이 있다. 우리는 한밤중에 옛 거리를 걸으며 곧잘 감회에 젖었다. 여기가 바로 윈난의 교토구나! 길의 폭, 상점의 구조, 길바닥 무늬까지 어느 것 하나 교토의 골목과 비슷하지 않은 것이 없었다.

스핑 사람은 문화를 숭상한다. 작은 성이지만 서원이 약 열 곳이나 있어서 예로부터 '다섯 걸음 걷는 사이 진사를 셋 만나고, 맞은편에는 한림 둘이 산다'라는 말까지 전해져온다. 고증에 따르면 명청 시대 스핑에서는 거인舉人이 638명, 진사가 77명, 한림이 15명 나왔다고 한다. 그중에서도 특기할 만한 사실은 청나라 말기, 윈난에서 유일한 경제특과經濟特科* 장원인 원가곡袁嘉谷이 바로 스핑 출신이라는 점이다. 스핑의 부府 관아와 위핑 서원玉屏書院의 정교한 건축물은 오늘날까지도 건축가들이 잇달아 방문해서 겸허한 태도로 들여다보게 만든다. 스핑의 전통 마을 정잉鄭營의 사당과 저택을 둘러본다면 결코 이곳이 변경의 작은 성에 그친다는 생각은 들지 않을 것이다.

어린 시절 스핑에 대한 나의 모든 기억은 같은 원락에 살던 스핑 출신의 두 일가로부터 시작된다. 한 집은 딩丁 아저씨네, 다른 한 집은 리李 아저씨네였다. 딩 아저씨네는 스핑성 안에 살던 사람들로, 1970년대처럼 특수한 시기에도 스핑 사람들이 집 내부를 구성하는 방식을 쿤밍에서도 고스란히 유지했다. 집 안에 중당中堂**을 마련하고, 홍목으로 만든 중국식 의자를 법도에 맞춰 배치했으며 탁자 양쪽에 놓는 꽃병 역시 빠트리지 않았다. 딩 아저씨 일가의 생활상도 스핑에서처럼 흘러갔다. 스핑식 생선 지짐

* 청나라 말기 무술변법이 실패한 뒤 특설된 중외 시무에 정통한 사람을 뽑기 위한 과거 과목.

** 본채의 중심이 되는 방 한가운데 족자나 그림을 걸 수 있게 한 공간.

은 만들고 난 이튿날에야 먹었고, 절임 채소에 들어가는 조미료도 쿤밍의 평범한 사람들과는 달리 회향 씨앗 가루를 썼다.

리 아저씨네에는 나보다 두어 살 많은 넷째 아들이 있었다. 그의 말에 따르면 리 아저씨는 젊은 시절 회사에서 구매 업무를 맡았는데 거액의 공금을 잃어버리고 말았고 그 뒤로 몇 년이나 월급 일부로는 손실을 갚으면서 남은 돈으로 가족을 부양했다고 한다. 우리는 나이가 비슷했기에 매일 한데 어울려 놀았다. 그때는 다들 가정 형편이 고만고만했는데도 리 아저씨네는 끼니때마다 늘 같은 음식만 먹는 것을 보고 형편이 몹시 어렵나 보다 생각했다. 생활비를 절약하기 위해서였는지 넷째 아들과 그의 여동생은 쿤밍에서 지냈지만 그들의 어머니는 평소에는 스핑에 있고 가끔 쿤밍에 와서 한동안 지내고 돌아간다고 했다. 리씨 집안 아주머니는 선천성 심장병을 앓았는데 병원에 가는 것이 비쌌기 때문에 주말이면 두 남매와 『신화자전新華字典』 크기의 약초 그림 사전을 들고 인근 산에 올라 사전의 그림을 보며 병을 치료할 수 있다는 약초를 캤다. 그들이 집에 돌아와 약초를 씻을 때쯤 나는 즐거운 마음으로 약초들을 모사하러 갔다. 지금 생각해보면 훗날 내가 세밀화를 좋아하게 된 것도 여기서 비롯됐는지 모른다. 그렇게 스핑 사람들과 함께 소년 시절을 보냈다.

대학 시절 나는 똑딱이 카메라 살 돈을 버느라 친구와 함께 스핑 군부대 식당의 인테리어용 구이린桂林 산수화를 잔뜩 그렸다. 우리가 가장 즐거워했던 일은 매일 작업을 마치고 석판이 깔린 스핑의 골목을 걸어다니다가 작고 아늑한 식당을 찾아 저녁밥을 먹는 것이었다. 아침밥으로는 스핑의 노인이 특별한 방식으로 구운 두부 하나를 먹고 옥수수술 두 잔을 마셨다. 스핑은 일상에서도 도원향의 정취가 물씬 풍기는 곳이었다.

1970년대 초, 아버지가 재직하던 철도국에서 아버지에게 팀 하나를 이끌고 훙허주에 가서 젠수, 스핑, 바오슈寶秀 등 기차역들을 재건하라고 지시했다. 이 기차역들은 젠수이, 스핑 일대를 지나는 뎬웨 철도의 지선인 거비스個碧石 철도에 있었다. 나도 한동안 아버지를 따라 쿤밍과 훙허 두 지역을 오가며 생활했다.

내 큰아버지는 윈난성 주석이었던 루한盧漢 아래에서 일했다. 1950년 쿤밍화평기의昆明和平起義* 후에 큰아버지가 몸담고 있던 부대는 개편을 거쳤고, 그는 한국으로 가서 저격능선 전투(한국전쟁 때 김화 저격능선을 놓고 한국군과 벌인 고지전)에 참여했다. 그래서 아버지는 맏이가 아니었음에도 어릴 때부터 생계를 책임지며 할머니를 부양하느라 공부 같은 건 할 수 없었다. 아버지는 오로지 자기 노력만으로 교양을 습득해야 했다. 특히 작업 팀의 말단 관리자로 발령난 뒤에는 건설 현장을 지휘해야 했을 뿐만 아니라 밤에는 정치 학습 모임도 이끌어야 했다. 중학생이었을 때 아버지의 작업 일지를 본 적이 있는데, 만년필로 쓴 힘차고 비스듬한 글씨체는 당시 내 글씨체보다 더 훌륭해서 속으로 조금 놀라기도 했다. 그 당시 철도 기관은 군대의 편제를 모방해 아버지의 부하 직원 중 나이가 많은 분들은 아버지를 '반장님'이라 불렀고, 젊은이들은 '중대장님'이라 불렀다. 몇 년 전 아버지와 함께 오랜만에 훙허주 카이위안開遠에 갔을 때도 옛 동료분들은 여전히 아버지를 '반장님' '중대장님'이라 불렀다. 지나가버린

* 1949년 12월 9일 루한이 국민당 진영에서 이탈해 공산당에 투항한 사건.

아름다운 시절이 불시에 다시 떠올랐다. 나는 아버지의 얼굴에서 흘러넘치는 미소를 보았다.

홍허주의 기차역들을 재건하던 시절 아버지는 30대라 젊고 힘이 넘쳤다. 아버지는 스스로 교양 수준에 한계가 있음을 인지해 지성과 감성을 모두 발휘함으로써 하방 운동(중국에서 당원이나 공무원의 관료화를 방지하기 위하여 이들을 일정한 기간 농촌이나 공장에 보내서 노동에 종사하게 한 운동)으로 보내진 기술자들을 단결시켰고, 기차역을 번듯하게 재건해 그 시대 복원 공사의 모범이 되었다. 아버지를 따라 공사장에 갈 때마다 아버지가 과감하게 작업을 지휘하는 모습이 무척 멋져 보였다. 마음속에서부터 소년이라면 응당 아버지에게 품기 마련인 숭배의 감정이 차올랐다. 아버지는 가족을 보러 쿤밍에 돌아올 때 토목 기술자였던 궈郭 아저씨와 동행하곤 했다. 궈 아저씨는 베이징 토박이 말투를 썼고 매번 우리 가족사진을 찍어준 데다가 내게 사진기를 다루는 법도 가르쳐줬다. 내가 훗날 촬영에 관심을 두게 된 것도 그때 뿌려진 씨앗이 자라면서였을 것이다. 그 시절 하방 운동으로 보내진 지식인들은 곧잘 일터에서 미움을 받곤 했는데 아버지의 작업 팀에서는 그런 문제가 생기지 않았다. 아버지는 배움을 갖춘 사람들을 항상 존중했다.

기차역 재건 작업이 끝난 뒤 쿤밍으로 돌아온 아버지는 여전히 성실과 근면성으로 일했지만, 현장에서와 달리 틀에 박힌 업무를 맡은 모양인지 홍허주에서 일할 때처럼 열정적이진 않았다. 게다가 젊은 시절부터 고된 일을 해서 아픈 곳이 많았고 병이 자주 도지는 바람에 쉰이 넘자마자 은퇴했다. 시간이 흘러 나는 대학에 진학했고 집에 오는 시간이 줄며 아버지와 만나는 시간도 점점 줄어들었다.

　대학을 졸업하던 그해, 나라에서 일자리를 배정해주었다. 하지만 나는 졸업하기 전부터 아버지 눈에는 비현실적이기만 한 계획들을 세워뒀고, 배정된 일자리에서 잘해보겠다는 마음이 들지 않았다. 그때 나는 일자리가 어디로 배정되든 전혀 상관없었다. 일을 시작하고도 한 달은 신문 한 장과 차 한 잔으로 버텼지만 더는 못 견디겠다는 마음에 금세 그만둬버렸다. 하루는 한밤중이 돼서야 집에 들어갔다가 근심 가득한 얼굴로 나를 기다리던 아버지와 마주쳤다. 아버지는 내게 쓴소리를 했다. 나라에서 돈을 들여 대학생 하나를 길러냈더니 정작 나라가 준 기회를 박차고 알아서 살길을 찾겠다니, 아버지에게 내 사고방식은 도무지 이해할 수 없는 것이었다. 우리는 서로를 설득할 수 없었고 결국 포기하는 수밖에 없었다. 그날부터 아버지는 다시는 내 직업 문제를 거론하지 않았다. 한편으로는 성인이 된 자녀를 뜻대로 할 수 없었기 때문일 테지만, 다른 한편으로는 아버지로서 일말의 존엄을 유지하고 싶었던 것이리라.

　은퇴한 뒤 아버지는 한동안 춤에 빠졌다. 젊어서부터 춤을 추고 롤러스케이트 타는 것을 좋아했다고 하는데 아버지의 춤 선이 우아했던 탓일까. 아주머니 팬들이 집에 와서 소란을 피우는 일이 잦아졌고 어머니는 견디다 못해 우리 남매에게 울면서 하소연을 했다. 결국 내가 나서서 아버지의 사교댄스 생활을 끝낼 수밖에 없었다. 그 후로 아버지는 가끔 소수민족인 이족 사람들이 단체로 추는 도각跳脚춤에 참여하거나 원락의 이웃들과 카드놀이를 했다. 나머지 시간에는 집에서 밥을 짓는 데 전념했다. 아버지의 요리법은 이른바 '정해진 것은 없다'는 식이라 모든 부재료와 조미료를 내키는 대로 넣었기 때문에 가끔은 괴상한 요리가 상에 올라오기도 했다. 작은 질냄비에 끓이던 미셴 정도는 맛이 크게 달라지지 않았지만, 아버지가 버섯을 요리하는 날엔 온 가족이 마음을 놓을 수 없었다. 되는대로 창작한 요리를 먹고 온 가족이 버섯에 중독되어 난쟁이를 보는 게 아닐까 걱정됐던 것이다. 하지만 아버지는 쿤밍 토박이답게 매년 버섯 철을 한껏 즐겼고, 해마다 버섯을 우걱우걱 잡수셨다.

말년의 아버지는 가족과 함께하는 시간을 대단히 소중하게 여겼다. 매해 눈에 띄게 쇠약해졌지만 그럼에도 몇 번이나 나를 따라 여행에 나섰다. 나도 외지에서 일하는 시간이 길어질 때면 부모님을 모셔와 한동안 함께 지내려 했다. 2020년 팬데믹이 막 시작되었을 때 날마다 산책을 나갔던 아버지는 집에만 갇혀 지내느라 답답해서 견디기 힘들어하셨다. 나는 부모님을 치앙마이로 모시고 갔고 한 달 넘게 그곳에서 지냈다. 그러나 하필 쿤밍으로 돌아오던 날부터 집중 격리 정책이 시행됐고 그해 84세였던 아버지는 공항에서 10여 시간을 버틴 후에야 격리용 호텔에 도착할 수 있었다. 그날 자정 우리를 실은 대형 버스가 익숙하면서도 낯선 큰길을 달리는데 길을 지나칠 때마다 아버지는 여기가 어디인지 다 알아보셨다. 게다가 도시가 개발되기 전의 옛 지명까지 선명하게 기억하고 있었다. 마침내 우리가 허핑촌和平村의 격리용 호텔에 발을 막 디뎠을 때 아버지는 이곳을 '황자좡黃家莊'이라고 했다. 황자좡은 옛날 허핑촌과 가까운 작은 동네였는데, 그 이름을 쓰지 않은 지 벌써 수십 년도 더 넘은 때였다. 아버지의 지리적 잠재의식이 꿈틀거리는 게 분명했다. 그게 아니고서야 어떻게 수십 년 만에 찾은 곳에서 길과 건물에만 의지해 여기가 어디라고 판별할 수

스핑 기차역, 2021년, 윈난성 스핑, 류훙보劉紅波 촬영

있겠는가. 격리하는 2주 동안 나는 매일 부모님과 아침저녁으로 함께할 수 있었다. 아내와 매일 부모님의 아침을 준비했고, 점심과 저녁마다 호텔의 협소한 방 안에 모여 담소를 나눴다. 여러 제약이 있긴 해도 가족이 함께하자 아버지는 기뻐했다. 때때로 건망증이 찾아왔고 "퇴원하면 반드시 흙이 있는 곳을 걸어다녀야겠어"라고 말하기는 했지만 말이다. 아버지는 사실 우리가 병원에서 지내는지 호텔에서 지내는지도 분간하지 못했다.

격리가 끝나고 집으로 돌아오자 아버지는 습관대로 매일 산책을 나섰다. 하루는 아래층 노인들이 장기 두는 걸 구경하다가 사고로 다리를 접질렀는데, 그날부터 아버지의 건강이 날로 악화됐다. 그 뒤로 1년간 아버지는 골다공증 합병증을 앓았고 삶이 저물어가고 있음을 예감하기라도 한 듯 때때로 의기소침해지곤 하셨다. 어머니는 아버지의 한평생에서 가장 좋았던 시절을 꺼내 들려주셨고 우리 남매도 아버지의 건강이 허락하는 한 아버지에게 가장 익숙한 쿤밍의 명승지를 돌아다니거나 소수민족의 도각춤을 보러 다녔다.

아버지가 떠나던 그날 가족 모두 임종을 함께할 수 있었으니 아버지의 삶은 원만하게 끝맺어졌다고 할 수 있을 것이다. 나는 줄곧 아버지를 기념하는 글을 쓰고 싶었지만, 그때마다 어떻게 시작해야 할지 알지 못했다. 우리 가정은 중국의 평범한 가정 중 하나였고, 아버지도 평범한 아버지였다. 펜을 들 적마다 아버지가 돋보였던 사건을 떠올려보려 했지만 좀처럼 쉽지 않았다. 그 시대에 아버지가 할 수 있었던 일들을 이전 시대 사람들이 했던 일과 비교할 수 없었을 뿐만 아니라 하물며 아버지는 직업인으로서의 생애를 이르게 마무리하지 않았던가. 아버지는 그저 자신의 형제자매에게 가장 친하고 존경할 만한 둘째 형이자 오빠였고, 손녀들에게는 그들을 자전거에 태우고 번개처럼 달려가는 나이 많은 할아버지였으며, 우리 형제들에게는 늘 큰소리 없이 뒤에서 묵묵히 지켜봐주던 아버지였다.

아버지는 우리에게 거창한 이치를 떠드는 대신 한평생 말과 행동으로써 모든 모범을 보였다. 우리가 어릴 때부터 적극적이고 진취적으로 살아가도록, 남을 기꺼이 돕도록, 밝은 곳에 나아가도록, 스스로 행복한 삶을 살아가도록 가르쳤다. 겉으로 드러나는 좋고 나쁨이나 얻고 잃는 일로 일희일비하지 않을 것, 이는 아버지가 말로 표현하지는 않았지만 평생 스스로 실천한 이치였다. 그리고 그것이 바로 우리가 아버지로부터 얻은 가장 큰 정신적 자산이었다. 아버지는 한 번도 우리에게 무언가를 요구하지 않았다. 좋은 성적이든 거창한 재물이든 말이다.

아버지는 유머러스하고 낙관적인 사람이기도 했다. 넘지 못할 큰 골은 없다고 여겼고, 자녀나 손주와 농담하기를 즐겼다. 아버지를 생각하면 병상에 누워 있을지라도 정신이 맑을 때마다 불시에 농담을 던지던 모습이 가장 먼저 떠오른다. 나와 아버지의 마지막 작별 인사도 그가 호흡을 멈추기 30분 전, 안색이 좋지 않던 아버지의 긴장을 풀어주기 위해 주고받은 농담 한마디였다. 이 농담을 끝으로 아버지와 영영 이별할 줄은 상상도 못했지만 말이다.

아버지와 함께했던 순간이 하나하나 떠오른다. 한번은 아버지가 은퇴하기 전 상하이와 광저우로 출장을 간 적이 있다. 아버지는 돌아오는 길에 상하이의 명소 와이탄外灘이 새겨진 보스턴백과 광둥 사람이 만든 나막신 한 켤레를 사오셨다. 나무토막을 신발 형태로 조각한 뒤 검정 타이어 같은 고무를 양쪽에 박으면 광둥의 구식 나막신이 된다. 그 나막신은 무척 컸고, 나는 이 커다란 나막신을 신고 자랐다. 내가 목욕을 마치고 뜰로 나오면 이웃 사람들은 한마디씩 했다. "딱딱이 신발 나왔네!" 나막신은 바닥에 닿을 때마다 소리가 몹시 요란했다. 이 나막신이 내가 기억하는 한 아버지에게 받은 첫 번째 선물이다. 그 후로도 여러 선물을 받았지만 솔직히 기억나는 건 많지 않다. 나막신만이 오래도록 기억에 남아 있다.

나는 저 멀리 나갈 수 있을 때마다 부모님과 함께하려 했다. 같이 차를 몰고 가오리궁산高黎貢山을 넘기도 했고, 비행기를 타고 외국으로 나가기도 했다. 조금의 아쉬움도 남기지 않기 위해서였다. 그런데도 아버지가 떠난 뒤 아쉬움이 남는 일들이 하나둘 떠올랐다. 특히 한밤중 사위가 고요해지면 생전에 중병이 든 아버지가 옷을 갈아입는 걸 도왔을 때 빼고는 아버지를 한 번도 제대로 안아드린 적이 없다는 게 마음을 아프게 했다. 그리고 아버지가 글씨를 제대로 쓸 수 있을 때 기념 삼아 몇 자 적어달라고 하지 않았던 것도 못내 마음에 걸렸다. 아쉬운 일이 아직 잔뜩 남아 있다는 것 자체로 마음은 쓸쓸해졌다.

아버지가 세상을 떠난 뒤 나는 업무상 1년 동안 스펑과 젠수이를 오가야 했다. 그곳에 갈 때마다 아버지가 왕년에 재건했던 작은 기차역들을 보러 갔다. 기차역은 이미 옛 모습을 찾아볼 수 없었다. 옆에 새 건물이 들어서기도 했고, 온통 새 타일을 붙여놓기도 했지만 이 소박한 건축에서 여전히 일종의 친근감이 우러나왔다. 마치 예전에 살던 집으로 돌아온 듯한 느낌이었다. 어쩌면 아버지가 재건한 옛 기차역에 당시의 영혼이 남아 있기 때문이 아닐까.

아버지가 우리를 떠난 지도 곧 1년이 된다. 이 1년 동안 나는 한결같이 아버지와 이별하는 법을 배우고 있다. 이런 이별은 우리 모두가 마주하고 배워야만 하는 이별일 것이다.

이따금 간파균을 사러 가놓고 피조균을 사서 돌아온 아버지가 떠오른다. 뜨거운 김이 모락모락 나도록 버섯을 볶고 모두가 둘러앉은 백열등 아래 식탁에 내놓았을 때 아버지가 변명하던 모습이 그립다. "사실 평범하기 짝이 없는 피조균에서 간파균보다 더 기막힌 맛이 난다니까." 어쩌면 이 상면이야말로 우리가 아버지를 추억하며 작별하는 가장 적당한 기억일 것이다. 아버지는 우리가 둘러앉아 저녁을 먹고 있을 때 조용히 우리 곁을 떠나셨다.

담홍지호균(싸리버섯)

Ramaria hemirubella, 淡紅枝瑚菌

싸리버섯

윈난은 매해 9월쯤 비도 내릴 만큼 내렸고, 해도 들 만큼 들었다는 듯 기후가 점점 온난습윤해진다. 그럼 싸리버섯이 땅을 뚫고 나와 소나무 밑 축축한 석판과 낙엽 위에서 자라기 시작한다. 생기발랄한 빨간색, 노란색, 흰색, 보라색이 주렁주렁 맺힌 모양이 참 예쁘다. 윈난 사람의 마음속에는 절대 변치 않는 야생 버섯 계급도가 있다. 싸리버섯처럼 아무렇게나 자란 버섯은 계급도 맨 밑에 그려진다. 같은 이유에서 이름도 촌스럽기 그지없는 싸리버섯이라고 붙였다. 이 야생 버섯은 산호처럼 아름답지만 싸리버섯이라는 이름 덕에 민간에서는 더 친근하게 느껴진다. 시장에서도 싸리버섯을 파는 버섯꾼의 분위기는 간파균을 파는 버섯꾼만큼 좋아 보이진 않는다. 간파균을 파는 이들의 목소리가 늘 더 큰 편이다. 싸리버섯을 파는 좌판 앞에서는 오히려 구매자의 목소리가 훨씬 더 크다. 간파균 한 근을 살 돈만으로도 휙 뒤돌아서 좌판에 펼쳐둔 싸리버섯을 모조리 사갈 수 있기 때문이다.

싸리버섯은 윈난의 큰 산에서 쉽게 찾을 수 있다. 싸리버섯의 자실체는 산호 또는 빗자루 모양인데, 윈난의 산사람은 산호를 볼 기회가 많지 않았을 테니 빗자루를 닮았다고 표현하는 편이 더 알맞다고 느꼈을 것이다. 싸리버섯은 색채가 풍부하고 아름다워서 옛날에는 '야생 버섯의 꽃'이라고 불렸다. 나도 송이 캐는 산사람을 따라 산에 올랐을 때 이따금 햇볕 아래 튀어나온 싸리버섯을 발견하곤 했다. 송이는 정작 몇 개 캐지도 못했는데 싸리버섯은 금세 광주리 하나를 가득 채웠다. 싸리버섯은 윈난의 활엽림과 침활 혼효림의 토지에서 자란다. 보통 5~15센티미터까지 자라며 대체로 굵은 몇 개의 원가지에서 산호처럼 생긴 곁가지가 자라난다. 싸리버섯은 다양한 색을 띠는데 가장 자주 보이는 색은 미색, 분홍색, 노란색, 보라색이다. 『전남본초』에는 일찍이 이런 기록이 남아 있다. "추균帚菌, 속명은 소추균笤帚菌이라고 한다. 맛이 달고 성질이 평범하며 독이 없다." 나의 버섯 채집 경험을 통틀어보면 싸리버섯은 거의 매번 볼 수 있었던 듯하다. 버섯 채집 철이면 햇빛이 숲을 찬란하게 비추는데, 알록달록한 싸리버섯이 늘 가장 먼저 눈에 들어오기 때문이다. 그래서 다른 버섯을 채집하러 가도 손 가는 대로 싸리버섯을 채집하다보면 광주리 하나를 금방 채우곤 한다.

싸리버섯을 조리하는 방식은 다양하다. 기름에 볶기, 물과 전분을 넣어서 볶기, 센불에 빠르게 볶기, 기름에 튀기기 등이 있다. 그 외에도 삶기, 약불로 천천히 익히기, 찌기, 속을 채워서 익히기, 뭉근하게 끓이기 등이

174

있다. 싸리버섯을 솥에 넣기 전에 특별히 주의할 점은 싸리버섯을 물에 담가 불리고 진흙과 모래를 여러 번 깨끗이 씻어낸 뒤 한 번 더 깨끗한 물에 20분 정도 담가뒀다 써야 한다는 점이다. 윈난 가정에서의 통상적인 싸리버섯 조리법은 다른 야생 버섯 조리법과 다를 게 하나 없다. 기본적으로 모두 저우피고추와 편마늘을 부재료로 넣고, 센불에 바싹 볶거나 전분 푼 물에 볶는 것인데, 가정집 밥상에 올라가는 평범한 반찬일 뿐이다. 하지만 신세대 요리사가 타이식 조리법을 접목해서 만든 싸리버섯 샐러드에는 특별한 매력이 있다. 싸리버섯을 물에 데친 다음 물기를 제거하고, 서양 요리에서 자주 쓰는 피클과 훈연 베이컨을 준비한다. 싸리버섯과 피클과 베이컨 모두 세로로 굵게 썬다. 여기에 고수, 민트 잎, 다진 소미랄, 소금과 후춧가루를 넣고 잘 섞는다. 마지막으로 레몬즙을 뿌리고 접시에 담아내면 바로 먹을 수 있다.

전복닭발조림에 데친 싸리버섯을 넣는 게 최근 광둥 요리사가 개발한 요리라고들 하지만 사실 전복닭발조림에 두껍게 썬 싸리버섯을 넣었을 뿐이다. 먼저 발톱을 제거한 닭발을 토막 내고 데쳐서 잡내를 제거한 후 깨끗이 씻는다. 싸리버섯은 두툼하게 썬다. 대파의 흰 부분, 마늘, 생강즙, 육수, 닭기름을 준비한다. 주재료와 부재료를 모조리 냄비에 넣고 끓기 시작하면 약불에서 천천히 익힌다. 육즙이 20퍼센트로 졸아들었을 때 미리 만들어서 데워둔 전복 소스를 끼얹으면 완성이다.

개인적으로는 윈난 가정의 간단하면서도 전통적인 조리 방식이 좀 더 좋다. 식자재의 소박한 본연의 맛도 살아 있고, 집밥의 풍미도 느낄 수 있다. 입추 무렵에는 와규를 넣는 훠궈 또는 일식 샤부샤부에 잘게 찢은 싸리버섯을 넣어서 먹는 것도 내가 요즘 좋아하는 방식이다.

나이 든 윈난 사람은 싸리버섯을 '소추䈬帚'라고도 부른다. 표준어 사용을 적극적으로 권장하다보니 요즘 이런 말은 점점 사용되지 않는 듯하다. 옛 윈난 사람은 다소 까다로워서 싸리비는 더훙주 량허梁河 일대의 아창족阿昌族이 만든 면소추棉䈬帚쯤 되어야 쳐주었다. 면소추는 아창족 장인이 종려 한 묶음을 대나무 손잡이에 끈으로 틀어쥐고, 동여매고, 둘둘 만 뒤 꽉꽉 밟아 만든 것으로 윈난 사람이 가장 즐겨 쓰는 청소 도구였다. 크기를 작게 만들어서 더 정교한 면소추는 침상을 청소하는 용도로 썼다. 소추는 그 시절 집마다 없어선 안 될 살림살이였다. 나는 량허 지방 이야기만 나오면 내 친구 중 삶과 일 할 것 없이 온통 버섯에 중독된 허윈창阿雲昌이 떠오른다. 그는 중국의 주목할 만한 행위예술가로, 어려서는 윈난예술학원에서 유화를 배웠지만 훗날 행위예술로 이름을 떨쳤다. 그가 유명해지고 난 뒤에 사용한 예명이 바로 '아창阿昌'이다. 량허에서는 사람들이 친근함을 드러내기 위해 이름의 맨 마지막 자 앞에 아阿 자를 넣어 부른다. 아마 허윈창도 자기가 어린 시절부터 자란 곳, '아창족'이 모여 사는 고향 량허를 기념하기 위해 이런 예명을 지은 게 아닐까. 아무튼 윈난 사람은 버섯에 심각하게 중독된 사람이 아니고서는 그렇게 훌륭한 예술작품을 만들지 못하리라고 여긴다.

아창은 외모가 빼어나진 않다. 마치 사탕수수밭을 가로질러 온 것처럼 새카맣고 비쩍 마른 대머리 사내로 덩치도 작다. 그러나 몸에 힘이 있고, 크지 않은 눈에는 늘 총기가 서려 있다. 함께 어울려보면 그가 매우 소박하고 솔직하다는 걸 알 수 있다. 대학 시절이 끝나갈 무렵 아창은 당대 예술 사조의 영향을 받아 실험적인 회화작품을 창작하기 시작했다. 1992년 우리는 함께 윈난의 예술가로서 '중국 광저우 제1회 90년대 예술 비엔날레'에 참가했다. 그때 그는 추상화를 제출했던 것으로 기억한다. 그는 나중에 전국미술작품전에 두 번 참가했고, 1998년 제8회 전국미술작품전에서 유화 부문 동상을 받았다. 이렇게 뛰어난 수상 경력이 있다면 대체로 순탄한 삶을 살아가지만 그는 돌연 의연하게 공직을 관두고 직업 예술가로 전향했다.

아창이 행위예술을 한다는 소식은 진작부터 알고 있었지만 그의 작품을 본 것은 1999년 말이었다. 그해 아창은 「물과의 대화與水對話」라는 작품을 선보였다. 고향의 강 위에 크레인으로 매달려서 칼로 물을 베며 물과 대화하는 작품이었다. 사진으로만 보았음에도 나는 깊이 감동했다. 아창의 행위예술은 그의 평면 회화작품보다 훨씬 더 진한 여운을 남겼다. 하루는 예술가 팡리쥔方力鈞과 함께 쿤밍의 한 학교 운동장에서 아창의 신작 「씨름: 1 대 100摔跤:1和100」을 봤다. 작품 내용은 새카맣고 깡마른 아창이 운동장에서 노동자 100명과 씨름 대회를 하는 것이었다. 처음 10여 명의 노동자를 상대할 때 아창은 줄곧 내동댕이쳐지기만 했다. 그러나 마지막 남은 10명 남짓과 겨룰 때는 아창이 그들을 한 손으로 쓰러트렸다. 나중에 아창은 한국에서 「수건돌리기擊鼓傳花」라는 작품도 선보였는데 100명의 사람과 연속으로 술을 마셔대는 내용이었다. 그가 마지막에 어떤 꼴이 되었을지, 상상할 엄두도 나지 않는다.

2003년 아창은 그의 주요 작품 「포주지신抱柱之信」을 창작했다. 자기 왼손을 주조 중인 시멘트 벽에 넣어 24시간 동안 붙들려 있는 것으로 예술과 자유를 맞바꾼 것이었다. 24시간 동안 시멘트가 응고되어가는 물리적 과정과 예술가의 생리적인 고통 그리고 심리적 변화가 남김없이 드러나는 연출이었다. '미생尾生은 여인과 다리 밑에서 만나기로 약조했다. 여인이 오지 않고 물이 차자 미생은 기둥 다리를 안은 채 죽었다.' 『장자』 「도척盜跖」에는 청년 미생이 조수가 가슴께에 치밀어오를 때까지 사랑하는 여인이 오기를 기다렸다는, 죽음으로써 부활하는 처연하고도 아름다운 사랑 이야기가 실려 있다. 아창은 그의 행위예술을 통해『장자』속 감동적인 사랑 이야기에 경의를 표했다. 이 작품으로 아창은 현대 예술계에서 큰 명성을 얻는다.

아창이 자기 몸을 이용해 극한에 도전하며 행위예술을 실현할 때 사람들은 경탄했고 그는 극한의 정도를 한 단계 또 한 단계 높여갔다. 2003년 그는 「시력 검사視力檢測」라는 작품에서 100분 동안 눈을 피하지 않고 1만 와트 전구를 응시했다. 퍼포먼스가 끝날 무렵 두 눈은 실명하다시피 했고 시간이 지나 조금 회복됐지만 부분적인 손상은 돌이킬 수 없었다. 곧이어 다음 작품에서 그는 자기를 시멘트를 부은 틀 안에 24시간 동안 가두었다. 또한 나이아가라폭포가 떨어지는 돌 위에 24시간 머무르는 작품도 준비했지만 현지 경찰에게 발견되는 바람에 퍼포먼스가 강제로 중단되었고 그는 헬리콥터로 이송되었다.

2008년 8월 8일 아창은 병원에서 각종 검사를 통해 정신병에 걸리지 않았다는 것을 증명한 뒤 자기 왼쪽 여덟 번째 갈비뼈를 떼어낸다. 그는 이 갈비뼈와 황금을 사용해 '야광夜光'이라는 목걸이를 만들어 그의 사랑하는 사람, 즉 어머니, 여자친구, 선생님 등 다섯 여인에게 선물한다. 이 작품에서 아창은 행위예술가로서 신체 고통에 대한 이해와 예술 창작의 경지를 극한까지 한층 더 밀어붙인다.

물론 아창에게는 원난 사람의 낭만적인 면도 있다. 그가 영국에서 만든 「돌멩이 영국 여행기」는 시적인 색채가 대단히 풍부한 작품이다. 아창은 2005년 뉴욕에서 체류하는 동안 매일 지하철과 거리를 바쁘게 오가는 인파를 보았다. 사람들은 뚜렷한 목적을 갖고 사방으로 흩어지고, 늘 최고의 효율로 움직이기를 원하고, 가장 빠른 속도로 목적을 달성한다. 그는 이와 정반대로 향하는 작품을 창작하겠다고 계획한다. 2007년 아창은 영국에서 이 작품을 완성했다. 그는 엄청난 양의 자료를 조사하고 주도면밀한 계획을 세워 영국 동해안의 작은 마을 볼머에서 큰 돌 하나를 주워 어깨에 짊어지고 걷기 시작한다. 그렇게 120일 동안 해안선을 따라 약 3500킬로미터의 여정을 거쳐 출발지로 돌아와서 그 돌을 살포시 내려놓았다.

아창은 고전문학의 근원을 흡수하고, 짙은 철학적 의미가 담긴 작품을 만들고 싶어한다. 그리고 관중을 그가 지은 사상의 공간으로 초대하고 그 안에서 그들과 대화하길 바란다. 아창은 자신의 행위예술은 작품 전체를 헤아릴 수 있는 소양과 비평에 의해 만들어진 포괄적이면서도 체계적인 척도가 필요하다고 생각한다. 작품은 질감이 느껴져야 하고, 현장을 기준으로 삼아야 한다. 그리고 그 작품 속에 자신의 인지, 갈망, 느낌, 열정, 지혜를 모조리 녹이는 것이다.

최근에는 원난에서 지낼 때가 많아 아창의 창작을 눈여겨보는 중이다. 그의 새로운 작품도 인터넷을 통해 하나하나 알아가고 있다. 작년 여름 나는 베이징 차오창디草場地 예술구에 있는 아창의 작업실에 방문했다. 그는 친근한 태도로 윈난의 산수와 옛사람들을 마치 어제 일을 떠올리듯 생생하게 이야기했다. 아창은 여전히 내가 알던 그 아창이고, 사투리 섞인 량허 억양도 토박이 말투 그대로였다. 그동안 아창은 예술 창작에 있어서 절대로 자기복제를 하지 않겠다는 태도를 견지했다. 그에게 중요한 건 작품을 만드는 과정과 그 의의이지 결과가 아니다. 그의 작품 대부분은 자기 일상생활 및 신체와 관련된 것이었고, 그는 사회 자원을 낭비하지 않는다. 때로 아창은 그의 몸을 예술의 매개체로 삼으며 상해를 냄으로써 작품 표현을 위한 도구로 쓰기도 한다. 그는 언제나 본인의 능력이 닿는 한 가장 극한으로 치달으며 풍부한 종교적 색채와 시의를 가장 순수하게 연출한다.

오늘날 아창이 중국 현대 예술계에서 가장 영향력 있는 행위예술가라는 데는 의심의 여지가 없다. 물론 신체를 기반으로 하는 그의 이런 예술을 이해하기 어려워하는 사람도 여전히 많다. 반면 윈난 사람은 다르다. 그들은 도저히 이해할 수 없다면 '이 예술가가 버섯을 먹은 모양이야'라고 한마디하고는 대수롭지 않다는 듯 할 일을 하러 간다. 사실 아창의 이런 생활과 창작 태도는 버섯에 중독된 상태와 닮은 데가 있다!

아창이 행위예술에 종사한 지도 눈 깜짝할 새 30년이 다 되어가지만 그는 젊을 때와 마찬가지로 여전히 격정적이다. 작품마다 자기 몸에 상해를 입히고 한 단계 더 극한으로 나아간다. 그래서 그와 이별할 때마다 그의 약간 구부정한 몸과 점점 헐거워지는 치아를 보며 나는 서글퍼지고 만다.

아창은 묵묵히 행위예술의 신념을 실현했다. 홍일법사弘一法師*가 쓴 글이 떠오른다. 비애와 환희가 교차한다.

* 본명은 리수퉁李叔同으로 유명한 서예가, 음악가, 미술교육가이며 홍일은 그의 법명이다.

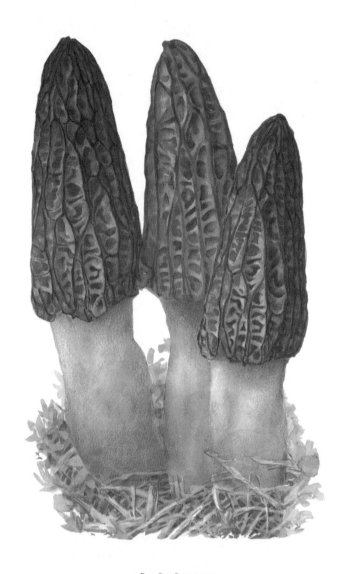

삼지양두균

Morchella eohespera, 三地羊肚菌

곰보버섯

곰보버섯의 명성은 고급 식당에 자주 드나드는 식객들에게는 비교적 익숙할 것이다. 윈난의 요리사들도 곰보버섯을 즐겨 쓴다. 윈난의 버섯꾼들이 말물 곰보버섯을 캐는 시기는 대부분 봄인 3월에서 5월 사이였다. 이때는 버섯 철이 아니어서 버섯 상인도 버섯을 사들이러 오지 않기 때문에 캔 곰보버섯은 햇볕에 말렸다가 어느 정도 모이면 한꺼번에 내다 팔았다. 요리사들은 말린 곰보버섯이 매우 좋은 식자재라고 말한다. 보존과 운송이 편리할 뿐만 아니라 물에 불려도 신선한 풍미가 충분히 유지되므로 1년 사계절 내내 본연의 맛을 느낄 수 있다. 지역마다 요리사들이 자기가 개발한 요리에 곰보버섯을 넣으려들었고 덕분에 말린 곰보버섯은 비싸고 고급스러운 버섯으로 취급된다. 윈난 요리에 익숙하지 않은 친구라도 곰보버섯은 안다. 서양에서는 미슐랭 레스토랑의 유명 요리사들도 곰보버섯을 사용해 상상력을 십분 발휘한 요리를 만들어낸다. 정작 윈난에서는 신선한 곰보버섯을 사다가 집밥을 해 먹는 현지인이 드물고 보통 선물용으로 사서 외지의 친구에게 보낸다.

곰보버섯은 색깔에 따라 세 계통으로 나뉜다. 검은 곰보버섯, 노란 곰보버섯, 붉은 점박이 곰보버섯이다. 곰보버섯은 원뿔형이나 방추형에 가깝다. 갓 부분은 올록볼록한 벌집 같은데 이 모습이 양의 내장을 닮았다고 해서 양두균羊肚菌이라는 이름이 붙여졌다. 길이는 보통 3~9센티미터이며 갓과 대가 이어진 모양에 대는 흰색을 띤다. 곰보버섯은 구릉 지대나 도랑 주변의 침엽림, 침활 혼효림 그리고 통풍이 잘되는 사양토 부식층이나 육계색토, 갈색토에서 자란다. 충분한 산소 공급은 곰보버섯의 생장 발육에 필수 조건이다. 그래서 곰보버섯은 예전에 산사람들이 화전을 일궜던 임지에서 비교적 쉽게 큰 규모로 생장하고 평지나 고해발 산지에서도 잘 자란다. 곰보버섯이 가장 많이 나는 계절은 매년 이른 봄과 늦가을이다. 곰보버섯은 전 세계에 분포하고 있으며, 그중에서도 프랑스, 독일, 미국, 인도에 집중되어 있다. 윈난의 샹거리라와 리장 지역은 곰보버섯의 중요 산지 중 하나다.

곰보버섯은 보존과 식용의 편리함 덕분에 오늘날 중국과 서양의 요리사 모두 추앙하고 추천하는 식자재 중 하나가 됐다. 미국의 어느 미식가는 곰보버섯을 '육지의 생선'이라고 불렀다고 한다. 사실 나는 내가 현지 사람이어서인지는 몰라도 쿤밍의 곰보버섯 요리가 그렇게 빼어나진 않고 외지 식객을 속이는 것만 같아서 영 멋쩍은 기분이다. 오히려 윈난에서 멀리 떨어진 베이징과 광저우에서 곰보버섯 요리를 먹었을 때야말로 늘 눈에 차지 않던 곰보버섯을 비로소 다시 봤다.

베이징의 다둥大董 레스토랑에서는 요리사가 3월이 되자마자 시장에 나온 윈난 샹거리라의 곰보버섯을 골라 쓰는데, 식감이 부드러우면서도 쫄깃하고 아삭하다. 곰보버섯의 풍미를 최대한 유지하기 위해 버터만 두르고 간단히 구우면 버섯의 풍부한 즙을 그대로 느낄 수 있다. 여기에 바다 소금과 후추를 갈아서 뿌리고 이탈리아식 비네그레트 드레싱을 끼얹은 채소 샐러드를 곁들이면 곰보버섯의 신선한 맛을 완전히 돋보이게 할 수 있다.

광저우에서 먹은 곰보버섯 사태찜도 내게 깊은 인상을 남겼다. 광둥 요리사는 늘 식자재에 매우 까다롭다. 그들은 곰보버섯에 47종의 향미가 있다며 곰보버섯을 주재료로 한 보양식을 만들고 부재료로 소 다리 안쪽의 가느다란 사태를 쓴다. 재료들을 한데 찌면 부드러운 사태가 곰보버섯의 47가지 향미를 흠뻑 머금는다. 곰보버섯과 사태의 조화는 잊지 못할 맛을 선사한다.

사실 나는 윈난의 전통적인 곰보버섯 조리법이 곰보버섯을 넣어서 끓인 계탕을 제외하면 딱히 다른 조리법과 다를 게 없다고 생각했다. 내가 곰보버섯에 주목하기 시작한 것도 윈난이 아닌 다른 지방의 요리사가 내놓은 곰보버섯 요리를 맛보고 난 뒤부터였으니 말이다. 민간에는 '매해 곰보버섯을 먹으면 여든이 돼도 온 산을 누빈다'라는 말이 전해진다. 자료를 찾아보고 알게 되었지만 곰보버섯에는 게르마늄이 많이 함유되어 있어서 감기 예방, 면역력 증가에 효과적이라고 한다. 보아하니 사람들은 이유 없이 곰보버섯을 추종하는 게 아니었다.

최근 몇 년간 시장에서 곰보버섯 수요가 나날이 커지고 있다. 기술도 곰보버섯 인공 재배에 성공할 만큼 발전했다. 하지만 향미든 식감이든, 인공 재배한 곰보버섯은 야생 재배한 곰보버섯에 훨씬 못 미친다. 식자재에 까다로운 먹보들이라면 당연히 가장 좋은 산지에서 난 말린 야생 곰보버섯을 선택할 것이다. 다만 주의할 점은 야생 곰보버섯을 물에 불릴 때 온수에 약 20분만 담가두어야 그 향기와 식감을 망치지 않을 수 있다는 것이다. 너무 뜨거운 물에 불리거나 너무 오래 불리면 곰보버섯이 흐물흐물해지고 독특한 향미를 잃는다. 이것이야말로 보물을 낭비하는 꼴이다.

처음 신선한 야생 곰보버섯을 맛봤을 때 나는 열세 살 소년이었다. 그 전까지 내게 곰보버섯은 호텔 식당의 연회용 메뉴에서나 볼 수 있는 것으로 여겨졌다. 곰보버섯이 시장에 나올 때는 마침 여름철이라 쿤밍은 한창 수영의 계절이기도 했다.

옛날 쿤밍은 수성水城이었다. 뎬츠호 수역은 오늘날의 추이호 일대까지 뻗어 있었다. 판자만潘家灣, 둥자만董家灣, 얼자만佴家灣 등 '만灣'이 붙는 곳들은 전부 옛 뎬츠호 수역과 관련이 있다. 쿤밍 성 남쪽의 '뤄쓰만螺蛳灣'이라는 곳은 원나라 시대 이전엔 판룽강盤龍江 하류 끝자락이었다. 뎬츠호와 판룽강, 위다이강玉帶河이 이곳에서 맞닿으며 삼면이 물에 접한 나루터와 어강항漁港을 형성했고, 뤄쓰만은 쿤밍에서 가장 중요한 윈진雲津 부두와 인접해 있었다. 명나라 시대의 지리학자 서하객徐霞客의 유람기를 읽어보면 뤄쓰만에서 배를 타고 뎬츠 맞은편 진닝에 갔다고 한다.

뤄쓰만 주변 수역은 세상사에 따라 변했고, 판룽강을 제외한 다른 곳은 모두 평지가 되었다. 그러나 뤄쓰만의 시장은 이어져왔고 세상사가 변해도 사라지지 않았다. 뤼쓰만은 쿤밍의 환청남로環城南路 위의 한 자락을 차지하고 있으며 늘 사람들로 북적거린다. 주로 마차에 복숭아, 배 같은 과일이나 고구마, 감자 등을 싣고 온 좌판 행상들이다. 마차들이 길가 한쪽에 멈추면 장사가 시작된다. 아이들은 복숭아, 배가 시장에 나오면 장난삼아 '좌가이抓街'를 하러 간다.

'좌가이'는 거지가 길거리 좌판에 벌여놓고 파는 음식을 손으로 집어 먹는 모습을 부르는 말이다. 마부 아저씨가 싣고 온 청궁구呈貢區의 바오주리寶珠梨*가 우리 표적이 된다. 우리는 역할을 나눈다. 두 명은 자기 부모님 자전거를 타고 와서 한쪽에서 대기했고 나는 큰 못으로 말의 배를 찌르는 역할을 맡았다. 말이 놀라면 마부가 상황을 살피러 얼른 달려온다. 그럼 마차를 지키는 사람이 없는 틈을 타 다른 아이 하나가 후다닥 달려가 녹색 군용 배낭에 바오주리를 한 아름 쓸어담는다. 나와 배낭을 챙긴 친구가 대기하던 자전거에 뛰어 올라타서 쏜살같이 내빼면 작전 성공이다. 그제야 마부는 상황을 파악하고 우리 뒤를 쫓아오며 욕을 퍼붓는다.

좌가이를 한 다음에는 꼭 뤼쓰만 어귀 홍위병 수영장에 가서 수영을 했다. 그 당시 쿤밍을 통틀어 공공 수영장은 딱 네 곳뿐이었다. 남자아이들은 더성차오에서 뛰어내려가 조개를 캐거나 5펀짜리 입장권을 사서 홍위병 수영장에서 놀았다. 그 모습은 꼭 장원姜文 감독의 영화 「양광찬란적일자: 햇빛 쏟아지던 날들」 속 장면 같았다. 그 시절 중국 아이들의 생활은 다들 비슷했을 것이다. 수영장에는 개인 전용 사물함이 없었고 남자용, 여

---

* 청궁구 특산의 배로 껍질은 녹색이고 과육은 하얗다.

187

자용 탈의실이 한 칸씩 있었을 뿐이다. 벗은 옷을 수영장에 가지고 들어가면 한 사람씩 돌아가며 옷을 지키고 나머지 아이들은 정신없이 신나게 물장난을 했다. 나는 이 수영장에서 친구들에게 수영을 배웠는데 사실 제대로 배우기는커녕 수영장 물만 잔뜩 마셨다. 그 온갖 것이 뒤섞인 맛이 지금까지도 기억에 생생하다. 물을 잔뜩 먹은 뒤로는 물이 무서워져서 옷 지킴이 역할을 도맡을 수밖에 없었다. 그렇대도 나는 기꺼이 옷 지킴이 역을 자처했다. 그맘때 소년들은 수영이라는 명분을 빌려 빨간 수영복을 입은 누나들을 보며 청소년기의 상상이나 만족시켰던 것이다.

수영장에서 나와 오른쪽으로 돌면 뤄쓰만 직가(성 중간의 거리)였다. 거리 양쪽에는 각종 채소를 파는 좌판이 늘어서 있었다. 문득 나는 인파 속에서 장애인용 손잡이가 달린 자전거가 천천히 다가오는 것을 발견한다. 자전거에 탄 사람은 우리 원락에 사는 이웃 딩 아저씨였다. 딩 아저씨는 윈난성 스핑 사람으로 젊은 시절 일하다가 다치는 바람에 장애를 갖게 되었다. 나중에는 뛰어난 요리 솜씨로 직장 동료부터 지인, 친구 사이에서 좋은 평판을 얻고 구내식당 주방장으로 일했다. 관혼상제처럼 큰일이 있거나 직장에서 접대용 자리를 마련해야 할 때 딩 아저씨만 나서면 주인과 손님 모두 좋아했다. 딩 아저씨의 요리 철학은 상당히 까다로웠다. 예를 들어 그는 스핑식 생선조림을 만들면 곧바로 먹지 못하게 했고 반드시 이틀날 오후까지 두었다가 데우지 않은 상태로 먹도록 했다. 그래야만 가장 맛있게 먹을 수 있다는 것이다. 딩 아저씨가 장을 보러 나온 것을 보자 나는 바로 그 뒤를 쫓아갔다.

바로 이때 곰보버섯을 처음 봤다. 광주리 하나를 꽉 채운 곰보버섯의 색깔은 아이들이 좋아라하는 선명한 색이 아니었고 검은색과 갈색이 뒤섞여 있었다. 표면 결은 확실히 양의 내장처럼 규칙적으로 울퉁불퉁했고 통통했다. 딩 아저씨가 버섯 파는 사람과 조곤조곤 입씨름하는 동안 나는 조금 답답해졌다. 신선한 곰보버섯은 작은 광주리 하나에 5위안이나 했다. 당시 5위안이면 한 가정에서 먹을 일주일 치 채소를 살 수 있었다. 딩 아저씨는 결국 빈손으로 타고 온 자전거를 도로 타고 돌아갈 수밖에 없었다.

원락에 오자마자 딩 아저씨는 나를 붙들고 곰보버섯 조리법을 설명하기 시작했다. 곰보버섯은 중국의 중요한 연회마다 빠지지 않는다고 했다. 윈난성이 아닌 다른 지방 요리사들도 대부분 신선한 곰보버섯보다는 말린 곰보버섯을 물에 불려서 쓰는데 곰보버섯을 어떻게 맛있게 조리하느냐에 따라 그 요리사가 연회를 책임질 수 있는지가 판가름난다고 했다. 그의 말에 따르면 곰보버섯 훙사오러우는 윈난 요리 중에서도 고기와 버섯 향이 가장 완벽하게 조화를 이루는 요리였다.

"삼겹살을 껍질째 깨끗이 씻은 뒤 마작 패만 한 크기로 잘라. 달군 솥에 기름을 두르고 초과 하나, 팔각 두 개, 생강, 마늘을 넣어서 향을 낸 다음 고기를 넣고 황금빛이 날 때까지 지져서 돼지기름을 거르는 거야. 이 재료들을 다 토기 냄비에 넣고 물을 부어서 센불에서 끓이다가 불을 줄이고 마저 끓여. 이제 갈색이 될 때까지 볶은 설탕 시럽을 넣고 라오처우老抽*를 넣어서 색을 내면 돼. 삶던 돼지고기가 반쯤 익었을 때 곰보버섯을 넣

---

* 묵혀서 색깔이 진한 간장으로 요리의 색을 낼 때 쓴다.

뤄쓰만 시장, 1990년, 윈난성 쿤밍, 장웨이민 촬영

고, 고기가 부들부들해질 때까지 더 익혀서 후춧가루를 조금 뿌리면 완성, 식탁에 올려도 돼. 이 요리야말로 곰보버섯을 육즙에 푹 절여 먹는 최고의 방법이지." 딩 아저씨는 형형한 눈으로 말했고, 나는 침을 흘리면서 들었다.

그로부터 오랜 시간이 지나서야 나는 마침내 딩 아저씨가 전수해준 방법을 따라해보았다. 첫 시도에 완벽한 성공이었다. 향긋하고 아삭아삭한 곰보버섯을 씹자 머릿속은 단숨에 그날 오후 딩 아저씨가 들려줬던 곰보버섯 이야기로 가득 찼다.

뤄쓰만은 몇 번의 대대적인 변화를 거쳐 동남아시아 최대 잡화 도매시장이 되었다. 훗날 똑똑한 개발업자들이 기세등등하게 뤄쓰만을 평지로 만들고, 현대화된 상업 지구를 지었다. 뤄쓰만은 신新뤄쓰만이 되었고 몇십 킬로미터 밖으로 이전하며 더 고급스러워졌다. 우리가 소년 시절 부모님의 28인치 자전거를 타고 질주했던 뤄쓰만, 좌가이를 하고 버섯을 샀던 뤄쓰만, 수영하고 일광욕을 즐겼던 뤄쓰만, 우리의 청춘이 담겼던 그곳은 이제 마음속 깊이 남아 있을 뿐이다.

끄모리버섯

쿤밍의 비에 대해 말하자면 많은 사람에게 널리 회자되던 왕쩡치 선생의 산문이 떠오른다. 사람들은 선생이 쓴 쿤밍 우기의 우간균, 기와무늬무당버섯, 철에 맞춰 시장에 나오는 여러 야생 버섯을 기억할 것이다. 또 선생이 쿤밍의 우기를 회상할 때 묻어나던 아련한 향수도 함께 느낄 것이다. 그는 이렇게 썼다. "쿤밍의 우기가 얼마나 긴지, 언제 시작해서 언제 끝나는지 기억하진 못하지만 상당히 길었던 것 같다. 그게 싫지는 않았다. 비가 끊임없이 내리진 않았고, 내리고 그치기를 반복했기 때문이다. 꿉꿉하지도 않았다. 나는 쿤밍의 우기가 사람을 짓누르는 게 아니라 오히려 편안하게 해준다고 느꼈다." 쿤밍의 여름철 비는 확실히 그렇다. 그리고 가을에 접어들면 비가 내릴 때마다 금방 소슬하고 한기가 돌기 시작한다. 나는 쿤밍 사람으로서 이 계절을 좋아하진 않지만 다행히 이 계절이면 내가

193

편평계유균

Cantharellus applanatus Fr, 扁平鷄油菌

좋아하는 꾀꼬리버섯이 시장에 나온다. 왕 선생은 그의 글에서 꾀꼬리버섯을 대수롭지 않게 여기며 곁들이는 반찬으로나 어울린다고 적었다. 사실 윈난 사람에게 꾀꼬리버섯은 가을비의 추억과 같다. 따뜻한 온실에 들어가 텅충騰沖의 도자기 신선로로 꾀꼬리버섯을 끓이는 걸 떠올리기만 해도 갑자기 어렴풋한 위안이 느껴지며 이렇게 갑작스레 찾아온 추위도 견딜 만하다 싶어진다. 꾀꼬리버섯은 여름 끝자락과 초가을, 윈난 사람의 식탁에서 자주 보이는 야생 버섯이다. 꾀꼬리버섯(중국어로 계유균鷄油菌)이라는 이름은 버섯의 색깔이 계탕 표면에 뜬 황금색 닭기름 색과 같은 데다가 조리되면서 기름을 흡수한 버섯을 먹으면 버섯 즙마저 마치 닭기름처럼 느껴진다고 해서 붙여졌다. 게다가 꾀꼬리버섯은 방사해서 기른 닭을 먹을 때처럼 쫄깃한 식감이 있다.

꾀꼬리버섯은 대부분 아열대와 온대 활엽림 또는 침활 혼효림에서 자란다. 대는 3~8센티미터로 미색과 연노란색을 띤다. 갓은 직경 3~15센티미터로 선명한 노란색이다. 윈난의 중부, 서남부, 서북부에서 모두 꾀꼬리버섯이 난다.

꾀꼬리버섯은 숲속 깊은 곳 부패한 낙엽 속이나 썩은 나무에서 자라며 늘 작은 무리를 이룬다. 노란색 균체는 눈에 잘 띄어서 버섯꾼이라면 한눈에 발견할 수 있다. 균체는 크지 않으며 중간에 옴폭 파인 부분은 나팔꽃을 빼닮았다. 성숙한 꾀꼬리버섯에서는 풍부한 향이 나는데 특히 살구꽃 향과 비슷하다. 꾀꼬리버섯은 질겨서 쉽게 바스러지지 않는다. 쿤밍의 야생 버섯 시장에서는 평범한 꾀꼬리버섯뿐만 아니라 붉은꾀꼬리버섯 *Cantharellus cinnabarinus*, 노란꾀꼬리버섯*Cantharellus subalbidus*과 갈색털꾀꼬리버섯*Craterellus lutescens Fr* 등 알록달록한 꾀꼬리버섯들을 살 수 있다.

꾀꼬리버섯은 윈난 사람이 가을철에 자주 먹는 야생 버섯으로 영양도 풍부해서 카로틴, 비타민C, 단백질, 칼슘, 인, 철 등을 함유하고 있다. 전통 중의학에서도 꾀꼬리버섯은 맛이 달고 성질이 차며 눈을 밝게 하고 폐와 위장에 이로운 등 여러 질병을 예방하는 데도 좋다고 한다.

꾀꼬리버섯을 조리하는 방법은 다양하다. 조리법에 까다로운 프랑스인은 꾀꼬리버섯을 허브, 버터와 함께 조리해야 특별한 향미를 최대한 끌어 낼 수 있다고 말한다. 또 유럽에서는 꾀꼬리버섯을 화이트 식초에 절인 뒤 허브를 약간 넣어 먹는 것도 즐긴다.

윈난 사람은 꾀꼬리버섯을 주로 센불에 볶거나 탕으로 끓여 먹는다. 계탕을 끓인 뒤 꾀꼬리버섯을 넣고 30분 더 끓여서 버섯의 살구 향이 뿜어져 나올 때 먹으면 좋다. 또는 쉬안웨이 화퇴와 저우피고추, 꾀꼬리버섯을 한데 넣고 센불에 달달 볶아 먹는 것도 흔한 가정식 조리법이다. 우선 깍둑썰기한 화퇴를 기름 두른 팬에 볶아 익힌다. 그리고 잘게 다진 꾀꼬리버섯과 풋고추를 함께 솥에 넣어 들들 볶는다. 70퍼센트 정도 익었을 때 준비해둔 화퇴를 넣고 꾀꼬리버섯에서 즙이 나올 때까지 익히면 완성이다. 내가 가장 좋아하는 방식은 윈난식 전통 냄비 요리나 텅충 신선로 요리에 손으로 찢은 꾀꼬리버섯을 넣고 살구 향이 사방에 퍼질 때까지 끓이는 것이다. 이렇게만 하면 가을비의 한기를 막아주는 따뜻한 미식이 완성된다.

노인들은 종종 쿤밍으로 흘러들어온 물을 마신 사람이라면 절대 이 성을 잊지 못한다고 말한다. 과거 시난연합대학에서 공부했던 양전닝楊振寧, 왕쩡치 선생 같은 분들은 평생 천하를 누볐지만 쿤밍에서 보낸 몇 년의 시간을 끝내 잊지 못하고 늘 기회를 틈타 쿤밍으로 돌아오곤 했다. 과연 이 물 때문일까, 아니면 쿤밍의 기후나 풍경 때문일까. 그것도 아니라면 미식 때문일까? 쿤밍 현지인 대부분은 고향과 긴밀하게 연결되어 있다. 그들은 할 수만 있다면 절대 쿤밍을 떠나지 않으려 한다. 그래서 예로부터 지금까지 쿤밍 사람은 외지로 나가 일하거나 타지의 관직에 몸담는 일이 드물다. 우리는 곧잘 우스갯소리로 쿤밍 사람들이 지얼에 얽매여 있어서 그렇다고 말하곤 한다. 나의 망년지교인 야오중화姚鐘華 선생이 적절한 예다. 그는 쿤밍을 떠나면 더 큰일을 할 수 있었을 텐데도 평생 쿤밍에서 살기를 선택했다.

야오 선생은 쿤밍에서 대대로 이어온 명의 집안에서 태어났다. 건륭 말년 요방기姚方奇 선생을 시작으로 야오 집안은 5대에 걸쳐 명의를 배출했다. 세대에 걸쳐 전해진 정통 의술로 병을 치료하고 사람을 살려왔으므로 쿤밍 사람들로부터 존경과 사랑을 받았다. 야오 선생의 조부인 야오장서우姚長壽는 덕망이 높아 신주의학회神州醫學會 회장이 되기도 했으나 누적된 과로로 일찍이 병을 얻어 젊은 나이에 세상을 떠났다. 출관하던 날 사람들은 자발적으로 야오 의원의 장례 행렬을 배웅하며 쿤밍 성 절반을 가로지를 때까지 함께했다. 야오 집안의 약포는 쿤밍 성 안에 푸위안탕福元堂과 야오지야오하오姚記藥號 두 군데가 있었다. 훗날 추투난楚圖南(윈난 출신의 학자·서예가) 선생은 푸위안탕이 베이징의 퉁런탕同仁堂, 항저우의 후칭위탕胡慶余堂과 함께 거론할 만한 노포라고 말했다.

야오 선생의 부친인 야오펑신姚蓬心 대에는 중화민국 시대가 도래했다. 그는 신혼 직후 아이쓰치艾思奇 등 윈난 유학생들과 함께 일본으로 공부를 하러 갔고, 훗날 반일대동맹反日大同盟*에 참여했다가 추방당했다. 그는 둥베이를 전전하다가 만주사변을 겪고 광저우로 가서 중산中山대학 의학원에 합격한다. 졸업 후에는 쿤밍으로 돌아와 진료소를 열었고 공직에 몸을 담기도 했다. 항전 시기 쿤밍은 대후방大后方** 중 한 곳이었고 야오 집안의 저택은 쿤밍 문화인들이 모이는 장소로 쓰였다.

화가 차이뤄훙蔡若虹, 장어張諤, 시난연합대학 교수 원이둬聞一多, 선충원, 비파 연주자 리팅쑹李廷松 및 신중국극사新中國劇社***의 가오보高博, 우인吳茵, 위안원수袁文殊, 저우링자오周令釗, 마쓰충馬思聰 등 예술가들은 자주 야오 집안 저택에서 모임을 가졌고 기쁠 때면 즉석 연주회도 열었다. 심지어 원이둬는 야오 선생의 백부가 소유했던 징루靜盧의 방 몇 칸을 빌려서 살기도 했다. 중국이 중일전쟁에서 승리한 뒤 야오 선생의 부친은 미국으로 건너가 존스홉킨스대학에서 학문을 더 깊이 연구했고, 신중국이 성립되기 전 쿤밍으로 돌아와 쿤밍학원에 소화학과를 창설하고 부속 병원의 내과 주임을 맡았다.

야오 선생의 백부, 숙부, 동년배 형제자매 할 것 없이 집안사람들은 야오 집안의 전통을 이어받아 위급한 사람을 살리고 다친 사람을 돌봐왔다. 오로지 야오중화 선생만 어릴 적부터 그림 그리기를 좋아해 틈만 나면 집 근처 화산남로華山南路에 있는 밍허鳴鶴화방과 그 뒤에 있는 성성生生광고

---

* 일본에서 유학하던 중국공산당으로 도쿄 특별지부의 주도하에 조직된 진보 단체.

** 중일전쟁 당시 국민당 통치하에 있던 중국의 서남 지역.

*** 1941년 구이린에서 창건된 민간 직업 극단.

사에 가서 화공이 그림 그리는 모습을 구경했다. 1948년 랴오신쉐廖新學 선생이 프랑스에서 공부를 마치고 쿤밍으로 돌아와 항전승리기념당에서 귀국 전시회를 개최했다. 이 전시회를 보고 어릴 적부터 그림을 사랑했던 야오중화는 자신도 그 길을 걷겠노라 마음먹었다. 야오중화의 아버지가 마침 랴오신쉐와 아는 사이였던 덕분에 야오중화는 랴오 선생의 제자가 되었고, 격주로 랴오 선생 댁에 가서 가르침을 받으며 중앙미술학원에 들어가기 위한 기초를 착실히 다졌다.

1955년 야오 선생은 중앙미술학원 부속 중학교에 합격했고, 그 후로 9년의 세월에 걸쳐 대학 본과까지 마칠 수 있었다. 중앙미술학원에서 공부하던 시절 그는 유화민족화油畫民族化*를 제창한 둥시원董希文 선생의 작업실에 들어가서 그와 더불어 운 좋게도 쉬싱즈許幸之, 잔젠쥔詹建俊, 웨이치메이韋啟美, 다이쩌戴澤, 허우이민侯一民 등 명가들에게 가르침을 받았다. 그리고 그 시절 함께 공부한 판쩡范曾, 쉐융녠薛永年 등 동창들과 함께 중앙미술학원의 푸젠시사蒲劍詩社를 조직했고 적극적인 활동을 펼친다.

야오 선생이 공부하던 그 시절에는 베이징과 쿤밍을 왕복하려면 며칠이나 걸렸으므로 방학 때마다 고향에 가서 부모님을 뵐 수 있는 건 아니었다. 그럼 기숙사에 혼자 웅크려 있거나 동창의 집을 빌려서 지내야 했다. 여름방학을 맞아 그가 가장 그리워했던 것은 가족뿐만 아니라 쿤밍의 버섯이었다. 더운 여름날 기숙사 돗자리에 누워 천장을 보며 그는 간파균, 기와무늬무당버섯, 우간균, 꾀꼬리버섯을 하나하나 떠올렸다. 그때의 야

---

* 본토의 문화를 유화에 녹여 민족 사상, 정감, 심미를 표현하는 것.

오 선생에게 향수란 버섯에 대한 그리움으로 나타났다.

대학을 졸업한 뒤 야오 선생은 쿤밍으로 돌아왔고 영화사에서 일하며 포스터를 그렸다. 하지만 1966년 문화대혁명이 시작되며 야오 선생과 그의 가정 모두 타격을 피할 수 없었다. 그 몇 년 동안 야오 선생은 변방(중국 오대의 후량, 후진, 후한, 후주 및 북송의 도읍지) 지역에서 활약한 영웅들의 자료를 수집한다는 구실로 윈난의 산수를 누볐고 계속해서 사생화를 그렸다. 1972년 야오 선생은 작품 「베이징의 소리北京的声音」에서 디칭의 티베트족 형제가 중앙인민방송국의 라디오 프로그램을 청취하는 장면을 묘사하며 화단에 명성을 떨쳤고 그때부터 전성기에 돌입했다. 그는 중국역사박물관과 인민대회당에 걸리는 대형 유화 작품을 제작하기 시작했고, 리커란李可染 등 원로 예술가의 인정을 받았을 뿐만 아니라 동년배 예술가들에게서도 높은 평가를 받았다. 1980년대는 야오 선생의 전성기가 정점을 찍은 시기였다. 그는 「아! 토지啊! 土地」「싸니(이족彝族의 갈래) 사람의 명절撒尼人的节日」 등 중국 미술사에서 주목해야 할 작품을 다수 창작했다.

1980년 야오 선생은 그와 마찬가지로 중앙미술학원을 졸업한 왕진위안王晉元 등의 예술가와 함께 '신사화회申社畫會'를 세웠다. 신사화회는 개혁개방 이후 얼마 지나지 않아 설립된 예술 창작 집단 중 하나로, 몇 년 뒤 중국 미술계를 뒤흔든 '85신사조 미술'*이 일어나는 데 영향을 주었다. 신사화전에서 야오 선생은 우쭤런吳作人, 황융위黃永玉 선생에게서 배운 고려

---

* 1980년대 중반 중국 미술계에서 청년 작가들을 중심으로 일어난 첫 번째 당대 예술 운동.

지高麗紙 화법*의 수묵 채색 작품을 내놓았는데, 이는 이후 윈난 예술가들이 발전시키며 미국에서 한때 유행했던 윈난화파의 현대 진채화(진하고 강한 채색의 그림)가 되었다. 야오 선생이 중앙미술학원에 뿌리를 두고 있었으므로 윈난에 민요를 수집하거나 사생화를 그리러 오는 예술가들은 반드시 야오 선생에게 연락을 하곤 했다. 야오 선생은 우쭤런, 샤오수팡蕭淑芳이 윈난에 사생화를 그리러 왔을 때 그들을 위해 먹, 종이, 도장을 구비해두었고 우관중吳冠中 선생이 윈난에 왔을 때는 야오 선생이 공부했던 국립예술전문학교의 옛터를 함께 찾았다. 그 시기 야오 선생은 윈난 미술계뿐 아니라 전국적으로 전문 기관들과 활발히 교류했다. 가장 중요한 이력은 1983년 야오 선생이 중국전시회공사를 통해 에드바르 뭉크의 작품을 쿤밍 전시회에서 소개한 것이다. 이 전시회는 당시 현실주의 작법이 주류를 이뤘던 미술계를 충격에 빠뜨렸으며, 마오쉬후이毛旭輝, 장샤오강 등 현대 예술가들의 성장에도 영향을 미쳤다.

공공 예술에서도 야오 선생의 영향력은 엄청났다. 1985년 을축년 소의 해를 맞아 야오 선생은 중국 우표총공사의 의뢰로 우표를 디자인했다. 첫 번째 십이지 우표 세트는 대가들의 그림으로 채워졌다. 원숭이해의 우표에는 황용위의 그림이, 닭해의 우표에는 장딩張仃의 그림이 들어갔다. 그로부터 36년 뒤인 2021년 야오 선생은 또 한 번 우표 디자인을 맡는다.

* 고려지의 질긴 특성을 이용해 강렬한 색채로 그리는 화법.

1980년대는 중국 사상 해방의 시기였고, 야오 선생이 가장 패기만만했던 시기이기도 했다. 그때부터 야오 선생은 중국을 벗어나 프랑스에서 작품 활동을 시작했는데, 파리 그랑팔레의 춘계 살롱에 참가하고 유럽을 누비며 예술적 안목을 높이는 가운데 새로운 창작 방식을 실험했다. 중앙미술학원에서도 그를 초빙해 한 학기 동안 교편을 맡기고 이어서 유화과의 교수직을 맡기고자 했다. 그러나 인사 이동 공문이 윈난성 문화청에 도착했을 때 한 간부가 변방 지역의 인재를 빼앗긴다는 생각에 그 문서를 자기 책상 서랍에 넣고 잠가버렸다. 중앙미술학원에서는 야오 선생의 답을 간절히 기다렸지만 시베이西北의 주나이정朱乃正 선생이 이미 등록을 마쳤을 때까지 윈난의 야오중화는 나타나지 않았다. 야오 선생이 이 모든 일을 알았을 때는 이미 그로부터 반년이나 지난 뒤였다. 하지만 만년에 접어든 부친을 걱정해서인지, 윈난의 산수와 인정을 염두에 두어서인지는 몰라도 그는 중앙미술학원으로 옮겨가기 위해 굳이 무언가를 하려들지는 않았다. 그의 재주와 당시 환경, 그리고 중앙미술학원이라는 무대까지, 만약 그가 중앙미술학원으로 갔다면 분명 또 다른 놀라운 발전이 있었을 것이다. 하지만 야오 선생은 쿤밍에 머무르기를 택했다.

1994년 야오 선생은 미국으로 이주했지만 그곳에 뿌리가 없다는 느낌을 지울 수 없었다. 사시사철 온화한 봄 날씨를 자랑했던 쿤밍이 그리웠던 건지, 아니면 쿤밍의 지열이 그리웠던 건지는 모른다. 미국, 캐나다, 멕시코를 한 바퀴 돌며 박물관에 들러 봐야 할 작품을 모조리 본 뒤 그는 망설임 없이 조국으로 돌아왔다. 귀국한 이후 야오 선생의 붓은 쉬지 않았다. 왕성한 창작열을 유지하며 훌륭한 작품을 끊임없이 발표했다.

1980년 그가 신사화회 전시회를 개최했을 때 나는 갓 중학교에 입학한 소년이었다. 막 자전거 타는 법을 배워서 갈지之 자를 그리며 소련 양식으로 지은 윈난성박물관(그때는 윈난미술관이 없었다)에 가 경외심을 품고 전시회장 벽에 걸린 작품을 빠짐없이 감상했다. 작품명과 작가명이 적힌 표지판이 번쩍번쩍 빛나고 있었다. 그때 야오 선생의 이름과 그의 작품을 처음 알았다.

시간이 흘러 미술협회에서 개최한 전람회에 갔을 때 나는 고상하면서도 멋스러운 중년의 남성과 자주 마주쳤다. 누군가 저분이 바로 그 야오중화라고 알려주며 쿤밍의 도련님이라는 말을 덧붙였다. 그의 집안 대대로 이어온 학문이나 그의 재주와 수양을 생각하면 확실히 그 호칭이 어울렸다. 그때 나는 문득 나와 그의 삶이 너무나 동떨어져 있다고 느꼈다. 1986년 10월 윈난도서관에서 열린 마오쉬후이, 장샤오강, 야오중화의 제3회 '신구상新具象'전은 작품들을 슬라이드 쇼로 보여주고, 대중 앞에서 논문을 낭독하는 방식으로 진행되었다. 야오 선생은 화원의 지도자로서 젊은 예술가들의 활동을 격려해주었고 그 또한 한 명의 예술가로서 청년 예술가들의 작품에 담긴 문제의식에 대해 심도 있게 토론했다. 이때 나는 야오 선생의 강연과 발언을 처음 들을 수 있었다. 나중에도 전시회나 학술 간행물에서 때때로 야오 선생의 작품을 볼 수 있었고 이후 그가 베이징에서 중국유화학회의 작업에도 참여했다는 이야기를 들었다. 야오 선생의 존재는 그야말로 윈난 미술계의 전설이었다.

2012년 나는 『호성하의 색護城河的顔色』이라는 책을 쓰게 되며 야오 선생을 몇 차례 인터뷰할 수 있었다. 야오 선생의 생각은 예리했고, 그는 차분하면서도 단호한 태도로 이야기를 이어갔다. 뛰어난 기억력 덕분에 쿤 밍 예술계의 옛일을 자세히 들려주었고 쿤밍 예술에 관한 책을 쓰는 데 큰 도움을 주었다. 그때부터 우리는 점점 친해졌고 이따금 서로를 방문하 게 됐다. 내가 쿤밍현대미술관 건설에 참여했을 때도 야오 선생으로부터 많은 가르침을 받았다. 미술관이 세워지자 나는 학술위원회 구성원으로 야오 선생을 초빙했고 그는 몇 해 동안 미술관 일을 적극적으로 응원하며 도움을 청할 때마다 결코 마다하는 법 없이 나서주었다. 우리는 그의 가풍 에서 전해오는 고향을 향한 애정을 엿볼 때마다 감동하곤 했다. 이렇게 책 임감을 갖춘 정신에 기대어 우리 또한 비영리 예술 기구를 힘겹게나마 지 탱해나갈 수 있었다.

나는 야오 선생과 식사하며 담소하는 것이 특히 좋다. 그는 팔순이 넘 었는데도 식욕이 좋아 주변 사람들의 식욕까지 돋워주는 것은 물론 식사 자리에서 생동감 넘치는 우스갯소리로 모두를 웃게 한다.

야오 선생은 내 아버지와 비슷한 연배이지만 우리는 그의 부인을 마馬 누님이라고 부른다. 마 누님은 젊은 시절 윈난성가무단의 간판 단원이었 고 지금도 무용수 시절의 우아한 자태가 남아 있다. 두 사람은 한결같이 서로를 아끼며 살아왔다. 2020년 그들 부부의 결혼 50주년을 축하하는 자리에서 그가 베이징에 갈 기회를 잃었던 때의 이야기가 화제에 올랐다. 옛 친구가 농담을 하며 물었다.

"지얼 때문에 탈이 나는 바람에 가지 못한 게 아닌가? 그렇게 좋은 기회 를 잡지 않다니?"

야오 선생은 대수롭지 않다는 듯 웃으며 말했다.

"지얼 때문에 탈이 난 건 아니지만 지얼은 매년 먹어야지."

배털젖버섯

Lactarius volemus

내장균

어린 시절 기억에 남아 있는 버섯 중에는 내장균奶漿菌도 있다(내奶는 젖을 의미한다). 젖이라는 이름이 젖을 먹고 자라는 아이에게 친숙한 느낌을 줬던 것일까. 여름방학 중 집에서 따분해질 때면 나는 어머니 눈을 피해 어머니가 사온 내장균 대를 쪼개보곤 했다. 내장균에서 흘러나오는 우유 같은 즙을 보기 위해서였다. 어린 내 눈에 내장균은 이상하고 신기하게만 보였고 어머니가 잠깐 한눈을 파는 사이 광주리 가득 있던 내장균을 엉망진창으로 쪼개는 바람에 곧 붙잡혀서 한바탕 얻어맞는 수밖에 없었다.

내장균은 야생 버섯 중에서는 보통 크기다. 갓은 납작한 깔때기 모양으로 짙은 황적색, 적갈색, 밤색을 띤다. 주름살은 흰색부터 짙은 주황색까지 다양하다. 대는 둥근 기둥 모양으로 갓과 같은 색이거나 흰색이다. 내장균 중에서도 색깔이 짙은 것을 민간에서는 홍내장균이라고 부른다. 전

체적으로 흰색이나 갈색을 띤 내장균도 종종 있는데, 민간에서는 백내장
균이라고 부른다.

내장균은 윈난 각지에서 해발 1600~2800미터에 위치한 온대 솔숲이나
침활 혼효림에서 많이 자라며, 보통 소나무 위에 균근을 형성한 뒤 생장한
다. 매년 윈난은 여름철에 접어들면 날씨가 확 더워지고 폭우가 쏟아지지
만 금방 아무 일 없었다는 듯 날이 개어버린다. 바로 윈구이고원雲貴高原의
여우비다. 이때 내장균이 우후죽순 자라난다. 내장균은 빠르게 자라고 한
번 자라면 금방 시들지 않아서 윈난에서는 생산량이 비교적 많은 야생 버
섯이기도 하다.

매년 7~9월이면 내장균이 시장에 잔뜩 나온다. 가격이 저렴하고 맛도
좋아서 서민 가정부터 야생 버섯 훠궈 식당에서까지 내장균을 쉽게 볼 수
있다. 쿤밍 토박이들은 맛있으면서도 비싸지 않은 내장균에 풍부한 영양
소가 있을지, 식이요법 효과가 있을지 궁금해했다. 과학적으로 밝혀진 것
은 아니지만 요 몇 년간 민간 인사들의 말에 따르면 야생 버섯에는 인체
내에서 합성할 수 없는 아미노산이 대량 함유되어 있으며 지방, 탄수화물,
비타민과 더불어 칼슘, 인, 칼륨 등의 미네랄도 풍부하게 들어 있다고 한
다. 개인적으로 나는 내장균을 먹고 나면 특히 소화 기능이 확연히 좋아
졌다.

쿤밍 사람에게 내장균은 밥상에 자주 올라오는 식자재다. 내장균을 사
오면 깨끗이 씻은 뒤 손으로 대충 쪼갠다. 편마늘을 센불에 볶은 뒤 녹색
과 빨간색 저우피고추를 다져서 넣고 향이 날 때까지 볶는다. 이어서 내장
균을 넣어 즙이 나올 때까지 익히면 완성이다.

내가 가장 좋아하는 조리법은 내장균 러우쑹肉鬆*이다. 우선 다진 돼지고기나 쇠고기를 팬에 넣어 고슬고슬해질 때까지 볶아둔다. 내장균은 깨끗이 씻은 뒤 손으로 잘게 부수고 팬에 넣어 수분의 80퍼센트가 날아갈 때까지 볶아서 준비한다. 녹색과 빨간색 저우피고추와 마늘을 다져서 향이 날 때까지 볶고, 다진 고기와 내장균을 넣어 2분 정도 골고루 볶은 뒤 화초 기름을 끼얹고 참기름을 조금 뿌리면 맛깔스러운 향이 확 풍긴다. 쌀밥에 곁들여 먹든 면에 비벼 먹든 어디나 잘 어울린다.

내 친구 리더우李都는 자기 어머니와 마찬가지로 사진 찍기를 좋아한다. 쿤밍 거리에 가면 엄마와 아들이 창작 활동에 열중하고 있는 모습을 자주 볼 수 있다. 어머니는 똑딱이 카메라로 보이는 거라면 뭐든 찍고, 리더우는 휴대전화로 창작에 몰두한다.

리더우의 사진에서 가장 큰 비중을 차지하는 것은 그가 위에서 아래를 보는 각도로 쿤밍 사람들을 찍은 사진이고, 또 하나는 쓰레기장이나 축구장처럼 뜻밖의 장소에서 자란 버섯 사진이다. 그가 가장 좋아하는 사진은 샹거리라에서 찍은 내장균인데, 버섯 이야기만 나왔다 하면 그는 그 사진을 꺼내 자랑한다. 왜 그렇게 내장균을 찍는 데 집착하느냐고 물었더니 그는 이렇게 대답했다. 어릴 적 부모의 직장이 있던 추슝 둥과진冬瓜鎭은 버섯 철만 되면 주변 산이 온통 내장균으로 뒤덮였다고 한다. 그러니까 간단히 말해, 그때 너무 많이 보고 너무 많이 먹어서라나.

1999년 어느 날, 내가 팡리쥔과 안마를 받고 있을 때 그가 불쑥 말했다.

---

* 육고기를 가공해 솜털이나 분말 형태로 만든 식품.

"리더우 그 친구 사람이 참 괜찮더라고. 지금 딱히 하는 일이 없다니까 우리가 리더우더러 뭐라도 좀 해보라고 돈을 보태볼까?" 나는 안마를 받아서 노곤해진 데다가 옛 친구 리더우의 일이고 하니 흔쾌히 승낙했다. 그리고 두 달 뒤 '왕버섯 바'라는 술집이 쿤밍 진룽金龍 호텔에 개업했다. 술집 이름은 팡리쥔이 붙여준 거였다. 그는 이렇게 말했다. "리더우야말로 버섯에 중독된 원난 사람 같지 않아?" 술집의 로고도 팡리쥔이 리더우의 내장균 사진을 보고 만든 것이라고 한다.

리더우는 쿤밍의 술집 문화를 주도했다. 그는 유연한 태도로 항상 겸허했고, 남의 의도를 잘 파악했으며, 개방적인 성격에다 인간관계까지 좋아서 스스로를 '리장 사대재자四大才子의 다섯 번째'라 놀리며 분위기를 풀곤 했다. 중학생 시절 그는 록에 빠졌고, 나중에는 밴드도 직접 만들었다. 한번은 탕차오밴드의 공연을 보러 갔다가 공연 내내 고래고래 노래를 따라 부르고 밴드 형님들을 호텔에 모셔다드리기까지 했다. 리더우는 집에 돌아와서 베개에 머리를 대자마자 곯아떨어졌는데 이튿날 아침에야 뭔가 중요한 일을 잊었다는 느낌이 들었다. 머리를 싸매고 골똘히 생각해보니 아뿔싸, 바로 그날이 대학입시 날 아닌가. 그는 손목에 차고 있던 카시오 전자시계를 흘끔 보았다. 시험은 진작 시작했다. 그는 과감히 공부를 때려치우고 곧바로 강호에 한발 내디뎠다.

그가 만든 낙타 바는 쿤밍에서 가장 일찍 자기만의 개성을 갖춘 바였다. 그전까지만 해도 쿤밍에서 바라고 하면 죄다 홍콩 드라마 「상하이탄上海灘」의 촬영장을 옮겨온 것 같았다. 이동식 스포트라이트가 탁자에 놓인 빨간 장미를 비추면 알록달록하게 차려입은 남녀가 옌타이煙臺에서 생산된 진장바이란디金獎白蘭地 와인으로 만든 칵테일을 들고 이리저리 왔다 갔다 했다. 이건 술을 즐기는 게 아니라 관중 앞에서 공연을 하는 것과 다를 게 없었다.

낙타가 개업한 뒤로는 자연스러운 조명과 편안한 좌석, 흥을 돋우는 음악 속에서 술을 즐기고 큰 소리로 웃고 떠드는, 심지어 마음대로 가래도 뱉을 수 있는 분위기가 생겼다. 옛 친구 예葉 영감은 이런 바를 '작고, 가난하고, 낡았다'고 표현했다. 다리와 리장의 술집에는 전부 이런 분위기가 감돌았고 호화롭지는 않아도 손님을 붙잡기에는 충분했다. 어느새 술을 즐기고 유행에 민감한 쿤밍의 남녀와 쿤밍에 사는 외국인들은 어둠이 내리기만 하면 낙타로 모여들었다. 리더우는 감성이 풍부했고, 손님들을 죄다 '형님'이라 불렀다. 게다가 중국식 쿤밍 영어를 유창하게 구사했으므로 쿤밍에 살고 있던 구미, 아시아, 아프리카, 남미 출신의 외국인 친구들을 많이 사귀었다.

내가 리더우를 처음 본 것도 낙타 문 앞의 높은 계단 위에서다. 리더우는 엘비스 프레슬리처럼 리젠트 머리 모양을 하고 입에 궐련을 꼬나문 채 손에 코로나 병맥주를 들고 있었다. 그는 소문을 듣고 낙타를 찾아왔다가 조금 당황한 새내기 손님인 우리를 약간 멸시하는 듯한 눈길로 쳐다봤다. 나중에 리더우와 친해지고 나서 그가 사실 그렇게 거만하지 않으며 선량하고 마음이 따뜻한 사람이라는 것을 알게 되었다.

리더우는 쿤밍 사람 특유의 냉소적인 유머 감각을 갖고 있다. 몇 년 전에는 SNS에 올린 재치 넘치는 문장들을 엮어 책으로 펴내더니 수많은 소녀의 마음을 훔쳤고 팔로워도 헤아릴 수 없이 많았다. 최근에 듣기로 그가 친구들과 협력해 신작을 내놓을 계획이라던데 그 또한 무척 기대된다. 물론 리더우 하면 가장 먼저 떠오르는 건 한밤중에 그가 직접 끓여주던, 그 무엇보다 더 효과적으로 마음을 다독여주던 쏸라몐酸辣麵(매운 면 요리)이다.

나중에 리더우는 애인과 헤어지자 낙타를 떠났다. 그때부터 리장, 다리를 유랑하며 천하의 영웅들과 윈난의 산수를 누비다가 우리가 그에게 돈을 보태 '왕버섯 바'를 개업하게 한 뒤에야 쿤밍으로 돌아왔다. 개업 당일 두 부류의 친구들이 속속들이 몰려왔다. 한 부류는 리더우의 옛 친구이자 단골들로 개업을 축하해주기 위해 온 것이었다. 그들은 술을 진탕 마시고 계산할 때는 이미 곤드레만드레해서 리더우가 오히려 술값을 계산하고 택시를 불러서 그들을 집에 데려다줘야 했다. 때로는 술에 취한 친구의 아내로부터 한바탕 잔소리를 듣기도 했다. 다른 한 부류는 그가 예전에 꾸렸던 밴드의 멤버들이었다. 카운터의 바텐더부터 바의 구매 담당과 주방의 요리사까지 사실 다들 한때 록에 빠진 사람들이었다. 요리사 친구 한 명은 의리를 아주 중시해서 요리를 하다 말고 앞치마를 벗어 던지며 리더우에게 말했다. "리 형, 지금 상황이 곤란한 친구가 있어. 도움이 필요하대. 나 대신 좀 보고 있어." 자기가 일하는 중이라는 건 전혀 아랑곳하지 않는 태도였다. 그러면 리더우는 그 대신 감자를 튀길 수밖에 없었다. 2년도 지나기 전 '왕버섯 바'는 이런 '감성'적인 이유들로 문을 닫고 만다.

산에 호랑이가 있는 걸 뻔히 알아도 기어코 산에 간다 그러던가. 리더우는 멈추지 않았다. 리웨이둥李衛東이라는 미국인과 함께 돈을 모아서 쿤밍 둥펑로東風路에 '종이호랑이'라는 술집을 열었다. 리웨이둥은 이른바 리더우가 쿤밍 길거리에서 주워온 사람이었다. 어느 날 그는 쿤밍 옛 거리에서 할리우드 스타 존 트라볼타처럼 생긴 외국인을 보았다. 가서 말을 걸었더니 미국인이고 이름은 잭이라고 했다. 그는 컬럼비아대학에서 공부하던 중 칭화대학에 교환학생으로 와서 쿤밍을 여행하는 중이었다. 두 사람은 바 문화와 윈난의 인문 지리에 공통의 관심사가 있어 어울려 놀기 시작했고 함께 돈을 투자해 '종이호랑이'를 열었다. 그 시기에 리더우는 주변 외국인 친구들에게 자기 성을 따서 중국식 이름을 붙여주곤 했다. 노르웨이인인 리푸얼李普洱과 미국인인 리훠룽李火龍, 리얼거우李二狗도 있었는데 잭은 그중에서도 특색 있는 이름인 리웨이둥으로 불렸다.

리웨이둥은 미국으로 돌아간 뒤 책을 한 권 썼고 그 책은 한때 아마존의 베스트셀러로 팔렸다. 유대인의 총명함과 재치에 힘입어 몇 년 후 리웨이둥은 뉴욕과 맨해튼에서 성공적으로 예닐곱 군데 술집과 레스토랑을 열었다. 2020년 초가을 브루클린 중심지에 있는 윌리엄스버그 베이비스 올 라이트(레스토랑, 바, 음악 공연장이 결합된 복합 공간)에서 리웨이둥을 만났다. 장사가 무척 잘되는 데다가 전 세계 사람 누구나 좋아할 만한 분위기를 풍겼지만 윈난 술집의 유전자도 조금 찾아볼 수 있었다. 리웨이둥은 윈난에서 뉴욕까지 온 친구들을 살갑게 맞아줬고 우리가 매번 먹고 마시던 것들을 챙겨줬다. 이건 전혀 미국인다운 행동이 아니었다. 장샤오강이 뉴욕에서 전시회를 열었을 때는 리웨이둥이 우리를 할렘에 있는 술집으로 데려가서 술을 대접하고 정통 블루스를 들려주기도 했다. 모두 잔뜩 신이 나서 완전히 취해버렸다. 그 자리에 함께했던 미국인 셰페이는謝飛는 호텔로 돌아오는 차에서 취한 둥 만 둥 한 상태로 줄곧 중얼거렸다. "리웨

배털젖버섯

이둥 그 친구 진짜 의리가 있어. 완전 윈난 사람이 다 됐다니까."

리더우는 나중에 칭다오로 가서 친구들과 함께 꽤 규모 있는 프랑스 레스토랑을 열었다. 전문 프랑스 요리사가 있었는데도 칭다오 형님들은 불만이었다. 프랑스 레스토랑의 달팽이 요리가 웨이하이威海의 동죽만큼 맛있지 않다는 것이었다. 이윽고 리더우는 화가 나서 식당을 관두고 베이징 떠돌이의 삶을 시작했고, 제작자 신분으로 사오샤오리邵曉黎 감독의 「내 애완동물은 코끼리我的宠物是大象」에 출연하기도 했다. 그가 가장 길게 등장한 순간은 영화 스타 류칭윈劉靑雲의 머리를 벽돌로 내리치는 장면이었는데, 촬영이 끝나자마자 그의 영화계 데뷔와 함께 베이징 떠돌이의 삶도 끝나버렸다.

그리고 몇 년 동안 리더우는 마치 붕 떠 지내던 세계에서 인간 세계로 돌아온 듯 착실히 지냈다. 명절이나 휴가를 맞아 어머니와 함께 식사를 하거나 나들이를 하러 다녔을 뿐, 그 밖에는 꼼짝하는 법이 없었다. 하지만 그의 마음속 깊은 곳에는 항상 록과 감성의 불씨가 꺼지지 않고 있었다. 그는 친구와 함께 공연 기획사 신궈원화新果文化를 세웠고, 쿤밍 문화예술 공연 시장의 고질적인 문제를 해결해나가며 수준 높은 공연을 쿤밍 관중에게 선보였다. 그는 치앙마이에서 온 애인 아칭阿卿과 함께 '클라우드18'이라는 타이 레스토랑도 운영하며 큰돈을 벌었다. 이 레스토랑은 금방 쿤밍 성의 명소가 되었다. 당시 투자자 중 한 사람이었던 허和 형이 내게 물었다. 왜 리더우와 아칭을 자기에게 추천했냐고. 나는 이렇게 대답했다. "리더우는 믿음직스럽고, 아칭은 전문적이니까요."

여름이 되면 윈난의 수많은 소수민족 지구에서도 내장균이 난다. 소수민족마다 나름의 내장균 조리법이 있는데, 리더우는 나에게 샹거리라의 티베트족으로부터 배운 기발한 조리법을 공유해줬다. 하루는 리더우가 광리쥔과 함께 샹거리라의 산에서 티베트족 꼬마 한 명과 버섯을 캤다. 꼬마와 말이 통하지는 않았지만 독버섯을 구별해내기 위해 티베트족 꼬마와 동행해야 했다. 미리 신호를 정해둬서 꼬마는 독 없는 버섯을 보면 고개를 끄덕여 알려줬다. 온종일 버섯을 채집해 커다란 광주리 하나를 가득 채우고 티베트 친구 집에 가서 봤더니 거의 절반이 독성이 있는 것이고 나머지는 죄다 내장균이 아닌가. 통 영문 모를 일이었다. 아무튼 티베트족 친구들은 요리를 시작했다. 먼저 내장균을 깨끗이 씻고 손으로 잘게 부순 뒤 구리 솥에 깍둑썰기한 짱샹주 납육을 볶아 향을 내고 내장균과 수유酥油*를 넣어 즙이 날 때까지 볶았다. 그리고 죽이 될 때까지 끓인 뒤 소금과 후춧가루를 뿌려서 참파**에 곁들여 먹었다.

팬데믹 기간에 나는 리더우와 같은 날 각각 치앙마이와 비엔티안에서 쿤밍으로 돌아와 각자 다른 격리용 호텔에 입실했다. 일상이 정지된 나날이었지만 오히려 그 틈을 타 오랫동안 통화를 하며 미식을 탐구할 수 있었다. 그때 들은 티베트족의 이런 내장균 조리법은 서양식 조리법과 대단히 비슷했다. 리더우에게는 순박한 쿤밍 토박이가 외국인에게 보이는 '서구 문화 추종' 기질이 늘 남아 있다. 그는 서양 문화가 풍기는 분위기에 잠기기를 좋아한다. 바, 밴드, 파티, 양식, 히피족과 매직 머시룸(환각 버섯)까

* 티베트족과 몽골족이 애용하는 기름으로 우유와 양젖에서 나온 지방으로 만든다.
** 티베트 사람 특유의 방법으로 보릿가루를 찻물에 개어 만든 경단.

지. 그는 이런 것들을 기꺼이 받아들이고 급기야 본토박이들이 즐기는 방식을 따라한다. 그렇다보니 원난의 내장균도 양식에서 즐겨 먹는 진한 수프로 조리해야만 좋아라하는 것이었다.

노인두송포고

Catathelasma laurentiu, 老人頭松苞菇

노인두

1980년대 후반에는 해외와 홍콩의 유행 브랜드가 중국으로 속속들이 들어왔다. 당시 나는 디자인을 공부하는 학생이었고 유행을 좇는 남녀들을 유심히 관찰했다. 그들은 몇 달 치 월급을 아껴 신발 한 켤레나 옷 한 벌을 사곤 했다. 사실 오늘날에 와서 생각해보면 당시 명품이라던 것들은 홍콩에서 이미 한물간 브랜드였다. 잘 팔리는 운동화는 오히려 해외 스포츠 브랜드였고, 전부 보따리상이 홍콩이나 마카오에서 떼다가 대륙에서 파는 거였다. 브랜드 회사가 중국 시장에 정식으로 진출한 것은 그보다 훨씬 뒤의 일이었다. 당시 유행에 민감한 젊은이들은 근 반년 치 월급을 모아서 이탈리아제 구두를 샀다. 로고는 다빈치의 두상을 본떠 만들었고 브랜드 이름도 레오나르도였다. 브랜드를 들여왔던 광둥 사람은 이 로고가 다빈치의 두상인 걸 몰랐던 건지, '라오런터우老人頭'라고 부르는 편이 더 알리기 쉽다고 여겼던 건지, 어쨌든 이 '라오런터우' 구두는 그 시대 호화 명품에 대한 기억으로 남아 있다.

그전까지만 해도 윈난에는 노인두老人頭(라오런터우)를 즐겨 먹는 사람이 많지 않았다. 윈난 사람은 이 버섯을 '송삼균松杉菌'이나 '송로포杉老苞'라고 불렀다. 어쩌면 윈난 사람은 노인두의 조리법이 지나치게 간단하다고 생각했는지도 모른다. 노인두는 윈난 야생 버섯 계급도에 포함되지 못했고 한동안 윈난 가정 식탁에도 올라오지 못했다. 대부분 버섯꾼이 말리거나 소금에 절인 뒤 수출했다. 그러나 노인두의 쫄깃쫄깃한 식감에서 영감을 얻은 광둥의 요리사가 전복 소스를 써서 새로운 요리를 만들어내며 노인두도 즐겨 먹는 버섯이 된다. 이 버섯을 '노인두'라고 부르자는 아이디어를 맨 처음 낸 것도 어쩌면 광둥 요리사가 아니었을까 싶다. 야생 버섯 수출 사업도 광둥 상인의 머리에서 떠올랐을 수 있다. 윈난에서 이 버섯 장사를 가장 일찍 시작한 장사꾼도 광둥에서 왔기 때문이다.

노인두는 송이와 겉모양이 닮았다. 그래서 버섯을 채집하는 사람들이 야생 노인두를 송이로 오인하기도 한다. 송이는 독이 없고 날것으로 먹을 수 있지만 노인두는 날것으로 먹었다가는 중독될 수도 있다. 야생 노인두는 개체가 크고 조직이 두꺼워 일반적으로는 뜨거운 물에 데치고 냉수에 담갔다가 조리해야 한다. 그래야 먹고 중독되는 일을 방지할 수 있다.

노인두의 균체는 짧고 통통하고 튼실하며 갓이 두껍다. 노인두는 윈난 중부 지역 해발 2000미터 이상의 고지대에서 소나무, 삼나무, 유삼나무 등으로 이뤄진 침엽림 속 음습하고 토질이 성긴 땅에서 자라며, 햇볕이 적게 들면서도 낙엽으로 덮여 푹신푹신한 곳에서 자주 보인다. 노인두는 생장 환경을 까다롭게 가리므로 인공 배양이 어렵다. 대체로 매년 5월 중순부터 이듬해 1월 초까지 볼 수 있다. 8~10월은 노인두를 맛보기 가장 좋은 때다. 노인두는 조직이 희고 부드럽고 매끄러우며 탄성이 풍부하고 맛이 신선하다. 그 식감이 전복에 필적할 만해 예로부터 '식물 전복'이라 불리는 영예를 얻었다.

노인두에는 단백질, 아미노산과 여러 종류의 미네랄 및 비타민이 풍부하게 함유되어 있다. 특히 다양한 아미노산을 골고루 갖추었고, 노화 방지에 좋은 영양소도 풍부하게 갖고 있다. 중의학에서는 노인두가 매운맛에 성질은 따뜻하고 살짝 산미가 있으며, 심장과 폐의 병을 치료하고 비장과 신장에 이로운 데다가 자양강장 효과도 있다고 전한다. 또한 기를 다스려 독소를 배출하고 몸을 튼튼히 하는 데도 효과가 있어서, 기혈이 허하거나 쉽게 피로하거나 무릎이 쑤시고 안색이 좋지 않은 등 중노년층에 쉽게 나타나는 병증을 치료하는 데 탁월하다고 한다. 그뿐만 아니라 노인두는 저지방, 저콜레스테롤, 저열량으로 천연 다이어트 식품이다.

노인두 조리법은 무척 다양해서 매번 다른 방식으로 혀끝의 호사를 누릴 수 있다. 개인적으로 광둥 요리 전문가가 만든 전복 소스 노인두야말로 노인두라는 식자재의 독특한 식감을 가장 잘 살리는 요리라고 생각한다. 요즘 시장에서는 쉽게 정통 전복 소스 통조림을 살 수 있다. 대부분 홍콩과 마카오, 광둥의 조미료 생산 회사에서 만든 것으로 이것만 있으면 집에서도 이 요리를 매우 간단하게 만들 수 있다.

우선 실하고 통통한 노인두를 골라 깨끗이 씻은 뒤 3~4밀리미터 두께로 얇게 썰고 30~60초간 데친다. 끓는 물에 땅콩기름 몇 방울을 떨어트리고 준비해둔 브로콜리나 윈난 백경채를 데친다. 통조림 전복에 전분을 약간 넣어 전복 소스를 만들어둔다. 물에 데친 채소를 넓은 접시에 먼저 깔고 그 위에 준비한 노인두를 올린 뒤 전복 소스를 뿌리면 완성이다. 여기에 해삼을 올려도 좋고 닭발을 올려도 잘 어울린다. 이 조리법으로 버섯 본연의 맛은 물론 식자재끼리의 완벽하게 조화로운 식감도 즐길 수 있다.

노인두는 탕을 끓여도 좋다. 탕에 조미료나 치킨 스톡을 따로 넣지 않고 소금만 약간 넣어도 매우 훌륭한 맛이 난다. 물론 차갑게 무쳐 먹어도 식감이 매우 좋다. 야들야들하면서도 싱그럽다고 해야 할까. 부재료도 많이 들지 않는다. 물에 데친 노인두에 고추, 생강, 마늘, 소금만 더하면 충분하다. 신선한 향 덕에 술술 넘어가는 데다가 씹는 맛도 있다.

가정에서 가장 흔히 하는 요리는 노인두 고추 볶음과 노인두 편육 볶음이다. 노인두 고추 볶음의 조리법은 다음과 같다. 우선 깨끗이 썻은 노인두와 고추를 준비한다. 노인두는 물에 데친 뒤 물기를 제거한다. 고추는 씨를 제거해둔다. 팬에 기름을 두르고 약 160도로 달군 뒤 재료들을 기름에 살짝 데치고 표면에서 수분이 증발하면 꺼내서 기름기를 뺀다. 기름이 살짝 남은 팬에 편마늘을 볶아 향을 내고 조미료와 진한 전분물을 넣어 볶은 뒤 참기름을 두르면 완성이다.

노인두 편육 볶음을 만들 때는 고기, 노인두, 피망, 생강, 마늘을 준비한다. 피망은 작게 자르고, 생강과 마늘은 편으로 썬다. 노인두를 깨끗이 썻고 얇게 썰어 물에 데친 뒤 냉수에 헹구고 물기를 뺀다. 얇게 썬 고기를 채 썬 생강과 전분, 소금, 간장, 맛술을 섞어서 만든 양념에 재운다. 기름을 두르고 160도 정도로 달군 팬에 재워둔 고기를 넣어 노릇노릇해질 때까지 볶는다. 생강, 마늘, 피망을 넣어 잠시 볶다가 소금을 친 뒤 준비한 노인두를 넣어 3~4분간 더 볶으면 된다.

어릴 적 들었던 전통극 대사 중에 "30년 하동, 30년 하서"*라는 가락이 있었다. 아무래도 전통극 대사는 인생을 살아가며 어른이 되는 과정에서 더 진실하고 절절하게 다가오는 법이다. 1980년대의 많은 중국인은 공부를 하거나 생계를 꾸리기 위해 해외로 나가는 길을 택했다. 반면 1990년대부터는 수많은 외국 청년이 중국에 들어왔다. 그들은 공부를 하거나 일자리를 구하고 결혼해서 아이를 낳으며 중국인의 삶에 완전히 녹아들었고 중국식으로 생활하기를 택했다. 특히 쿤밍에 사는 외국인들은 중국 생활에 잘 섞여들었는데, 그들은 중국어를 대체로 유창하게 사용했다. 심지어 서로 다른 국적의 외국인들이 만나면 제3외국어인 중국어로 소통하기도 한다.

그들은 윈난 사람과 마찬가지로 매년 버섯 철이 오기만을 기다린다. 쿤밍에 사는 샤톈夏天(영문명 샘)이 바로 그런 외국인 중 한 명이다. 샤톈은 아직 젓가락 사용도 익숙하지 않았을 때 포크와 나이프를 써서 전복 소스 노인두를 맛보았는데, 그때부터 윈난의 버섯과 사랑에 빠졌고 윈난까지 사랑할 수밖에 없었다고 한다. 내가 처음 샤톈을 봤을 때 그는 머리카락과 수염을 길게 기르고 있어서, 멀리서 보면 마치 '라오런터우' 로고 속 다빈치 같았다.

---

* 30년 전에는 운수가 좋아서 황허 동쪽에 살았지만 30년 뒤에는 황허 서쪽에 산다는 뜻으로 세상사나 사람의 팔자가 끊임없이 변화한다는 것을 비유한다.

1997년 샤텐은 어학연수생 신분으로 고향 런던에서 톈진天津으로 왔다. 그는 학교 교육과정이 기계적이고 틀에 박혀 있다고 느꼈다. 그래서 휴학하고 중국의 여러 곳을 돌아다니며 중국인과 더 자주 접촉하려고 했다. 그 덕분에 그의 중국어는 훨씬 빠르게 유창해질 수 있었다.

그는 쿤밍에 도착한 뒤 얼마 지나지 않아 자기가 이곳을 매우 좋아한다는 사실을 깨달았고 런던으로 돌아간 뒤에도 쿤밍이공대학에서 계속 공부하겠다고 결심한다. 런던에서 대학 졸업식을 마친 그날 그는 당장 비행기 표를 사서 쿤밍으로 돌아왔다. 그때 그가 챙겨온 가장 중요한 물건은 젬베(서아프리카의 전통 타악기)였다. 젬베는 그에게 매우 각별한 의미를 지닌 물건이었고 그는 더 많은 사람이 이 악기를 알고 좋아해주기를 바라는 마음으로 중국식 젬베를 제작하기로 마음먹는다.

마침 그는 쿤밍 공항에서 우연히 목제 화병을 파는 가게를 발견한다. 그래서 곧장 징구景谷에 있는 이 가게의 공장에 찾아가 망고나무로 젬베 몸체 20개를 주문했고 그다음 피혁 시장으로 가서 북 표면에 씌우기 적당한 소가죽을 골랐다. 이렇게 중국 현지화한 첫 번째 젬베가 만들어졌다. 샤텐은 이 젬베를 윈난의 밴드들과 술집에 퍼트렸고, 연주자들은 모두 이 악기를 좋아했다. 얼마 지나지 않아 쿤밍, 다리, 리장 등 밴드 연주가 펼쳐지는 술집에서는 모두 둥둥거리며 북을 쳐댔다. 그러던 어느 날 리장의 여행 기념품 가게를 운영하는 한 사장이 이 풍경을 보고 사업 가능성을 발견했고 그 후로 이 북은 '둥바구東巴鼓' 또는 '샤텐구夏天鼓'라는 이름으로 더 널리 퍼져나갔다. 예술을 사랑하는 수많은 청년이 리장의 술집에서 북 연주법을 배웠으며 리장을 떠날 때에도 북을 짊어지고 갔다. 이는 '검 한

자루에 의지해 하늘 끝까지 가리라'라는 기개로 여겨졌다. 여기까지가 젬베가 중국에 들어온 유래와 그 발전에 얽힌 이야기다.

샤톈은 쿤밍에 오고 나서 쿤밍에서 오래 거주한 몇몇 외국인과 함께 『쿤밍 가이드북』을 편집했다. 하루는 원고를 놓고 토론하다가 술에 취한 상태로 쿤밍 문화계의 근거지였던 낙타 바에 이런 광고를 내고 말았다. '진 토닉 한 잔에 10위안, 칭다오 맥주 5위안.' 이튿날이 되자마자 쿤밍의 모든 외국인이 낙타 바로 몰려들었다. 멍청한 실수 때문에 바는 손해를 봤지만 전 세계 사람들이 대동단결하는 평화로운 풍경이 만들어지긴 했다. 중국인, 외국인은 너 나 할 것 없이 함께 술잔을 부딪쳤고, 술기운이 한껏 오르자 서로 끌어안고 속닥속닥 속내를 털어놓았다. 샤톈은 런던에서 가져온 젬베와 그 외 여러 타악기의 연주법을 사람들에게 가르쳐주었다. 바의 분위기는 빠르게 무르익었다. 이날을 기점으로 샤톈은 쿤밍 록 밴드와 만났고 나아가 훗날 중국에서 사업을 펼치는 계기를 마련했다.

그때 쿤밍의 밴드는 기본적으로 일종의 지하세계의 존재로, 상업 공연을 할 기회가 없었다. 가진 것이라곤 음악에 대한 각자의 열정뿐이었기에 대단히 순수했다. 게다가 이런 현지 밴드는 다른 지역 문화의 영향을 과하게 받지 않아서 그 자체의 고유함을 유지하고 있었다. 샤톈은 이 순수함에 깊이 감동했다. 그는 밴드들을 위해 능력이 닿는 한 열심히 홍보했고 나중에는 밴드가 공연을 열 수 있는 술집을 운영했다.

2004년 그는 쿤밍에 첫 번째 라이브 하우스, '말해 바'를 만들었고 훗날 몇 년간 밴드와 함께 베이징 떠돌이 생활도 했다. 어느 해 겨울, 베이징으로 샤톈을 만나러 갔던 리더우는 덜덜 떨고 있는 샤톈을 보고 경악했다.

샤톈이 입은 오리털 외투가 세탁기에 돌려진 후 솜털이 죄다 팔꿈치로 몰려서 보온성이 하나도 없었던 것이다. 덜덜 떠는 샤톈에게 리더우가 말했다. "쿤밍으로 돌아와." 그렇게 샤톈은 6년이나 떠나 있었던 쿤밍으로 돌아왔다.

샤톈은 밴드의 홍보 담당이기도 했지만 밴드 멤버이기도 했다. 2002년부터 샤톈은 공연에 참여하기 시작했고, 몇몇 밴드와 순회공연을 다니기도 했다. 그는 현지 밴드의 국제적인 요소로서 역할했다. 한번은 미러에서 공연을 하기 전 트럭을 타고 거리를 돌았는데 차에 달린 확성기로 "영국에서 온 예술가를 소개합니다, 멋진 공연이 바로 오늘 밤 펼쳐집니다!"라고 홍보했다. 그날 밤 공연장은 인산인해를 이뤘지만 공연 중 어떤 사람이 갑자기 튀어나와 '가짜 외국인'이 아니냐는 의문을 제기했고 덩달아 관중은 속았다고 생각하며 분분히 환불을 요구했다. 샤톈은 다급한 와중에 기지를 발휘해 속옷 속에 숨겨뒀던 여권을 꺼내 자신의 결백을 증명해야 했다. 백인이 온몸으로 증명한 결백함은 설득력을 발휘했고, 그제야 소란이 잠재워졌다. 2004년부터 샤톈은 정식으로 '산런山人밴드'에 가입해 밴드의 드러머 겸 매니저를 맡았다.

윈난의 25개 소수민족에는 풍부한 예술 자원이 있다. 샤톈이 윈난에 체류하게 된 이유이기도 했다. 그는 귀중한 소수민족의 문화유산을 어떻게 흡수해서 자기 음악 창작의 원천으로 삼을지 음악가들과 토론해왔다. 그는 밴드 동료와 함께 마을과 산채山寨(중국 서남부 산간 촌락을 부르는 말)를 누비며 소수민족의 민간 음악 전수자들을 방문하고, 그들로부터 음악의 소재를 수집했다. 그들은 윈난의 푸얼, 란창, 시멍西盟, 린창臨滄, 시솽반나,

훙허, 누장, 추슝, 다리, 원산文山 등지의 마을과 산채를 옮겨다녔다. 라후족拉祜族, 와족佤族, 이족, 먀오족苗族, 다이족傣族, 좡족壯族 등 소수민족의 음악 자원은 거대한 보물창고나 마찬가지였다. 끝도 없고 마르지도 않았다. 매번 그들은 여기에 푹 빠져서 돌아가는 것조차 잊어버릴 지경이었다.

산채에서는 외국인 손님이 처음이었다. 손님 접대를 좋아하는 소수민족은 반드시 술을 접대했고, 손님이 술에 취해 쓰러지고 나서야 접대를 그쳤다. 샤톈과 동료들이 산채에서 해롱거리며 나와 다음 산채에 알딸딸한 상태로 도착하면 또 그곳 촌민은 열정적으로 술을 몇 대접이나 준비해서 그들에게 들이밀었다. 샤톈은 서서히 현지 소수민족과 사귀는 방법을 배웠다. 소수민족 사람들도 윈난 말을 할 줄 아는 이 외국인을 좋아하게 됐다. 샤톈은 소수민족과 교류하려면 반드시 술을 많이 마셔야 하고, 술에 취하는 게 오히려 좋다는 걸 깨달았다. 술을 마시지 않으면 그쪽에서는 그를 상대해주지 않았던 것이다.

샤톈은 윈난의 밴드라면 윈난 산속에 깊이 뿌리내려야 한다고 여겼고, 그러한 밴드야말로 분명 세계적으로 중요한 음악을 만들어낼 수 있으리라 믿었다. 산런밴드에 가입한 뒤 그는 윈난 밴드의 음악을 국외에 소개하고자 노력했다. 2014년 그는 산런밴드를 이끌고 스페인 바르셀로나에서 공연했고, 곧이어 정말로 그들은 세계 각지로 순회공연을 다니기 시작했다. 그들은 미국, 영국, 프랑스, 네덜란드, 포르투갈부터 남미와 아시아의 여러 나라에까지 갔다. 어느덧 샤톈은 윈난 밴드의 음악을 가장 멀리 전파한 사람이 되었다. 한편 그는 쿤밍에서 버섯 철을 얼마간 보내기는 했지만, 버섯을 먹고 중독돼서 난쟁이를 보는 경험은 한 번도 '누려'보지 못했

샤톈과 산런밴드의 공연, 2022년, 윈난성 쿤밍, 샤톈 제공

다. 그도 예술가로서 창작에 영감을 준다는 버섯 중독을 한 번쯤 체험해보고 싶었지만 윈난에서는 아무리 버섯을 먹어도 중독되지 않는 것이었다. 그와 밴드 동료들이 진짜 버섯에 중독된 것은 머나먼 에콰도르에서였다.

그들은 에콰도르에 도착한 뒤 이곳이 윈난과 비슷하다는 것을 알아챘다. 기후도 비슷했지만 에콰도르의 20여 개 민족 중에서도 특히 시위아르 민족은 뜻밖에도 윈난 '와족'과 생활 습관에 있어 닮은 구석이 많았다. 그들도 음악을 사랑했고, 와족과 마찬가지로 나무 북을 썼다. 추장은 '영혼을 위한 닭고기 수프' 의식을 거행했다. 우선 모두에게 차례대로 자기 몸과 영혼이 해결하지 못한 문제를 말해보라고 한 뒤 선인장을 넣어 만든 닭고기 수프를 마시게 했다. 곧이어 차례대로 비닐봉지에 머리를 박고 모조리 토하라고 했다. 시키는 대로 전부 토하고 나자 샤톈은 정신이 말짱해지는 것을 느꼈다. 그러나 여전히 현지인이 떠드는 스페인어는 도저히 알아들을 수 없어서 무당의 노래를 들으며 날이 밝을 때까지 멀뚱멀뚱 앉아 있어야 했다. 그쯤 되니 모두 배에서 꼬르륵 소리가 나기 시작했다. 그러자 추장이 그들에게 초콜릿 한 조각을 주었고 배가 고팠던 그들은 순식간에 와그작와그작 씹어 삼켰다. 그들이 초콜릿을 다 먹어치운 뒤에야 추장은 그것이 독버섯으로 만든 것이라고 알려줬다. 몇 분 뒤 모두 중독 증세를 일으키며 의식의 저편으로 건너가버렸다.

아마존 하곡에서부터 에콰도르고원에 이르는 자연경관은 윈난에서 온 음악가들에게 마치 윈난에 돌아오기라도 한 듯 익숙했지만 현지 식료품에는 다소 적응하기 힘들었다. 어느 날 그들은 화산 분화구 부근에서 수많은 야생 버섯을 발견했다. 윈난의 야생 노인두와 비슷하게 생긴 버섯이었다. 그들은 버섯을 한 무더기 캐다가 윈난식 조리법으로 요리하기 시작했다. 해발이 높아 물의 끓는점이 낮았고 물을 아무리 끓여도 손을 집어넣을 수 있을 정도로 미지근했다. 이렇게 조리한 버섯은 윈난 것과 맛은 비슷했지만 제대로 익지 않은 탓에 모두 중독돼서 쓰러지고 말았다. 그러나 위장에만 탈이 났을 뿐, 모두 토하고 설사하며 고통에 몸부림쳤어도 끝내 환각을 보지는 못했다.

샤텐은 쿤밍에서 살면서 산런밴드와 함께 공연을 올리기도 했지만 따로 10여 개의 밴드와도 계약해 이 밴드들의 매니저가 되었고 그들의 음악을 전 세계에 알렸다. 이 밴드들의 공통점은 모두 윈난 현지의 밴드로, 윈난의 민족문화예술을 열렬히 사랑하며, 그들이 창작한 작품에도 윈난의 특색이 담겨 있다는 점이다. 그가 꾸준히 이어온 프로젝트 중 하나는 라이브 하우스를 운영해 쿤밍 밴드에게 상업 공연 무대를 제공하는 것이었다. '말해 바'에서 '렌푸臉譜' 그리고 '쭈이구이醉歸'에 이르기까지, 모두 줄곧 윈난 밴드가 자기 음악을 펼칠 수 있는 무대가 되어줬다.

사실 오늘날 록 음악계도 점점 상업화되고 있지만 샤텐은 라이브 하우스 운영을 이어오고 있다. 한편으로는 밴드가 공연할 장소를 제공하기 위해서이고, 또 한편으로는 술집을 운영함으로써 생계를 해결하기 위해서다. 그래야 상업적인 요구와 타협하느라 음악에 대한 자기 태도를 바꾸지 않을 수 있고, 경제적으로 여유가 있어야만 자기만의 독립적인 인격과 음악을 사랑하는 초심을 유지할 수 있다고 한다.

나는 샤텐의 이런 태도를 매우 높이 평가한다. 오늘날의 예술계에서는 수많은 젊은 예술가가 일찌감치 직업 예술가의 길을 선택하지만, 생계를 위해서 또는 소위 '성공'이라는 것을 지나치게 일찍 추구하느라 초심을 지키기 어렵다. 순수성이란 예술가에게 가장 귀중하면서도 기본적으로 견지해야만 하는 소양이다. 순수한 마음에서 멀어지면 상업적인 수요에 맞춰 쉽게 타협하고 그럴수록 예술가의 길은 점점 좁아지고 짧아질 수밖에 없다.

한 회식 자리에서 샤텐은 어릴 적 런던에서 지얼을 먹었던 경험과 영국의 감성적인 청년들이 버섯에 중독된 이야기들을 들려주었다. 그가 말하길 비가 내린 뒤면 땅에서 작은 흰색 버섯이 자주 돋아났는데, 이걸 먹으면 환각을 볼 수 있었다고 한다. 영국에서는 이런 작은 흰색 버섯을 채취하거나 판매하는 행위를 엄격하게 금지하지만 어린아이들은 호기심을 충족하려들면 얼마든지 기회가 있다. 풀밭에 돋아난 버섯을 채취하는 게 아니라 그대로 바닥에 엎드려 먹어버리는 것이다. 경찰도 이 아이들을 막지 못한다. 이게 그들이 어릴 적에 했던 놀이였다.

샤텐은 윈난에서 20여 년을 지냈지만 여전히 버섯을 먹고 중독된 적이 없다. 게다가 어른이 된 뒤에는 어릴 때처럼 장난을 치지도 않는다. 마주 앉은 이 솔직한 영국인을 보고 있으면 발음이 좀 이상하다는 점 말고는 그가 버섯 먹기를 좋아하는 윈난 사람이 다 됐다는 생각이 절로 든다.

땅찌만가닥버섯 (냉균)

Lyophyllum shimeji

냉균

쿤밍 사람이 간파균을 말할 때와 마찬가지로 다리 사람 역시 냉균冷菌*
을 말할 때면 야생 버섯 계급도의 최정상에 서서 다른 버섯들을 내려다보
는 것처럼 군다. 냉균은 확실히 생산량이 극히 적은 희귀한 버섯으로 해발
고도 1500미터 이상인 높은 지대의 솔숲과 침엽림 및 혼효림에서 자란다.
사람들은 보통 윈난 다리주 빈촨 지쭈산鷄足山에서 나는 냉균을 최고로 친
다. 지쭈산은 동남아 불교의 성지로 산속은 운무가 감돌며 무성한 식물로
뒤덮여 있다. 냉균은 생장하는 동안 법문 소리 속에서 천지의 영기를 받
는다. 지쭈산의 승려도 냉균으로 사찰 요리를 만든다. 그러나 워낙 생산량

* 삽화에 실린 학명은 '땅찌만가닥버섯'을 뜻하지만 냉균은 땅찌만가닥버섯보다 좀 더
넓은 범위를 포함하는 듯하다. 또한 북풍균의 학명은 땅찌만가닥버섯과 다르기에, 지쭈산
의 냉균과 북풍균을 구별해서 볼 수 있다.

이 적은지라 다리에서도 좀처럼 보기 힘들며 윈난 사람들 중에서도 들어만 봤을 뿐 실제로 보지 못한 사람이 많다. 사실 윈난 중부에 있는 해발고도 2000미터 즈음에 자리 잡은 지방 몇 군데에서도 냉균이 나긴 한다. 다만 이곳에서도 생산량은 한정돼 있고, 지쭈산이 워낙 유명하다보니 일반적으로 냉균의 산지는 지쭈산이라고 알려져 있다.

지방마다 냉균을 부르는 이름은 다 다르다. 윈난 서부에서는 비교적 진귀하게 여기는 냉균을 윈난 중부에서는 '북풍균北風菌'이라고 부른다. 윈난 중부가 입추에 접어들면 이따금 북동풍이 부는데, 북풍균이 바로 이 계절에 시장에 나온다. 그러니까 북풍균이라는 이름은 분명 계절을 따라 붙여진 것이리라. 윈난 중부 지역의 북풍균은 갓이 편평한 반구형이고 균일한 갈색을 띠고 있다. 주름살은 빽빽하며 흰색이다. 대는 둥근 기둥 형태에 가까우며 역시 흰색으로 계종과 비슷하다. 북풍균이 나는 시기에 다른 버섯들은 이미 한참 시장에서 팔린 뒤이므로 이때 시장에 깔린 빨간 고추와 파란 채소들 사이에서 문득 갈색 갓에 흰 주름살과 대를 가진 북풍균은 괜히 더 고상하다는 인상을 준다. 북풍균은 생산량이 많지 않고 보존이나 운송도 딱히 편리하다고 할 수는 없어 윈난 지역 이외의 식객들에게는 그다지 알려지지 않았다. 하지만 나는 북풍균을 윈난 야생 버섯 가족에서 중요한 일원이라 생각한다.

북풍균은 윈난 야생 버섯 중에서도 독특하고 신선한 맛이 있다. 가을바람이 불기 시작하면 쿤밍 사람은 북풍균을 사다가 깨끗이 씻고 손으로 찢어서 준비한다. 팬을 달궈 기름을 두르고 윈난 화퇴를 편으로 썰어 살짝 볶은 뒤 다진 풋고추와 홍고추 약간을 더하고 준비해둔 북풍균을 마저 넣어 1분간 볶는다. 버섯 즙이 나올 때가 되면 끓는 물을 붓는다. 뜨거운 김이 모락모락 올라오는 북풍균탕은 한기를 품은 북풍을 막아줄 수 있다. 물론 윈난 전통의 버섯 볶음으로 먹어도 좋다. 기름 두른 팬에 편마늘과 윈난 화퇴 조각을 넣어 향을 내고 저우피고추와 함께 북풍균을 넣어 센불에 달달 볶으면 된다. 어떻게 조리하든 간에 북풍균의 신선함은 한번 맛보고 나면 잊기 어렵다.

냉균의 학명은 땅찌만가닥버섯으로 길이는 보통 2~2.5센티미터이며 갓은 흑갈색을 띤 우산 형태로 매년 가을이 제철이다. 깊은 가을이 되면 냉균은 기후가 습하고 한랭한 곳의 토지를 뚫고 나온다. 게다가 균근이 서로 이어져 있어 함께 군생한다. 그래서 민간에서는 이를 한 우리의 양이라는 뜻으로 '일와양一窩羊'이라고 부르기도 했다. 냉균은 영양이 풍부하고 다른 야생 버섯과 마찬가지로 여러 종류의 단백질, 비타민, 미네랄을 함유하고 있다. 게다가 항암 물질과 인체에 필수적인 미량원소를 다양하게 함유하고 있어 현지 사람들은 냉균을 지쭈산의 4대 특산물 중 으뜸이라고 칭송한다. 평소에 냉균을 먹으면 수명이 늘고 인체 면역력이 강해지며 항노화 및 항암에도 좋다고 한다. 『전남본초』에는 냉균이 소변 불통 또는 실금을 치료하는 데에도 좋다고 적혀 있다.

다리 사람들은 요리할 때 정해진 법칙을 따르지 않는다. 생선찜을 하든 버섯을 볶든 자기네 도마 위에 올라온 것을 보고 그때그때 조합하는 식이다. 한번은 다리 친구의 집에 놀러 갔는데, 그는 원래 손님에게 매실을 넣고 조린 생선 요리를 대접할 참이었다. 그런데 갑자기 그의 부인이 잔뜩 썰어서 도마에 올려둔 가지 몇 조각을 생선탕에 넣고 함께 끓이는 게 아닌가. 그러나 생선과 가지의 맛은 깜짝 놀랄 만큼 훌륭했다.

냉균에는 기를 다스리고 입맛을 돋우는 효과가 있다. 무침, 볶음, 찜, 탕 등 어떤 방식으로 조리해도 식감이 연하고 아삭아삭해서 맛이 좋다. 냉균을 조리하는 수많은 방법 중에서도 냉균 닭찜이 가장 유명하다. 필요한 재료는 다음과 같다. 원난성 우딩의 거세계(생식 기능을 잃게 한 수탉), 냉균, 납육. 먼저 냉균은 냉수에 담갔다가 깨끗이 씻고, 닭고기는 작게 토막을 내서 준비한다. 팬에 납육의 비계 부위를 넣어 기름을 낸 뒤 닭고기와 생강, 초과, 소금을 동시에 넣고 골고루 볶는다. 5~10분 뒤 재료를 모조리 뚝배기에 담아 적정량의 물을 붓고 냉균을 넣어 약불에서 한두 시간 뭉근하게 끓인다.

또 다른 방법은 이렇다. 닭고기를 작게 토막 내고 생강, 초과, 소금을 넣어 버무린다. 그다음 납육과 냉균을 넣고 다시 한번 골고루 섞은 뒤 그대로 찜기에 넣고 두세 시간 찌면 음식이 다 되기도 전에 진동하는 향에 입맛부터 다시게 된다. 맛이 진한 걸 좋아하는 사람은 허칭鶴慶의 '주간자猪肝鮓'*와 함께 찌면 더욱 취향에 잘 맞을 것이다. 이 방식에도 색다른 풍미가 있다.

빈촨 현지 노인의 회고에 따르면 1960, 1970년대에는 농촌이 빈곤하고 낙후되어 양식이 부족했으므로 여름과 가을이면 현지 촌민은 산에 올라 냉균을 캐다가 깨끗이 씻은 뒤 산나물과 옥수수 면을 넣어 죽을 잔뜩 끓여 먹었다고 한다. 기름이나 조미료를 넣지 않았는데도 맛이 대단히 좋았단다. 이제는 사람들의 생활 수준이 그때와 많이 달라졌고 친환경 식품,

* 돼지 간, 위, 대장, 갈비 등에 향신료를 넣어 만든 것.

무공해 채소에 대한 수요도 점점 높아지고 있다. 따라서 냉균은 고산에서 자라는 천연 산중 진미로서 영양적 가치를 높이 평가받는다. 다리 사람의 야생 버섯 계급도 최정상에 올라가 '산 진미의 왕'이라는 영예를 차지한 것도 당연한 일이었다.

나는 다리 사람이 그때그때 즉흥성을 발휘한 요리를 좋아한다. 이번에 먹은 냉균이 지난번과 같은 방식으로 조리된 것인지는 도무지 알 길이 없다. 순전히 그날 그 집에 어떤 식자재가 있느냐에 달려 있다. 어쩌면 절임 채소와 함께 볶을 수도 있고, 어쩌면 얼하이호의 우렁이를 넣고 뭉근하게 끓일 수도 있다.

고급스러운 회색에 흰색이 섞인 냉균은 윈난 야생 식용 버섯 중 가장 고풍스러운 색채를 자랑하는 듯도 하다. 냉균이 자라는 지쭈산은 저명한 불교 성지다. 티베트불교는 상거리라에서 지쭈산에 도달한 뒤 남쪽으로 더 내려가지 않았고, 소승불교는 윈난 서부에서 지쭈산에 온 뒤 더 내륙으로 전해지지 않았다. 대승불교 또한 지쭈산에서 더는 윈난 서북부로 퍼져 나가지 않았다. 그러므로 다리는 윈난 종교와 문화가 특수하게 교차하는 지점이었고 덕분에 저만의 독특한 문화적 면모를 형성했다. 지쭈산에서 자라는 냉균도 덩달아 어느 정도 독특한 신선의 기운을 부여받았다고 여겨진다.

내가 처음 다리에 간 건 1980년대 말이었다. 어릴 적 다리라는 지명은 라디오에서 윈난인민방송국 일기예보를 틀었을 때에나 들려왔다. 디칭, 리장, 다리 등은 마치 저 하늘 끝에 있는 것처럼 늘 멀게만 느껴졌다. 왜냐 하면 그중 가장 가깝다는 다리조차 당시에는 차를 타고 가도 2, 3일은 걸

렸기 때문이다. 1989년이 되어 쿤밍에서 다리로 갔을 때도 여전히 하룻밤을 꼬박 달려야 했다. 하룻밤 동안 산과 물을 건너 새벽빛이 밝아올 무렵에야 지쭈산 자락에 도착했다. 얼쓰餌絲(미셴과 비슷한 윈난 면 요리) 한 그릇으로 대충 배를 채우고 바로 산 정상을 향해 출발해도 오후에야 정상에 다다를 수 있었다.

그때는 지쭈산에서 내려오면 후데취안蝴蝶泉 부두로 갔다. 30명이 작은 나룻배 한 척을 빌려 얼하이호를 건너 쌍랑雙廊으로 가서 아름다운 경치를 둘러볼 계획이었다. 당시 쌍랑의 교통편은 대단히 불편해 배를 타는 게 그나마 가장 편리한 방법이었다. 마침 연말이라 운행하는 배편이 적어 30여 명이 죄다 배 한 척에 탔다. 그런데 배가 출발하고 나서야 중량을 초과했다는 사실을 깨달았다. 배 양쪽 높이가 10센티미터나 차이 나기 시작하더니 천천히 물이 들어왔다. 시끄럽게 떠들던 사람들이 일순간 쥐 죽은 듯 조용해졌다. 모두 당장에라도 차오를지 모를 찰랑찰랑한 물을 지켜볼 뿐이었다. 다들 꼼짝없이 배가 얼른 기슭에 도착하기만을 바랐다. 그 30분의 여정이 평생의 가장 길었던 항해로 기억된다. 배가 부두에 도착하자 무거운 짐을 내려놓기라도 한 듯 손발의 힘이 탁 풀렸다.

그 무렵 쌍랑은 하나의 공동체 같았다. 온 마을에 거리도 하나, 여인숙도 하나뿐이었다. 여인숙의 방마다 촉수 낮은 어스름한 노란색 백열전구가 달려 있었다. 우리는 이튿날 아침에 하이둥海東에서 창산蒼山 얼하이호를 보기로 계획하고 다닥다닥 붙어 누운 채 금세 곯아떨어졌다. 지금 와서 생각해보면 그 작은 어촌이 다리 여행의 필수 방문 명소가 됐다는 게 믿기지 않는다.

그 뒤로도 오랫동안 나는 해마다 다리를 찾았다. 다리에는 산도 있고 물도 있지만 무엇보다 재미난 사람들이 살고 있기 때문이었다. 남조南 詔* 문화의 영향 때문인지, 아니면 바이족 사람이 줄곧 간직해온 '청백전 가'(대대로 청렴하고 공정함을 지킨다)라는 전통 때문인지는 몰라도, 다리의 친구들은 냉균처럼 선풍도골仙風道骨의 기질을 가졌다.

한동안 다리에 갈 때마다 나는 고성 남문 밖에 있는 니마尼瑪의 MCA 에 머무르고는 했다. 니마는 내가 본 사람 중 지구촌 의식을 가장 일찍부 터 가진 다리 사람이다. 그는 일찍이 양런가洋人街에서 카페를 운영했는 데, 서양인들이 샹거리라와 티베트에 매료된 것을 알아차리고 카페 이름 을 '티베트 카페'로 바꾸었고 자신의 중국식 이름도 티베트식 이름 '니마' 로 바꿨다. 당시 사람들이 아직 '세계시민'이라는 개념을 낯설어할 때 니 마의 처제는 미국에서 결혼했고 니마의 아들도 미국에서 태어났으며 그 렇게 니마는 미국인의 부모가 되었다.

니마는 서양인 배낭여행객이 니마의 카페에 와서 양식 조리법을 가르 쳐주면 보답으로 저녁 식사를 공짜로 제공했다. 몇 년이 지나자 그는 정통 양식 조리법을 책 한 권 분량만큼 모았고, 양식 조리 경험도 꽤 쌓을 수 있 었다. 티베트 카페가 성행하자 니마는 다리의 호텔업에 눈독을 들였다. 그 는 카페를 팔아 목돈을 만든 뒤 고성 남문 밖에 다리에서 처음으로 외국 에서나 볼 법한 여관을 열었다. 그리고 여관에 YMCA에서 Y를 뗀 MCA 라는 이름을 붙였다. 여관 내부에는 화원, 수영장, 카페, 비즈니스센터가

* 당나라 시기 바이족 등을 중심으로 해서 윈난 일대에 세워진 나라.

있었고, 그 시절 다리의 대표 장소가 됐다. 수많은 예술가와 흥미로운 인물들은 다리에 오면 MCA에 가서 한동안 게으름을 피우며 뭉개곤 했다. 계속 머무르다가 결국 다리에 정착한 사람들도 있다. 영화감독 장양張揚도 그중 한 사람이다. 그 시절 리샤오훙李少紅이 만들고 비교적 널리 알려졌던 드라마 「사랑이 붉어지다橘子紅了」도 이곳에서 구상하고 창작했으며 장양의 영화 「샤워」도 MCA에서 극본을 썼다. 나중에 장양은 MCA 뒤 원락에 살면서 '뒤뜰'이라는 클럽을 만들었는데, 다리에 온 예술가들은 모두 이곳에 모여들었다.

1990년대 말 중국의 인터넷은 바야흐로 힘차게 발전하기 시작했다. 니마는 새 시대의 도래를 의식해 '메콩강 예술' 홈페이지를 만들었고, 사람을 만나기만 하면 무슨 웹사이트들을 이야기했다. 그는 미래에는 네트워크가 예술작품의 표현 방식이나 교역 형식을 바꿀 거라고 여겼다. 모두 그의 말을 꿈같은 소망이라고 듣고 넘겼을 뿐, 이에 관해 그와 진지하게 토론하려는 이는 없었다. 몇 마디 대충 대꾸한 뒤 노래할 사람은 노래하고 술 마실 사람은 술을 마셨다. 그러나 눈 깜짝할 새 오늘날에 이르러 과거 니마가 MCA 수영장에서 예언했던 미래가 이미 현실이 되었다.

내가 다시 다리에 간 건 그로부터 10년 후였다. 어느 날 지인 푸浦 냥냥이 전화를 걸어오더니 다리에서 기인 한 명을 만났다는 것이다. 그 사람은 베이징 예술계를 아주 잘 알지만 본토박이 다리 사람으로, 그림도 그리고 시도 쓴다고 했다. 창산에 운무가 일면 그는 흰 셔츠에 흰 바지 차림으로 산에 올라 위다이로玉帶路에서 노닌다고 했다. 그 뒤를 그의 애인이 배낭을 메고 종종걸음으로 쫓아다니는데, 그 배낭 안에는 그 기인이라는 사

람이 읽을 책과 전기다리미만 달랑 들어 있다고 한다. 비단옷이 꾸깃꾸깃
해지는 걸 참을 수 없다나. 그 사람은 평소 얼하이호의 어느 섬의 큰 저택
에서 지내며 낚시를 하거나 땅을 일구고, 시를 쓰거나 그림을 그린다고 했
다. 말만 들으면 완전히 진융金庸(홍콩 소설가)의 무협 소설에 나오는 어느
선인이 환생한 것 같지 않은가. 그래서 우리 친구 몇몇은 그 기인을 만나
려고 서둘러 다리로 달려갔다.

　역시 푸 냥냥의 묘사대로였다. 위지섬玉幾島에서 꽃 피는 화창한 봄날이
면 얼하이호를 마주하고 서는 바이족 준재俊才를 만날 수 있었다. 그는 자
오칭趙靑이라는 사람으로 그의 조상은 대대로 쌍랑에서 살았다고 한다. 들
리는 말에 의하면 옛날에 두문수杜文秀*가 이곳에 주둔했는데 쌍랑 마을
사람들은 덩달아 자기들이 여느 마을 사람하고 출신이 다르다 여기며 늘
일종의 우월감을 느꼈고 문화와 예술을 특별히 숭상했다. 1990년대 초 자
오칭은 공부를 하기 위해 시모노세키로 갔지만 이곳에서는 배우고 싶었
던 것을 다 배울 수 없다고 판단하고 짐을 챙겨 옌징燕京(베이징의 옛 이름)
으로 간다. 그리고 위안밍위안圓明園의 화가 마을에 들어가서 직업 예술가
가 된다. 그의 이웃은 팡리쥔, 웨민쥔嶽敏君 등의 화가들이었다.

　팡리쥔은 들개 같은 생존 방식을 갖춰야만 화가 마을에서 살아남을 수
있다고 여겼다. 반면 어릴 적부터 풍요로운 자연의 쌍랑에서 자란 자오칭
은 보헤미안처럼 생활했다. 농민의 집을 빌려 살면서 그림을 그리고, 시를
쓰고, 춤을 췄다. 먹을 것은 있을 때도 있고 없을 때도 있었다. 밥을 먹을

* 청나라 때 윈난에서 일어난 후이족 봉기의 지도자.

때도 젓가락을 찾는 대신 손에 잡히는 유화 붓을 젓가락 삼아 먹었다. 이런 가난한 예술가의 전형적인 생활 방식에 그는 몰입했다. 그러나 겨울이 오자 난방 문제에 직면할 수밖에 없었고 작품도 팔리지 않는 곤궁한 상황에 처했다. 불어오는 북풍처럼 그도 다리로 휙 돌아왔다.

자오칭은 조상에게 물려받은 집 맞은편에 바이족 전통 양식의 커다란 저택을 지었다. 그곳이 바로 우리가 자오칭을 처음 만난 곳이다. 대문 밖에는 백사장이 있어서 해 질 무렵이면 돌계단에 올라 문가에 기댄 채 저 멀리 창산산의 저녁노을을 내다볼 수 있었다. 어민이 갓 잡아올린 뱅어를 가져다주면 소쿠리에 담아 얼하이호 바닷물에 깨끗이 씻은 뒤 집사 라오양老楊이 만든 바이족 특별 조미료를 묻힌다. 여기에 맥주 한 병을 곁들이면 창산산과 얼하이호의 산수 속에서 원시 생태를 고스란히 간직한 만찬이 시작된다. 이런 분위기와 풍경을 눈앞에 두고 식사를 하려니 황홀함에 젖으며 실감이 나지 않았다. 자오칭이 20여 년 전부터 이런 유토피아적인 생활을 했다고 하면, 오늘날의 사람은 대부분 믿지 못할 것이다. 저택 안에서 자오칭은 그림을 그리고 몽롱시朦朧詩를 쓰며 이 작은 섬을 그의 보루로 만들었다. 그의 시집 제목도 바로 『허설의 성虛設之城』이다.

당시 나는 오늘날 미국 『내셔널 지오그래픽』의 중국판 전신이라고 할 수 있는 『산차山茶·휴먼 지오그래피 매거진』을 만들고 있었다. 여기에 자오칭을 소개하는 글을 한 편 썼고 제목 역시 '허설의 성'이라고 붙였다. 이 글이 아마 세상에 솽랑을 가장 먼저 소개한 글일 것이다. 사람들이 이 글을 읽고 솽랑을 찾을 때면 무척 뿌듯해진다. 어느 여름날 베이징 시자오西郊 호텔 수영장에서 샤오디小弟라는 젊은이는 우연히 잡지 한 권을 집었다가 「허설의 성」을 읽는다. 이런 곳이 있다는 걸 믿을 수 없었던 그는 당장 다리로 갔고, 머물기 시작한 날로부터 그 후 20년을 넘게 살면서 만튀둬_{曼陀羅}

陀羅, 옌슈거_{焱秀閣}, 지랑_{吉廊} 등의 여관과 민박집을 열었다. 그는 광저우미술학원을 졸업한 지인과 함께 숙박업을 성공적으로 경영했다. 샤오디는 베이징에 있을 때 문화계 인맥이 대단히 넓은 사람이었다. 그래서 베이징 문화계의 친구(가수 왕페이_{王菲} 같은 지인이 적지 않았다)들은 다리에 오면 반드시 그의 집에 머무르곤 했다.

이 일화에서 알 수 있듯, 자오칭은 그의 독특한 생활 방식으로 다른 사람들이 자기 인생의 궤도와 가치관을 새롭게 조정하도록 일깨웠다. 그는 중국에서 가장 일찍 '향토 건설'을 실천한 사람이라고도 할 수 있을 것이다. 최근 20년 동안 샤오디 같은 외지 사람들이 자신의 익숙한 삶의 터전을 떠나 다리에 와서 다리의 일상생활에 녹아들었고, 생명의 가치를 새롭게 살피고 탐색했다.

사람은 다 아름다움을 발견하는 눈이 있으므로 누구나 챵랑의 아름다움을 알아볼 수 있었다. 자오칭이 위지섬에 만든 '허설의 성'은 결국 여행 개발업자의 눈독을 피하지 못했다. 집 안의 풀 하나, 물건 하나, 심지어 장식용으로 둔 늙은 호박과 마른 고추까지 모두 일종의 예술품으로서 값이 책정된 뒤 여행 개발업자에게 몽땅 넘어갔다. 여기에는 부엌에서 몇 년이나 공생했던 뱀도 당연히 포함되어 있었다.

현금을 두둑하게 챙긴 자오칭은 아내 샤오파이_{小排}와 아들 푸얼_{福兒}과 함께 다리 고성으로 이사했다. 그리고 양런가에서 재미난 집을 찾아내 그곳을 술도 마실 수 있고 투숙도 할 수 있는 '냐오_鳥 바'로 개조했다. 이 술

집은 생긴 뒤 20여 년 동안 예술을 사랑하는 다리의 청년들에게 전설적인 장소가 되어주었다. 그동안 나는 고성 거리에서 갓 태어난 푸얼을 안고 다니는 자오칭을 자주 보았다. 겉보기에는 그가 이 소소한 생활에 만족하며 사는 것 같았지만 늘 그의 눈에는 한 줄기 외로움이 있었다. 자오칭은 당시의 삶에서 즐거움을 느끼지 못했다. 친구들은 자오칭에게 솽랑에 돌아가서 집을 하나 새로 지으라며, 그의 건축 재능을 다시 불러일으키라며 분분히 권유했다. 자오칭은 고성에서의 안일한 생활과 건축에 대한 꿈 사이에서 오랫동안 갈등했다. 친한 친구들은 여전히 노파심에 그더러 솽랑에 돌아가서 집을 지으라고 재차 권유했다. 심지어 양리펑은 거대한 풍차를 선물하겠다고 했고, 나도 그가 후데취안 부두에서 얼하이호로 건너갈 수 있도록 모터보트 한 대를 선물하기로 했다. 하지만 그는 깊은 품성이 느껴지는 미소를 지을 뿐, 꿈쩍도 하지 않았다.

마침내 어느 날 다리에서 소식이 전해져왔다. 자오칭이 솽랑에 집을 짓기 시작했다는 것이다. 친구들은 환호작약하며 그를 위해 기뻐했다. 그러나 1년이 넘도록 그의 집이 완공되었다는 소식이 들리지 않았다. 우리는 그의 집이 얼마나 지어졌는지 궁금해서 솽랑에도 가봤지만 고작 담장을 쌓고 있을 뿐이었다. 그는 완전히 자기 속도에 맞춰 조금씩 집을 올리고 있었다. 인부들에게도 가장 전통적인 공예 방식으로 집을 짓도록 요구했으며, 벽돌 틈새는 최소한으로 갈았고 벽돌을 쌓아올릴 때도 옛 방식대로 찹쌀풀을 쒀서 만든 접합제를 썼다. 공정 진도는 몹시 느렸다. 모두 입을 모아 이건 한 세기가 걸릴 공정이라고, 기약이 없는 일이라고 말했다. 그로부터 얼마나 지났는지 기억도 나지 않는 어느 날, 자오칭이 갑자기 모두를 쌍랑으로 초대했다. 그의 집이 완공된 것이다.

새집의 이름은 '칭루青盧'였다. 집은 돌, 강재, 나무 세 종류의 간단한 재료로 지었다. 건축 자재는 평범했지만 디자인의 승리였다. 자오칭이 그의 성에 관한 꿈을 리모델링한 것이다. 그는 방문자에게 마을 도로를 따라 오지 말고 차는 주차장에 세워두라고 했다. 대신 집안의 인부에게 배를 타고 가서 손님을 나루터로 데려오라고 했다. 나루터에서 보아야 그의 건축 작품의 총체를 효과적으로 보여줄 수 있었다. 노 젓는 어민이 바이족의 그물 당기기 곡조를 흥얼거리자 마치 품격 있는 의식을 행하는 듯한 기운이 느껴졌다. 사각 형태의 파이프 철골 구조와 유리로 만들어진 긴 복도가 암초에서 뻗어나가 얼하이호의 수면 위, 창산산 얼하이호의 서쪽 바다를 보기에 가장 좋은 각도로 매달려 있었다. 정원은 크지 않았지만 전부 자오칭의 설계에 따라 봉우리가 층층으로 겹겹이 굴곡을 이뤘고, 구불거리는 산길 역시 야성적인 정취를 갖고 있었다. 자오칭은 그의 쌍랑 생활을 다시 한번 새롭게 정의했다. 삽시간에 문화예술계, 패션계, 디자인계 친구들이 날아왔고 수시로 드나들기 시작했다. 자오칭은 자신의 건축 재능과 오랜 자아 수행, 남다른 풍격의 생활 방식으로 난화이진南懷瑾(타이완의 석학) 선생과도 인연을 맺었다. 난 선생의 문하에 든 것은 평생 얻기 힘든 복이었다.

칭루가 지어진 뒤 쌍랑에는 바이족의 전통 민가와는 다른 참신한 건축 모델이 생겨났다. 친구들은 우르르 찾아와서 자오칭에게 자기 마음속에 있는 '꽃 피는 화창한 봄날, 대해를 마주하는' 그 집을 지어달라고 의뢰했다. 양리핑, 장양 등의 예술가가 모두 쌍랑에서도 가장 절경을 자랑하는 자리에 개인 작업실을 세웠다. 모두 전형적인 자오칭 건축 양식을 따라 단순히 돌, 벽돌, 나무와 강재를 썼을 뿐이다. 하지만 호방함을 풍기는 넓은 아치형 문은 자오칭의 마음속 왕자의 패기를 다소 드러냈다.

쑹랑은 자오칭으로 인해 서서히 변화했다. 문화가 발전했고, 이를 기점으로 도시인이 시골에 오면 느끼는 천연의 흡입력을 이용해 지방 경제를 선도했다. 자오칭이 쑹랑에 지속적인 발전이 가능한 가장 적합한 모델을 제공했다는 데는 의심의 여지가 없다. 천성적으로 영리한 바이족 마을 사람들은 어렴풋한 와중에도 미래가 자신들의 생활 방식을 바꾸는 냄새를 맡았다. 자오칭의 칭루 구상은 민박에 아름다운 디자인을 더하는 것이었다. 외지의 여러 빌딩과 상업용지 디자인이 자오칭에게 맡겨졌다. 그때 나는 쿤밍에서 자오칭과 자주 만났는데 그는 비즈니스 미팅이 끝난 깊은 밤이면 늘 옛 친구를 불러내서 한잔하곤 했다.

당시 자오칭의 운전기사는 말수가 적고 침착한 젊은이로 볼 때마다 얌전히 차에서 대기하고 있었다. 몇 년 뒤 장발을 휘날리는 멋스러운 바쒼八旬은 바로 그 젊은이가 자신이었다고 알려줬지만 우리는 그 두 사람이 동일 인물이라는 걸 영 믿을 수 없었다.

바쒼도 쑹랑 현지인으로 자오칭보다 열 살 어렸다. 자오칭이 스물다섯의 나이로 베이징에서 가져온 참신한 삶의 방식은 바쒼 나이대의 청년들에게 암암리에 영향을 끼쳤다. 바쒼은 중학교를 졸업한 뒤 얼하이호의 유람선 '하이싱海星'호에서 선원 노릇을 했다. 바이족 말만 할 줄 알았던 바쒼은 3개월 동안 표준어를 쓰는 일꾼과 아무런 교류도 할 수 없었고 외로움을 느꼈다. 단조롭고 반복적인 유람선 일을 견디다 못한 바쒼은 과감히 일을 그만두고 쑹랑으로 돌아와서 집안의 뱅어 사업을 도왔다. 하지만 하늘은 그 풍운을 예측하기 힘든 법이라더니, 뱅어 가격이 폭락하는 바람에 그는 파산했고 빚만 잔뜩 남았다. 바쉰은 화물 운송과 중고 휴대전화 판매에 뛰어들 수밖에 없었다. 집안의 빚을 한 푼이라도 더 갚을 수만 있다면 무슨 일이든 하려들었다.

자오칭은 이 영리한 바이족 후배가 마음에 들어서 바쉰에게 차를 운전해달라고 하거나 집 짓는 과정에서 생기는 문제를 처리하게 했다. 바쉰도 그 과정에서 많은 것을 배웠다. 자오칭은 바쉰에게 자신의 일을 거들게 할 생각이 있었지만 아무리 많은 급료를 준대도 바쉰이 집안의 채무를 해결하기는 어려웠다. 바쉰은 매일 일을 몇 가지나 하면서도 시간만 나면 자오칭을 찾아갔다. 자오칭의 시야가 넓고, 사귀는 사람도 매우 재미있어 색다른 것을 배울 수 있으리라고 여긴 것이다.

스물한 살이 되던 해 바쉰은 솽랑에 자기 작업실 '웨량궁月亮宮'을 짓던 양리핑을 만난다. 양리핑은 젊고 잘생긴 바쉰을 마침 제작 중이던 무극 「윈난영상云南映象」에 무용수로 캐스팅하려고 했지만 바쉰은 그 수입으로는 집안을 도울 수 없다고 여겨 완곡하게 거절했다. 양리핑은 솽랑에 올 때마다 바쉰네 뜰에 차를 세웠고, 바쉰을 보면 문가 돌계단에 앉아 잡담을 몇 마디 나누기도 했다. 2003년 양리핑은 작품 작업이 중단될 위기에 처하자 아예 솽랑에 지내면서 집을 짓는 데만 전념했다. 그러던 중 본래부터 기민한 구석이 있던 양리핑은 문득 솽랑의 풍경과 지금 짓고 있는 문화계 명인의 건축물이야말로 미래 솽랑의 여행 명소가 되리라고 예감했다. 그래서 바쉰에게도 니마의 MCA와 비슷한 여관을 지으라고 제안했고 바쉰은 그러려면 40만~50만 위안이 필요한데 그만한 돈이 없다고 답했다. 양리핑은 지금은 사정이 어렵지만 「윈난영상」 공연을 한 뒤 도와주겠다고 했고 2년 뒤 그 약속을 지켰다. 바쉰은 그렇게 펀쓰粉四 여관을 지을 수 있었다.

바쉰이 쌍랑에 지은 첫 번째 작품은 양리핑의 모친을 위해 지은 주택으로 전통적인 바이족 민가였다. 바이족 사람 특유의 건축에 대한 예리함과 자오칭 옆에서 오랫동안 익힌 실제 경험을 바탕으로 바쉰은 첫 번째 작품으로 단번에 호평을 받았다. 그 후로 바쉰은 수많은 디자인 작업을 맡았다. 자기 프로젝트도 있었고 친구에게 위임받은 것도 있었다. '펀쓰' 등 상업용 건물은 이내 쌍랑의 명소가 되었고, 쌍랑 여행업의 변화와 발전을 이끄는 데 일조했다. 쌍랑 사람들은 바쉰이 앞으로도 큰일을 할 만한 사람이라 여기고는 그를 쌍랑의 촌 주임으로 추대했다. 2007년 펀쓰를 짓는 동안 그는 마을 사람들의 투표로 촌 주임으로 선출됐다. 마을 사람들이 그에게 기대한 것은 순박하면서도 직접적이었다. 바쉰이 외지 사람들과 인맥이 좋으니 최소한 설마다 촌민을 위한 자선사업을 추진해서 설을 쇨 경비를 벌어오리라고 여긴 것이다. 바쉰은 기대를 저버리지 않았고 촌 주임으로 있는 동안 매년 각 집에 설을 쇠는 비용으로 3000~4000위안씩을 나눠줬다.

2012년 바쉰은 다리에서 비교적 경영이 잘되는 20여 개 여관의 사장들을 쌍랑으로 초청해 쌍랑의 공익 포럼을 열고 다리 여행업의 발전을 위한 길을 토론했다. 쌍랑의 여행업이 잘될수록 마을 사람들도 덩달아 형편이 좋아졌다. 그러나 마을 사람 일부는 촌 주임이라는 자리 덕분에 바쉰이 경제적으로 이득을 취했을 거라고 생각했고 그 바람에 약간의 구설수가 있기도 했다. 다행히 바쉰은 재무적으로 깔끔히 운영해왔기에 재무 감사를 통과할 수 있었지만 이런 곡절을 겪자 자기는 역시 디자이너 일이 더 잘 맞는다는 것을 깨달았다. 2014년 바쉰은 촌 위원회를 사직하고 자기가 사랑하는 디자인 작업에 몰두했다.

그 뒤 다리에 대한 미디어 작품들이 인기리에 방영되자 솽랑은 또 한번 예술을 사랑하는 청년들이 찾는 필수 여행지가 되었다. 마을 사람들은 각종 여관을 짓고 운영하는 일로 생계를 꾸렸다. 짧은 시간 안에 솽랑 마을에는 민박집이 이웃해 지어졌고 마을의 길도 자연스레 나폴리처럼 좁은 해안 도로로 바뀌었다. 바쉰은 이곳이 이미 낯선 곳이 되었다고 느꼈다. 그래서 그는 솽랑 뒤에 있는 훠산彤山산에 자기 거처를 짓기로 한다. 그런데 훠산산에 가보니 그곳이야말로 얼하이호를 내다보기에 가장 좋은 장소가 아닌가. 바쉰은 또 가진 걸 탈탈 털어 훠산산 꼭대기에 훠산미술관을 짓기 시작했다. 그는 직접 건물을 짓기 시작한 이후로 돈이 생기면 바로 공사를 시작한다는 철칙이 있었고, 미술관은 지금까지도 완공되지 않았지만 공사장부터 이미 명소가 되었다. 수많은 여행객이 가림막을 넘어 들어와 공사장 구석구석을 촬영했고, 산수 속에서 아름다운 사진을 잔뜩 남겼다.

과거 자오칭이 문화예술이라는 개념을 솽랑의 일상에 주입하고, 솽랑이 가진 여행 자원을 적극적으로 활용한 것이 이 작은 마을의 1.0 버전 발전이라면 바쉰은 그 모든 것을 이어받아 솽랑 문화 여행을 2.0 버전으로 발전시켰다고 할 수 있다. 또 더 특별한 의의를 갖는 것은 최근 몇 년간 바쉰이 중국 최고의 건축가와 인테리어 디자이너들을 솽랑으로 초대해 난

자오칭이 위지섬 '허설의 성'에 있다. 1999년, 윈난성 다리, 마오제毛傑 촬영

로 곁에서 밤새 이야기를 나누며 그들이 쌍랑의 발전을 위해 좋은 아이디어를 내주기를 청하고 바쉰 본인도 그로부터 독특한 창작의 싹을 피워냈다는 것이다. 2022년 5월 바쉰이 건축 설계를 맡고 셰커謝柯스튜디오에서 실내 인테리어를 맡은 쌍랑미술관이 개막했다. 동시에 휘산미술관, 휘산 예술가 마을과 반산半山 호텔이 세워지며 쌍랑 예술 마을 3.0 버전이 가동됐다.

　30여 년 전의 쌍랑 여행 때부터 다리는 이제 내게도 삶의 궤적에 새겨진 표식과 같다. 이곳을 몇 번이나 오갔는지 헤아릴 수 없을 정도다. 딸 신디芯荻는 태어난 지 43일째 되던 날 나와 함께 덜컹거리는 차를 10시간이나 타고 다리에 가서 일광욕을 했다. 아이도 그때부터 다리를 사랑했고, 우린 윈난에 갈 때마다 다리에서 며칠 머물곤 했다. 이제는 다리에 가는 일도 전동차로 2시간 만에 도착할 수 있는 여정으로 바뀌었다. 이 글을 쓰는 지금, 나는 쿤밍에서 다리로 향하는 전동차에 타고 있다. 점심에 쿤밍에서 출발해 다리에서 회의를 하고 밤에는 쿤밍의 집으로 돌아와 저녁 식사를 한다는 건 몇 년 전까지만 해도 사치스러운 바람이었다. 천지개벽에 감탄함과 동시에 다리의 달라진 사람들을 생각하면 저도 모르게 감회에 젖을 수밖에 없다. 다리로 왔던 많은 친구가 또 세계 각지에 나가 살고 있으니 말이다. 바르셀로나에는 과거 '게으름뱅이 북카페'에서 함께 놀던 양순楊舜이 살아서 그와 함께 가우디의 기묘한 건축물을 탐방했고 뉴욕에서는 소호의 교장 선생인 한샹닝韓湘寧의 작업실에서 과거 뉴욕에서 잘나갔던 중국, 타이완의 예술가들과 더불어 얼하이호 주변에 이웃한 미술관의 과거와 현재를 이야기하며 감회에 젖었다. 마치 세계의 거의 모든 곳에서 다리의 '고향 친구'를 만날 수 있는 듯하다. 예술가 팡리쥔, 웨민쥔은 철새처럼 다리를 오간다. 장양은 다리에 정착한 지 오래다. 작가 예푸野夫는 다리에서 치앙마이로 이주했다. 시인 베이다오北島는 중국에서 시인이 가장 많이 모여 산다는 작은 마을 '인하이산수이젠銀海山水間'에 입주했다.

2013년 12월, 장샤오강의 화집을 편집하는 작업 때문에 우리 일행은 모두 얼하이호 서쪽에 있는 여관에 머물렀다. 이는 예술비평가 황좐黃專이 세상을 떠나기 전 마지막으로 한 원난 여행이었다. 우리는 매일 새벽 얼하이 바닷가를 산책했고 어둠이 내리면 밤을 새워가며 예술 문제를 토론했다. 루프톱에서 햇볕을 쬐며 커피를 마셨고, 들을 가로질러 눈 내린 뒤의 창산산에 올라가 매화를 찾았다. 그 며칠 동안 우리는 다리의 사계절을 겪으며 무척 자유로이 지냈다. 그리고 그해 겨울, 우리는 '주웨九月'에 가서 지쭈산으로 출가하는 가수 샤오멍小孟을 송별하며 그가 아내와 함께 웃음과 눈물을 머금고 구슬프게 부르는 '구름은 저 하늘에 있고, 하늘은 저 구름에 있다네…… 사실 우리에게는 내일이 없다네'라는 노래를 들었다. 몇 년 뒤 장샤오강이 지쭈산에서 보낸 짧은 동영상 속의 샤오멍은 이미 승복 차림새였고 눈빛은 법사가 된 것처럼 정정하고도 맑았다. 샤오멍이 출가한 지 얼마 안 돼 그의 아내 샤오웨이小緯도 지쭈산에 올라가 불문에 귀의했다고 한다. 그동안 너무 많은 만남과 이별이 다리의 전설처럼 남았고 이제 도저히 일일이 헤아릴 엄두가 나지 않는다. 지금 창산산 뒤에 있는 펑위전鳳羽鎭에 터를 잡고 사는 펑신청은 과거 주간지 『신주간新週刊』의 편집장으로 있을 때 '타이완에서 가장 아름다운 풍경은 사람이다'라는 흥미로운 기획을 했고, 그 기획으로 마잉주에게 표창을 받았다. 나는 이 기획이

다리에도 알맞는다고 생각한다. 창산산과 얼하이호를 제외하면, 다리에서 가장 아름다운 풍경은 바로 가족 같고 친구 같은 사람들이 아닐까?

다리 고성에 갈 때마다 나는 반드시 양런가에 있는 이셴톈一線天 카페에 간다. 사장 라오위궁老漁公을 찾으면 비로소 마음이 탁 놓인다. 다리를 사랑하는 많은 친구가 말하길 라오위궁은 다리에 있는 자기 친척처럼 느껴진다고 한다. 이셴톈에서는 베이징이나 상하이에서는 오랫동안 얼굴을 볼 수 없었던 친구와도 쉽게 마주칠 수 있고, 스타들이 잔을 주거니 받거니 하는 장면도 자주 볼 수 있다. 코로나19의 영향으로 윈난에서는 다른 성으로 여행하는 일이 금지되었고, 상업도 큰 타격을 입었다. 그러나 이셴톈에만 들어가면 라오위궁은 눈앞에 있는 모든 것을 진작 초월했다는 듯 여전히 초연한 태도로 카드를 치거나 매실로 술을 담그는 비결을 말한다. 버섯이 생각나는 철이 오고 매일 밤 술을 기울일 때가 되면 라오위궁은 눈웃음을 지으며 맛있는 냄새를 풀풀 풍기는 꾀꼬리버섯을 들고 온다. 그러면 나도 늘 분수에 맞지 않는 요구를 한다. "라오위궁, 지쭈산의 냉균이나 좀 해 먹자고!"

해당죽손

Phallus haitangensis, 海棠竹荪

망태버섯

1970년대에는 우리가 볼 수 있는 영화라고 해봐야 다 합쳐도 열 몇 편 뿐이라 똑같은 것을 반복해서 봐야 했다. 남자아이들이 가장 좋아하는 것은 81영화제작소에서 만든 「땅굴전地道战」 「지뢰전地雷戰」 「남정북전南征北戰」 같은 전쟁 영화였다. 이미 몇십 번이나 보았지만 스크린 위에 81영화 제작소의 번쩍번쩍 빛나는 군대 문장紋章이 떠오를 때마다 흥분을 감추지 못했다. 당시에는 영화를 상영하기 전에 추가 영상이 있었다. 추가 영상의 내용은 통상적으로 오늘날의 뉴스 연합보도와 비슷한 것으로, 중앙 뉴스 다큐멘터리 제작사에서 촬영한 「뉴스 단신」 같은 것이나 과학 교육 영상 이었다. 그래서 수차례 본 전쟁 영화 한 편을 또 보겠다고 망태버섯의 생장 과정을 다룬 교육 영상을 몇 번이나 봐야 했는지 모른다. 덕분에 지금 까지 망태버섯이 어떻게 생겼는지 그림이 한 장 한 장 머릿속에 떠오르고,

255

슬로모션으로 촬영된 망태버섯의 생장 과정이 똑똑히 기억난다.

중국에는 망태버섯이 나는 지방이 많지만 윈난의 망태버섯 형태가 가장 매혹적이다. 짙은 녹색 균모와 둥근 기둥 형태의 설백색 대, 분홍색 달걀 모양의 대주머니. 그리고 대 꼭대기를 빙 두른 흰 레이스 같은 그물 형태의 치마는 갓에서부터 아래로 늘어뜨려져 있다. 이는 숲속의 정령이자 진균 세계의 꽃이다.

망태버섯은 죽삼竹蔘, 죽생竹笙이라고도 하며 마른 대나무 뿌리에 기생하는 균류 중 하나다. 향이 짙고 맛이 신선해 역사적으로 궁정에 바칠 공물에 속했고, 국가 연회에서도 망태버섯을 사용해 요리를 했으니 과연 '버섯의 여왕'이라고 불러도 지나치지 않았다. 1972년 닉슨 대통령이 중국을 방문했을 때 저우언라이 총리가 주재한 국가 연회에서는 푸룽주쑨탕芙蓉竹蓀湯(달걀과 망태버섯을 넣은 탕)이 나왔다. 닉슨을 수행해 중국을 방문했던 국무장관 키신저는 이 일을 회고록에 썼다. 그때부터 '푸룽주쑨탕'은 『백악관 시절: 키신저 회고록』에 힘입어 전 세계에 명성을 날렸다.

윈난에는 망태버섯 산지가 많고 생산량도 많아서 야생 버섯을 좋아하는 먹보들은 망태버섯을 특별하게 취급하지 않는다. 누가 망태버섯을 언급하면 그들은 경멸하듯 말한다. "망태버섯은 접대용 요리잖아." 베테랑 식객에게 접대용 요리란 손님을 대접할 때 체면치레할 셈으로 식탁의 외양만 고려했다는 뜻이다. 왜냐하면 일반 가정에서 조리해 먹는 망태버섯은 확실히 별다르게 빼어난 점이 없기 때문이다.

망태버섯은 생장 환경 조건이 무척 까다롭다. 균사가 자라는 데 가장 적당한 온도는 섭씨 20~23도로, 온도가 올라가면 생장을 멈춘다. 반면 온도가 내려면 발육이 더뎌지고, 형태가 위축되거나 기형이 되기도 한다. 망태버섯이 생장할 때 습도도 여간 까다로운 게 아니다. 균사가 생장하는 단계에서는 토양의 수분 함량이 60~70퍼센트는 되어야 하며, 수분 함량이 지나치게 많거나 부족하면 생장이 억제되거나 버섯이 질식해 죽기도 한다. 그뿐만 아니라 망태버섯은 호기성 진균에 속해서 산소가 충분해야 하며, 산소가 충분하지 않으면 역시 생장이 느려지거나 죽는다.

　　망태버섯은 죽림의 부후성 버섯*으로 대나무 뿌리, 대잎의 잔여물을 분해해 영양원으로 삼고, 산성이 강한 생장 환경을 좋아한다. 망태버섯균사는 수많은 섬유소와 리그닌**을 이용할 줄 안다. 적절한 조건 아래에서 망태버섯의 원기는 한 달이 넘는 시간을 거쳐 유균(어린 버섯)을 형성하는데, 그 모습이 달걀 같아서 민간에서는 이를 '망태버섯 달걀'이라고도 부른다. 망태버섯 달걀의 꼭대기가 튀어나오면, 이윽고 어느 맑은 날 새벽 돌출된 부분이 갈라지며 갓이 먼저 드러나고 대가 뻗어난다. 낮이 되면 일정한 높이까지 자란 대는 성장을 멈추고, 균망이 꼭대기에서부터 점점 갓 아래로 펼쳐진다. 만약 오후 네다섯 시가 될 때까지 채집하지 않으면 갓의 포자는 완전히 익어서 자기 분해를 시작하고 지면으로 떨어짐과 동시에 자실체 전체가 위축되어 쓰러진다. 야생 망태버섯이 자실체로 성장하려면 자연계에서는 약 1년이라는 시간이 필요하다. 그러나 버섯을 채집할 수 있는 시간은 고작 몇 시간뿐으로 이때 채집한 망태버섯의 맛이 가장 좋다.

---

*　죽어가는 나무나 낙엽을 분해하여 양분을 얻는 버섯.

**　침엽수나 활엽수 등의 목질부를 구성하는 성분 중 방향족 고분자 화합물.

망태버섯 요리에 대한 기록은 당나라 시대 단성식段成式의『유양잡조酉
陽雜組』에 처음 보이기 시작했다. 나중에 남송 시대 진인옥陳仁玉의『균보菌
譜』, 명나라 시대 반지항潘之恒의『광균보廣菌譜』등에도 기록이 남아 있다.
청나라 시대『소식설략素食說略』'죽송竹松' 항목에는 비교적 상세한 기록이
실려 있다. "(망태버섯을) 끓는 물에 데쳐서 소금, 맛술을 적당량 넣은 뒤
육수에 넣어서 곤다. 이제껏 먹어보지 못한 깔끔하면서도 풍성한 맛이다.
또는 부드러운 두부, 위란펜玉蘭片*처럼 색이 흰 음식과 함께 끓여도 좋다.
다른 잡물을 넣어서 선물하는 것은 좋지 않다." 이 같은 기록들을 통해 중
국인의 망태버섯 조리에 관한 연구 정신을 엿볼 수 있다.

망태버섯을 조리해서 별미로 만드는 여러 방법 중 가장 정통적인 방법
은 윈난성 농가의 계탕일 것이다. 토종닭과 망태버섯의 완벽한 궁합은 어
떤 식객이든 절대로 놓칠 수 없는 것이다. 재료를 구하기도 어렵지 않다.
윈난 우딩의 거세한 수탉 또는 거세한 암탉 한 마리와 망태버섯 10여 개,
대파 몇 토막, 생강 몇 조각, 초과 두 알, 맛술 두 숟갈이면 된다. 토종닭은
깨끗이 씻어서 토막을 낸 뒤 끓는 물에 데친다. 망태버섯은 찬물에 불렸다
가 깨끗이 씻어둔다. 끓는 기름으로 데운 질냄비에 닭고기와 조미료를 넣
고 닭고기 표면이 노릇노릇해질 때까지 볶는다. 적당량의 물을 넣고 물이
끓으면 불을 줄여서 1시간 동안 끓인다. 탕이 끓는 사이에 망태버섯의 그
물을 제거하고 따뜻한 물에 20초간 데쳐서 떫은맛을 제거한다. 망태버섯
을 건져내 찬물로 깨끗이 씻고 질냄비에 넣어 30분을 더 끓인다. 마지막

* 말려서 식용하는 희고 부드러운 죽순.

258

으로 소금으로 간을 맞추면 완성이다.

윈난의 또 다른 진귀한 산물로는 푸얼차가 있다. 이 또한 묘한 맛이 빼어나다. 높은 산꼭대기에서 자란 찻잎을 딴 뒤 정제해서 타차沱茶(사발 형태), 전차磚茶(벽돌 형태), 병차餠茶(둥근 떡 형태)로 만들어 몇 년간 숙성한다. 몇 번의 진화陳化*를 거치면 차를 끓여 즐길 수 있다.

윈난성 훙허 일대의 산은 환경이 깨끗하고 토양이 비옥하며 기후도 좋아 이곳에서 생산되는 망태버섯 역시 품질이 상급이다. 훙허 얘기가 나오면 사람들은 위안양元陽의 하니哈尼 계단식 논을 떠올릴 것이다. 매해 겨울은 연중 이 세계문화유산을 보기에 가장 좋은 때다. 그 무렵이면 계단식 논에 물이 가득 차 있어서 마치 거울이 연산을 빙 두르고 있는 듯하다. 때마침 윈난의 하늘색이 가장 좋은 계절이기도 해서 논에 비친 하늘과 함께 장관을 이룬다. 봄이 되어 안개가 끼고 비가 내리기 시작하면 계단식 논과 연산이 안개비와 어우러지며 한 폭의 수묵산수화를 그린다. 산속에 도착하면 짙은 안개 속 대나무 바다의 어렴풋한 풍경이 마치 신선이 사는 곳 같다.

푸얼차를 생산하는 쩌우자쥐鄒家駒는 훙허의 산꼭대기에 직접 설계한 집 한 채를 지었다. 그는 이런 날씨일 때 타지 친구들을 초대하곤 한다. 술이 세 순배 돌고 나면 술을 마셨든 한 방울도 마시지 않았든 손님 모두가 취해 있다. 몸이 서서히 안개 속에 잠기고, 탁자 위의 음식과 옆에 있는 동료도 점점 제대로 보이지 않는다는 걸 알아차리게 된다. 쩌우자쥐는 진정

---

* 시간을 들여 찻잎이 숙성되고 변화되는 과정.

한 자연 그대로를 추구하는 사람으로 제로 배출, 환경 보호, 에너지 절약을 위해 잠자는 방에만 창문을 설치하고 다른 방에는 문틀과 창틀만 두었다. 손님들은 짙은 안개가 뒤덮인 식탁을 앞에 두고 소리친다. "자네 버섯 먹고 탈이라도 났나?" 듣기에는 그를 조롱하는 것 같지만 사실 쩌우자쥐는 알고 있다. 이건 그의 용기와 생활 방식에 대한 찬양과 부러움이라는 것을.

쩌우자쥐는 윈난에서 태어난 사람으로 차 생산자로서 자격을 갖추고 윈난성찻잎협회 회장을 맡고 있다. 1970년대 말 그는 윈난대학 외국어과를 졸업한 뒤 윈난성 외무국에 일자리를 배정받았고, 나중에는 윈난의 찻잎을 수출입하는 회사에서 일했다. 그 시절 찻잎의 수출입은 윈난의 대외무역에서 중요한 항목이었다. 영어에 능통한 쩌우자쥐는 곧 회사의 주요 인물이 되었고, 사원에서 총지배인으로 승진했다. 그는 자신의 외국어 능력과 전문 지식으로 각 대륙에 시장을 개척했을 뿐만 아니라 국내의 윈난차 시장도 확장했다. 또한 푸얼차 가공 공예의 혁신과 개선에도 큰 공헌을 했다. 그는 영국에서 CTC Crush, Tear, Curl* 생산 설비를 들여와 윈난의 CTC 홍차 분쇄 잎으로 유럽 시장을 뚫었다. 역사상 윈난 푸얼차에는 대외적으로 판매되는 소법타銷法沱, 남천정제푸얼南天定制普洱 등 최고급이 많은데 모두 그의 작품이다. 나중에 외무국의 조직 개편으로 1999년 그는 윈난차 위안茶苑그룹주식회사 총지배인을 맡는다. 그야말로 윈난 푸얼차의 부흥 과정에 온전히 참여하고 이를 목격한 사람이라고 할 수 있다.

* 찻잎을 자르고, 찢고, 비트는 공정으로 티백을 대량으로 생산할 수 있다.

1990년대 이전, 오랫동안 윈난 푸얼차는 기본적으로 마카오, 홍콩 찻잎 시장의 총아였다. 윈난의 찻잎은 주로 윈난 외의 지방에서 팔렸다. 쿤밍의 유일한 찻잎 시장에서도 주로 다른 성에서 온 손님들이 푸얼차를 샀다. 대신 윈난 사람은 매년 봄 신선하게 난 춘차春茶를 즐겨 마셨다. 만약 윈난 사람이 갑급 '전록滇緑'을 내놓는다면 그건 최고의 예우를 갖춰 손님을 대접하는 거였다. 집집마다 차 산지에 사는 친척이나 친구들이 있었으므로 나도 해마다 다른 산지에서 난 춘차를 받을 수 있었다. 받은 찻잎을 다 마실 때쯤 이듬해의 차나무에서도 싹이 돋기 시작했다.

어린 시절 만약 어떤 친구가 집에서 타차나 전차를 마신다고 말하면 친구들로부터 멸시 어린 눈초리를 받았다. 이건 그 집안이 다른 성 출신이거나 인맥이 변변치 못해서 찻잎을 보내줄 사람조차 없다는 뜻이었기 때문이다. 다만 집에 중요한 손님이 오면 부모는 아이에게 심부름을 시키고는 했다. "가서 갑급 전록 한 봉지 사와." 왜냐하면 타차나 전차는 변경이나 광둥, 홍콩 지구에 팔리는 '변소차邊銷茶'*라서 우리가 일상에서 마시는 차가 아니었기 때문이다. 나중에는 윈난의 홍차, 푸얼차도 모두 훌륭하다는 것을 알게 됐지만 여전히 이건 우리와는 상관없는, 다른 성 사람에게나 파는 찻잎이라고 여겨졌다.

1988년 말 타이완은 대륙 사람들이 타이완에 친지 방문과 조문을 할 수 있도록 정식 개방됐다. 2년 뒤 타이완 친구를 통해 소개받은 타이완 상인 한 명이 날 찾아왔다. 그는 옛 푸얼차를 찾고 싶어했다. 나도 그때 처음

---

* 변경 지역의 소수민족에게 주로 팔리는 압축된 차.

으로 푸얼차를 알아봤고 몇 가지 사실을 알 수 있었다. 윈난의 찻잎 수출입 회사가 우리가 줄곧 하찮게 여겼던 그 찻잎을 홍콩에 수십 년 동안 팔아왔고, 홍콩의 차 상인은 또 이걸 타이완에 팔았고, 심지어 미국과 유럽에까지 팔았으므로 해외에 사는 홍콩과 타이완 화교는 줄곧 푸얼차를 마시는 생활 습관을 유지할 수 있었다고 했다. 그러나 당시는 쿤밍을 다 돌아다녀도 푸얼차를 집중적으로 거래하는 시장을 찾을 수가 없었다. 그런데 때마침 윈난성 경제위원회 찻잎 부서에서 일하던 내 형수가 찻잎 수출입 회사의 창고가 양팡아오楊方凹에 하나 있다며 소개해주었다. 창고에 갔더니 윈난 각지의 커다란 차 공장에서 온 생차生茶*와 숙차熟茶**가 있었고 가장 오래된 차는 1980년대 중반의 것이었다. 우리를 안내하던 아주머니의 말에 따르면 몇만 위안이면 이 창고를 통째로 살 수 있을 거라고 했다. 타이완 상인은 찻잎이 너무 새것이라고 느꼈는데, 아마 중화민국 시대의 노차老茶***를 찾고 싶었던 듯해 공장에서는 성의 표시로 차를 조금만 샀다. 그로부터 몇 년 뒤 푸얼차의 가격은 천정부지로 올랐다. 그때 그 창고의 푸얼차를 생각해보면 몇억이나 되는 돈이 어깨를 스치고 지나간 듯한 느낌이다. 그럼 나는 혼잣말을 할 뿐이다. "그때 버섯 먹고 맛이 갔었나?"

2000년 이후 내 주변에도 푸얼차를 마시는 사람이 점점 눈에 띄었다. 게다가 사람들이 푸얼차에 대해 아는 게 많아지면서 산지에서부터 차 공

* 신선한 찻잎을 채취한 뒤 자연 방식으로 발효시켜 미생물 처리를 하지 않은 차.
** 윈난 대엽종의 찻잎으로 만든 쇄청모차를 원료로 해서 발효 가공을 거친 차.
*** 묵은 차. 출시 후 10여 년 이상이 흘러 숙성된 차.

예, 외포장에서부터 내비內扉*까지 이야기하기 시작했다. 사람들은 걸핏하면 '문혁전文革磚'**을 마셨고, 기쁠 때는 '송빙호宋聘號'***에서 만든 차를 마셨다. 한동안 밖에서 차를 마실 때 나는 원난 사람이라고 말할 엄두가 안 났다. 왜냐하면 아는 정보가 너무 많다보니 상대방에게 어디까지 말해야 할지 알 수 없었기 때문이다. 내 아내가 사실 '찻집 2세대'라는 말은 더더욱 할 엄두가 나지 않았다. 장인어른은 수십 년 동안 쿤밍 차창茶倉과 찻잎 수출입 회사에서 일했으며 쩌우자쥐의 옛 동료로서 푸얼차의 발전과 부침을 직접 겪었다. 2006년 이후에도 푸얼차의 가격은 치솟았고 심지어 어떤 것은 금융 상품처럼 자본 운용과 재테크를 위한 도구가 되어버렸고, 진작 찻잎으로서 쓰이지 않게 됐다.

쩌우자쥐는 이 푸얼차 업계에서 쌓아온 경력과 경험 덕분에 푸얼 강호에서 특수한 지위를 차지했다. 원래 그는 자신의 '쩌우지' 브랜드를 잘 운영하는 데만 전념했으나, 어느 날 갑자기 푸얼차 업계의 '성난 젊은이'가 되더니 푸얼 강호의 어지러운 상업 행태를 공격했다. 물에 떨어진 돌 하나가 천 겹의 물결을 일으킨다고 하던가. 그는 푸얼차 시장에 큰 풍파를 불러일으켰다. 그는 숙차야말로 푸얼차라는 개념을 제시했고 이 같은 기존의 관념을 뒤엎는 소리에 차 상인들은 단체로 들고일어나서 그를 공격했

---

* 푸얼차를 만든 차장茶場이나 해당 차의 특징을 간단히 설명하는 안내문.

** 문화혁명 시기에 만들어진 전차.

*** 청나라 광서 연간에 창립되어 우수한 품질의 푸얼차를 대량으로 생산한 것으로 유명한 차장.

다. 그들은 분노에 차서 말했다. "라오쩌우가 버섯 먹고 탈이 난 모양이구먼!" 곧이어 그는 푸얼차가 '오래 묵을수록 향기로운' 것은 아니라고 말했다. 쩌우자쥐는 푸얼차를 저장하는 데도 일정한 조건이 지켜져야 하며 진화 주기에도 한계가 있고, 보존 조건만 잘 맞으면 차 맛이 몇 년 만에도 대단히 좋아진다고 여겼다. 시간의 추이에 따라 찻잎은 쇠락하고 감소할 수 있는 것이다.

사실 똑똑한 차 상인들은 프랑스의 와인 브랜드를 모방했다. 제품을 소량 한정 생산하는 와이너리에서 와인을 비싼 값에 파는 것을 모델로 삼아 차나무의 산지를 따지고 노수차老樹茶*와 야생차라는 개념을 잔뜩 만들어내던 중 쩌우자쥐가 여기에 반대하고 나선 것이다. 그는 시장이 맹목적으로 노수차를 추종하는 것은 새로운 개념을 발명하는 기능 빼고는 아무 이익이 없다고 말했다. 수령이 많은 차나무 일부는 여전히 생명력이 왕성하고 찻잎 품질도 좋다지만, 차나무도 모든 생명과 마찬가지로 생장해서 왕성했다가 쇠퇴하는 주기가 있으므로 늙은 것일수록 품질 좋은 찻잎이 나는 것은 아니다. 게다가 많은 차 상인이 야생 차나무라는 개념을 부풀려서 값을 잔뜩 올려놓았다. 쩌우자쥐는 인공적으로 개량되지 않은 순수한 차나무의 잎은 충해를 방지하느라 독소를 함유하고 있으므로 사람이 음용하기에는 위험이 크고, 예전에 중독 사건이 발생한 적도 있다고 지적했다. 야생차의 존재 의의는 딱 두 가지뿐이다. 차의 기원이 윈난이라고 증명할 수 있다, 좋은 차나무를 선종하고 육성해서 공익에 이로운 유전자를 찾아

* 수령 50~100년의 오래된 차나무 잎으로 만든 차.

낼 수 있다. 이외에는 아무 의의가 없다.

2003년 무렵 광둥에서 시작된 투기꾼들의 푸얼 진차陳茶(오래된 차) 투기는 서서히 쿤밍으로 번졌다. 내 주변에 있는 동창들도 날마다 폭등하는 찻잎 가격을 보자 그가 교사든 공무원이든 분분히 차를 1냥(약 37.5그램) 정도 사두고 가격이 치솟기를 기대했다. 쩌우자쥐는 이런 광경을 목격할 때마다 개탄했다. 과거의 푸얼차가 비싼 값에 팔리는 것은 과거에는 사람들이 푸얼차를 고급스러운 물건이라고 여기지 않아서 당시의 차가 세상에 아주 조금만 남아 있기 때문이다. 그런데 지금은 수많은 사람이 집에 대량으로 차를 보관하고 있다. 그러니 미래에 값이 오른다 해도 한계가 있을 거라고 말했다. 그리고 최근 그는 국내 차 상인들의 이른바 '건창乾倉 이론'*에 코웃음을 친다. 쩌우자쥐는 건창 이론이 기본적인 원리에 어긋나며 푸얼차의 진화는 미생물의 작용을 필요로 하는데 이는 애초에 수분이 없으면 불가능한 것이라고 지적한다. 이런 잘못된 통념에 따라 차 투기를 조장하는 것은 소비자를 우롱하는 행위다.

그의 이런 말들은 확실히 다른 사람의 치즈를 건드린 꼴이었다. 일순간 푸얼 강호의 수많은 사람이 그를 해코지하려는 마음마저 품었다. 특히 광둥의 오래된 시장과 북방에 막 생기기 시작한 시장에서 그랬다. 중국의 차 업계도 쩌우자쥐의 말에 대해 평가를 일치시키지는 못했다. 그러나 그는 시종 화제의 인물이었다. 윈난 사람은 그래도 비교적 온건한 축에 가까웠

---

* 푸얼차를 온도와 습도가 적당하고 통풍이 잘되는 환경에서 보존하면 푸얼차의 본질을 보존할 수 있어 차의 가치가 높아진다는 이론.

다. 이런 것을 일종의 학술적인 논쟁이라 여겼고, 쩌우자쥐의 경험과 그가 가진 지위를 긍정적으로 바라봤던 것이다. 새 찻잎협회장을 선출할 때 그는 또다시 회장으로 당선됐다. 쩌우자쥐는 안달내거나 그렇다고 느긋해하지도 않으며 여전히 여러 성시에 있는 '쩌우지' 푸얼차 전문점에서 자신의 차를 팔고 이론을 전수한다. 그가 사람들과 설전을 자주 벌이는 바람에 한밤중에 SNS에서 일어난 이른바 '노차'에 관한 변론과 식별을 보고 웃으면서 잠이 깰 때도 있다.

쩌우자쥐가 윈난 찻잎에 기여한 공은 세상이 다 알고 있다. 시장을 개발했고 공예의 수준을 끌어올렸으며 설비를 개선하고 수출 표준을 완비하기까지 그는 모든 과정의 적극적인 참여자였다. 이제 그는 비평가의 태도로 업계가 나아갈 방향을 바로잡고 있다. 그는 강연에서 누차 그의 견해를 밝혀왔다. "우리는 이미 세계적으로 홍차에 관한 발언권을 놓쳤다. 발효차의 발언권마저 놓칠 셈인가?" 과연 윈난의 다인이라면 반드시 갖춰야 할 품격이 아닐까?

나도 타이완, 홍콩, 상하이에서 유통 경로가 분명하고 보존 상태도 좋은 노차를 마셔본 적이 있다. 하지만 대체로 나는 윈난 사람으로서의 양심에 따라 처음 푸얼차를 마시는 이에게 유통 경로가 불분명한 노차는 마시지 말고, 산지가 명확한 푸얼 숙차를 골라 마시라고 권유한다. 몸이 생차의 자극을 받아들이는 정도가 이미 한계에 달했을 테고, 식품 안전을 역추적하더라도 안심할 수 있기 때문이다. 이런 변화는 어쨌든 쩌우자쥐가 오랜 세월 마음을 쓴 덕분일 것이다.

작년 봄 나는 젠수이에 있는 뤄쉬의 이궁팡에서 쩌우자쥐를 만났다. 그는 오랜 친구 뤄쉬에게 복숭아와 바나나 몇 개를 주기 위해 차를 몰고 2시간이나 달려왔다. 과일은 모두 일그러지고 울퉁불퉁하게 생겼지만 맛은 어릴 적 먹었던 기억 속의 맛 그대로였다. 그가 가져온 과일 한 봉지는 마파람에 게 눈 감추듯 사라져버렸다.

최근 몇 년간 쩌우자쥐는 몸에 결석이 생긴 탓에 새로운 생활 방식을 찾아야 했다. 그는 훙허의 산촌으로 이사해 차를 만들면서 산다. 마시는 물은 직접 받은 빗물이고, 먹는 것도 고향에서 직접 두엄을 써서 기른 채소이거나 고향에서 방사해 기른 닭과 돼지다. 그 결과 오스트레일리아와 쿤밍의 큰 병원에서도 고치지 못했던 결석이 사라졌다. 이게 바로 그가 높은 산꼭대기 짙은 안개 속에 집을 짓는 이유다.

영지

Ganoderma lingzhi

영지

2006년 나는 수십 년 동안 살던 쿤밍 성 구역을 벗어나 교외의 밍펑산 鳴鳳山 기슭으로 이사했다. 이곳은 쿤밍에서도 산림이 우거진 곳으로 쿤밍 도시의 폐라고 할 수 있다. 쿤밍은 사계절 내내 기후가 온난하므로 대부분의 나무가 늘 푸르다. 그러나 나는 계절의 변화가 분명히 드러나는 식물을 유난히 좋아해서 낙엽이 지는 전박滇朴 *Celtis tetrandra Roxb* 네 그루가 있는 소박한 원락으로 이사했다. 이 뜰에 있는 전박은 모두 수령이 최소 수십 년에 이른다. 나는 이런 토착 수종의 우아한 가지를 보는 게 좋았고, 여름날 한들거리는 나무 그늘과 가을날 황금빛으로 변하는 이파리가 특히 좋았다. 그러던 어느 날 전박 한 그루에서 나무줄기와 토양이 맞닿는 부위에 영지가 자라는 걸 발견했다. 나무줄기에 돋아서인지 그 색깔도 나무껍질과 비슷했다. 이 영지는 전박과 상생하며 10여 년을 살았다. 시간이 흘러 나는 이 영지가 나무화되었다고 생각해 이를 떼어내고 틸란드시아라

269

는 식물과 함께 분경으로 만들어 진열해놓았다. 그런데 이듬해 나무의 같은 자리에서 더 커다란 영지가 돋는 게 아닌가. 이 영지는 그로부터 몇 년이 지나 오늘까지도 나무에서 생장하고 있다.

영지에 관한 중국인의 인식은 주로 『산해경山海經』의 신화에서 비롯됐을 것이다. 염제炎帝의 어린 딸 요희瑤姬가 요절한 뒤 그의 영혼은 '도초葹草'가 되었는데 이를 영지라고 한다. 버섯류라고는 하나 영지처럼 옛것에 새로운 의미를 부여할 수 있는 신기한 생령은 나무의 신운을 지니고 있어 잡초 사이나 썩은 나무에서도 견고한 몸으로 튼튼하고 풍성하게 자라나며, 세월을 거치면서 세상을 담담히 보는 기개와 기량을 기른다. 제후부터 백성까지 영지를 믿어왔고 이를 대단한 보물로 여기며 받들어 모셨다. 『백사전白蛇傳』*에서는 백낭자가 허선의 생명을 구하기 위해 고초를 마다하지 않고 영지를 훔친다. 이는 중국인이라면 누구나 알고 있는 이야기로 이로부터 '선초仙草'라는 개념이 사람들의 마음속에 깊이 뿌리내리기 시작했다. 게다가 영지를 먹으면 장수할 수 있고 심지어 젊어질 수도 있다고 하니, 백성의 마음속에서 영지는 늘 신비로운 자연의 상징이었다.

전국 시대에 들어서고 도교의 신선학이 성행함에 따라 영지는 '요초瑤草' '선초' '환혼초還魂草' 등으로 여겨졌다. 왕후장상은 영지를 먹어서 장수하고자 했고, 왕조가 여러 차례 바뀌는 동안에도 이 어리석은 마음은 사라지지 않았다. 훗날 장생의 도는 소멸됐지만 여전히 영지를 먹음으로써 오래 살고자 하는 방법들은 전해 내려왔다.

* 인간으로 변한 백사 요괴 백낭자와 인간 남자 허선의 사랑을 다룬 설화.

중국의 고대 예술작품에서도 영지는 중요한 창작 요소였다. 영지는 자태가 독특하고 구하기도 힘들어서 손에 넣으면 좋은 일이 생길 것이라는 인식에 따라 '여의如意'*로서 존재했고 역사적으로 특유의 상서로운 상징이 되었다. 그 때문에 오늘날 사람들이 영지에 대해 말하기 시작하면 사실상 중국의 전통문화에 관한 이야기를 주고받는 것이나 다를 바 없다. 몇천 년 동안 축적된 전통문화가 '영지'를 일종의 신앙으로서 친근하게 이해하게 한 것이다.

전 세계에는 야생 영지가 200여 종 있다. 중국의 영지는 주로 윈난, 구이저우貴州, 쓰촨, 티베트 등지의 고원 원시림에서 생장한다. 영지의 대는 홍갈색에서 흑색까지 다양하며, 미성숙할 때는 갓 주변에 옅은 황색에서부터 백색을 띠는 고리 홈이 둘러져 있다. 성숙한 뒤에는 고리 홈이 사라지고 포자 분말을 뿜어낸다. 매년 영지가 포자를 뿜어낼 때면 우리 집 안에도 늘 커피색 포자 분말이 한 층 쌓이곤 한다. 아무리 깨끗이 청소해도 이튿날이면 또 한 겹 쌓여 있다. 내가 어릴 때는 쿤밍에서 디칭으로 건너온 캉바康巴 지역의 티베트족 사나이를 많이 보았다. 그들은 호랑이 가죽이나 표범 가죽을 두른 티베트족 전통 복장 차림으로 좌판을 벌여 야생에서 채취한 영지를 팔았다. 대단히 진귀한 약재라는 말에 아이들은 그저 신기해하며 쳐다봤을 뿐이다. 영지의 색깔은 풍부하면서도 예뻤고 표면은 니스 칠을 한 것처럼 아무리 봐도 공예품 같았다. 나는 공부를 시작한 다

---

* 뜻대로 된다는 의미로 중국에서는 옥 등으로 영지 모양을 본떠 만든 기물을 가리키기도 한다.

영지

음에야 영지가 정말 귀한 약재라는 사실을 알았지만 요즘은 영지를 처방하는 일이 흔치 않은 모양이다.

약용 가치가 매우 높은 야생 영지는 먹는 방법도 중약을 복용하는 것과 비슷하다. 가장 간단한 방법은 영지를 물에 우리는 것이다. 영지를 잘게 잘라 찻잔에 넣고 끓는 물을 부어 우린 뒤 차로 마신다. 보통 말린 영지 하나면 뜨거운 물을 계속 부어가며 온종일 마실 수 있다. 또는 잘게 자른 영지를 약탕기에 넣어 물을 넣고 달여 마신다. 그럼 보통 서너 번 복용할 분량이 나온다. 물을 계속 넣어가며 세 번은 우릴 수 있는데, 보온병에 넣어 천천히 마시면 좋고 매일 몇 잔을 마시든 제한은 없다.

영지로 술을 담그는 것도 웬만한 가정에서는 흔하다. 영지를 잘게 잘라 병에 담고 도수 높은 고량백주를 부은 뒤 밀봉한다. 백주가 황갈색으로 변하면 마실 수 있다. 개인의 기호에 따라 얼음 설탕이나 꿀을 넣어서 맛을 조절해 먹는다. 어떤 집에서는 영지주에 약초를 넣어 약주로 만들기도 한다.

영지를 약선藥膳으로 만든다면 영지를 넣은 흑염소찜 같은 전통적인 조리법이 있다. 영지 50그램, 흑염소 고기 500그램, 맛술, 정제염, 흑설탕, 화학조미료, 파, 생강 편, 간장, 말린 고추, 유채 기름을 준비한다. 깨끗이 씻은 흑염소 고기를 토막 낸 뒤 끓는 물에 데치고 건져낸다. 영지는 씻어서 편으로 썰어둔다. 솥에 유채 기름을 둘러 달궈지면 파와 생강을 넣고 볶아서 향을 낸 뒤 염소 고기, 물, 맛술, 흑설탕, 조미료, 정제염, 간장, 말린 고추, 영지를 넣는다. 탕이 끓으면 불을 줄이고 고기가 푹 익을 때까지 뭉근하게 끓이면 된다. 가을과 겨울에 영지와 염소 고기를 먹으면 면역력을 향

상시킬 수 있다. 두 식자재의 조합은 기를 보호하고 신경을 안정시킬 뿐만 아니라 영지가 고기의 비린내와 누린내를 눌러주기도 한다.

진한 시대 이래 중국의 석각, 조각과 소조, 회화에서 영지를 소재로 한 작품이 다수 창작됐다. 영지 갓의 구름무늬에서 중국의 전통적인 장식 문양이 연상되어 만들어졌고 이는 '경운慶雲'이라 불리며 건축 등 각종 예술 분야에서 광범위하게 사용됐다. 톈안먼天安門의 화표華表*도 이 문양으로 장식되어 있다. 대대로 예술가들은 '여의'를 떠올리며 돌이나 나무 조각을 창작했고 그렇게 만들어진 기물은 중국 역사의 특별한 상징이 되었다. 영지는 전통 의학과 민간에서 상서로움을 상징했을 뿐만 아니라 시종일관 자연세계와 중국의 전통 예술을 연결하는 중요한 요소 중 하나로 역할했다. 나는 존경하는 쩡샤오롄 선생을 떠올리지 않을 수 없다. 그의 존재는 마치 영지 한 송이 같았다. 그도 영지가 그랬듯 자신의 일생을 바쳐 자연과 예술을 연결했다.

하루는 쩡샤오롄 선생이 전화를 해왔다. 마침 식물원의 진달래가 활짝 피었는데 함께 보지 않겠냐는 것이었다. 나는 하던 일을 내팽개치고 차를 몰아 쿤밍식물원으로 달려갔다. 그리고 쩡 선생 부부와 함께 진달래 화원을 산책하며 윈난 각지의 황산차를 감상했다.

쩡샤오롄 선생은 중국과학원 쿤밍식물연구소에서 평생 일하며 『중국식물지中國植物志』 등 국가 주요 프로젝트인 식물도감 연작에 참여했고, 퇴직한 후에는 전업 식물 세밀화가가 되었다. 빼어난 작업 덕분에 그는 '중

---

* 고대 대형 건축물 앞에 세운 장식용 돌기둥.

국 식물 세밀화의 일인자'라는 칭호를 얻었고 중국 우표총공사에서 동식물을 주제로 한 기념 우표를 10여 세트 넘게 그리기도 했다. 팬들은 그가 작업한 우표나 중국의 유명 여성 앵커 둥칭董卿이 진행하는 대담 프로그램 「낭독자朗讀者」를 통해 쩡 선생을 알게 됐고 그의 작품을 좋아하기 시작했다.

쩡 선생도 '버섯에 중독되기'를 무척 바라는 사람이다. 매년 버섯 철마다 쩡 선생은 자기도 버섯 때문에 탈이 나보고 싶다며, 한평생 윈난의 식물과 버섯을 연구하고 그림으로 그렸는데 버섯에 단 한 번도 중독되지 않은 건 솔직히 참 유감스럽다고 말했다. 어쩌면 버섯 중독 덕에 창작의 영감이 떠오를 수도 있지 않겠는가! 그는 윈난미술관출판사에서 낸 최신판 대형 작품집 『극명초목極命草木』에서 모든 야생 버섯 작품에 주석을 달았다. "윈난의 야생 버섯은 아리따워서, 보고 있으면 마음이 흡족해지지만 각자 고유의 맛을 갖고 있는 탓에 영영 서로 섞일 수는 없다. 야생 버섯은 향수다. 야생 버섯을 생각하면 고향의 산수가 떠오르고, 부모와 고향 사람들이 떠오른다." 그의 말에서 본토박이 쿤밍 사람이 야생 진균에 품는 정감을 짐작할 수 있다.

2021년 9월 쿤밍현대미술관에서는 「꽃 한 송이, 새 한 마리, 세계 하나」라는 제목으로 그의 개인 전시회가 열렸다. 전시회가 열리기 전, 작품 배치를 위해 쩡 선생은 그가 거의 3년 동안 창작한 작품 전부를 미술관에 보냈다. 그로부터 며칠 뒤 추이후호 근처에 있는 쩡 선생의 거처가 건물의 수도관 파열 때문에 완전히 물에 잠겨버렸다. 다행히 작품은 안전했는데, 만약 작품이 물에 잠기기라도 했다면 쩡 선생이 이 재난 같은 상황을 어떻게 받아들였을지 상상하기도 힘들다. 이 사건 이후 쩡 선생 부부는 아예 한평생 일했던 쿤밍식물원연구소로 이사해서 사택 아파트의 작은 방을 빌려 살았다. 그는 그곳에서 지내며 『시경』에 나오는 식물을 주제로 창작을 시작했다. 쩡 선생은 시간을 귀하게 여겼고 일상의 자질구레한 일에는 1분 1초도 낭비하고 싶어하지 않았다.

2019년 9월 쿤밍현대미술관에서 「화화세계花花世界: 쩡샤오롄」이라는 제목으로 개인 전시회가 열렸다. 미술관의 현대적이고 단조로운 공간에 진짜 화초와 식물을 배치한 화원은 벽에 걸린 쩡샤오롄의 작품과 어우러지며 그림마저 진짜처럼 느껴지기도 했고 아니면 모두 환상 같기도 했다. 관람객은 가까이에서 100여 점의 작품을 감상하며, 예술가와 식물이 주고받은 호흡을 느낄 수 있었다.

이 전시회를 준비하는 동안 쩡 선생은 느닷없이 악성종양 진단을 받았다. 전시회를 개막할 무렵 그는 베이징에서 수술을 받은 뒤 요양 중이었다. 그는 고향에서 열린 개인전을 각별히 생각했기에 갈 수 없는 상황에 무척 아쉬워했지만 영상과 사진으로나마 전시회를 봤다. 그의 친구들은 전시회의 성황을 전하며 그의 마음속에 남은 아쉬움에 공감했고 우리는 쩡 선생을 위해 또 한 차례의 전시회를 기획하기로 했다. 미술관에서도 기꺼이 이 기획을 성사시키고자 함께해주었다.

쩡 선생은 베이징에서 쿤밍으로 돌아온 뒤 작업에 더 몰두했다. 새벽부터 시작된 작업은 깊은 밤까지 이어졌다. 나는 한밤중에 자주 그에게 메시지를 받았고 그제야 그가 그날의 작업을 마쳤으리라 짐작했다. 수술 후 2년 동안 그는 공들여 100점이 넘는 식물과 조류 세밀화를 창작했고 우리 모두는 감탄을 금치 못했지만 그는 탄식했다. "하늘이 내게 5년만 시간을 더 준다면 연작을 몇 가지 더 그릴 수 있을 텐데." 그의 말을 듣고 사람들은 정말이지 눈물을 쏟을 뻔했다. 마음으로 시간과 달리기 경주를 하는 노예술가를 묵묵히 축복할 뿐이었다. 쩡 선생의 이번 전시회 기획자로서 나도 할 수 있는 한 모든 일에 기꺼이 나섰다. 능력이 닿는 일이라면 뭐든 해서 선생에게 존경을 표하고 싶었다.

2019년 9월 런던의 테이트 갤러리에서는 「윌리엄 블레이크: 더 아티스트」라는 전시회가 열렸다. 윌리엄 블레이크는 영국 문학사에서 낭만주의 시가를 새로 연 위대한 시인이자 판화가였다. 그의 장편 시 「순수의 전조 Auguries of Innocence」의 첫 네 구절은 펑쯔카이豐子愷, 왕쭤량王佐良, 쭝바이화宗白華, 쉬즈모徐志摩 등의 대가들이 중국어로 번역했다. 나는 쭝바이화의 번역을 가장 좋아한다. '꽃 한 송이 세계 하나, 모래 한 알 천국 하나, 그대는 무한을 아우르니, 찰나에 영겁을 머금네.' 시간이 지남에 따라 이 네 구절은 점차 널리 알려졌다.

선생은 일생에 걸쳐 한 가지 일을 했다. 꽃과 새를 그리는 것이었다. 그는 평범한 쿤밍 사람으로 살기를 원했다. 한곳에서 일하며 생활했고, 한평생 차분히 자기 세계 속에 살았다. 그래서인지 그의 전시회를 기획하던 초반에 가장 먼저 머릿속을 번뜩 스친 게 '꽃 한 송이 세계 하나'라는 시구였다. 평생 꽃과 새를 마주하는 것이야말로 쩡 선생의 온 세계가 아니었던가. 여기에 운명적인 우연의 힘으로 윌리엄 블레이크의 전시회와 쩡 선생의 전시회가 지구 동쪽과 서쪽의 두 도시에서 같은 시간에 열렸다. 이런 신비로운 우연의 일치에 힘입어 쩡 선생의 전시회 제목도 '꽃 한 송이, 새

쩡샤오롄미술관, 2022년, 윈난성 쿤밍, 왕처王策 촬영

한 마리, 세계 하나'가 되었다. 나는 이보다 더 적합한 제목은 없다고 생각한다. 또 흥미로운 일이 하나 더 일어났다. 제15차 생물다양성협약 당사국총회를 준비하며 1999년 쿤밍엑스포가 개최되었던 쿤밍엑스포가든의 소재지를 화차오청華僑城 그룹에서 '성과 정원의 융합'이라는 계획하에 개조했고, 쩡 선생과 그의 예술을 사랑하는 친구들이 석 달 넘는 시간을 들여 원래 파키스탄 정원과 베트남 정원이 있었던 자리에 중국의 첫 번째 전문 식물 세밀화 미술관인 쩡샤오렌미술관을 세운 것이다. 이는 쩡 선생의 작품을 고향에 남기고, 그의 예술작품을 후대에서도 감상할 수 있도록 하기 위함이었다. 자기 작품을 전시하는 미술관이 생기자마자 쩡 선생은 중국에서 식물 세밀화 창작을 이어왔던 예술가들을 모으고, 자금을 끌어와서 「원본자연原本自然」이라는 이름의 식물 세밀화 전시회와 예술가 창작포럼을 개최했다. 그는 이 기회를 통해 오랜 세월 묵묵히 각자의 자리에서 일하던 예술가들이 한데 모여 공부하고 교류할 수 있는 집을 찾길 바랐다.

함께 진달래 정원의 작은 언덕을 걸을 때 쩡 선생은 내게 여러 품종의 진달래를 알려주었다. 그러다가 형태나 색이 독특한 진달래를 보면 휴대전화를 꺼내 꽃나무 가지 아래를 파고들어 엎드리거나 그 아래 누워서 사진을 찍고 다음 창작 소재를 수집했다. 대화 중 문득 우리 집 뜰에 있는 영지가 화제에 올랐는데 쩡 선생은 목영지木靈芝*임이 틀림없다고 말했다. 우리는 이어서 자연스레 윈난의 다른 지역, 다른 품종의 영지 형태와 작용에 대해 천천히 토론하기 시작했고, 심지어 중국 고대인의 영지에 대한 인

* 영지의 별칭으로 지역에 따라 목영지라고 부르는 영지의 품종은 조금씩 다르다.

지까지 이야기가 흘러갔다. 쩡 선생은 식물 세계에서 꽃이 피고 지는 것이든, 영지 세계에서 포자가 가루받이하는 것이든 모두 생명의 수복壽福이자 순환하며 공생하는 능력이라고 말했다. 영지가 중국 전통문화 속에서 각종 전설과 그림에 나타나는 것도 사실 약리 작용보다는 정신적인 작용 덕분이리라.

홍콩 중원中文대학 문화예술센터의 슝징밍熊景明은 예전에 쩡 선생을 소개하는 글에서 그를 겸손하고 단정한 군자라고 칭찬했다. 최근 몇 년간 주요 언론에서 쩡 선생을 소개하자 그에게 인터뷰 요청과 프로젝트 협력 요청이 쏟아졌으며, 동종 업계 종사자들도 그의 작법을 배우고 싶어했다. 쩡 선생은 이미 고령에 이르렀고 큰 수술까지 받은 터였지만 겸손하고 단정한 군자로서 타인의 요청을 선뜻 거절하기가 어려웠다. 그는 늘 인터뷰를 하거나 그림 시범을 보임으로써 누군가를 도울 수만 있다면 자기가 고생하는 것쯤은 상관없어했다. 하지만 그런 그가 사실 매일 밤 수면제를 먹어야만 겨우 네다섯 시간 잘 수 있다는 사실을 아는 사람은 많지 않았다. 아침 6시가 조금 지났을 즈음 그는 시계를 수리할 때 쓰는 확대경을 착용하고 책상에 엎드려 꽃과 새를 그리기 시작하며 줄곧 같은 자세로 작업을 이어가다가 한밤중이 되어서야 자리에서 일어났다. 나중에는 이런 사실을 알고 있던 우리가 식물연구소의 사무실 동료들과 함께 그를 대신해 수많은 인터뷰를 거절했다. 쩡 선생이 안쓰러운 마음도 있었지만, 그가 자기만의 시간을 좀 더 갖기를 바랐기 때문이다.

20여 년 전, 쩡 선생의 작품 일부는 저장浙江자연박물관에 보관되었고 일본 수집가들에게 소장되었다. 이 때문에 정작 쩡 선생 본인은 그 시기의 중요한 작품을 갖고 있지 않았다. 훗날에는 쩡 선생도 더 이상 작품을 팔지 않았다. 그는 생전에 그의 연작을 보존하고 아쉬움을 남기지 않으려 했다. 수많은 예술가와 소장가들이 내게 그의 작품을 사고 싶다는 의사를 밝혔지만 전부 쩡 선생에게 완곡히 거절당했다. 쩡 선생은 세월이 지날수록 순수한 예술관과 가치관을 품었고, 사람들은 그를 더욱 존경했다.

중국 고대의 황제들은 영지가 자신을 영원히 살게 해줄 것이라고 굳게 믿었다. 사실 역대 황조에서 영지를 찾아 헤맸던 사람들은 영지가 주는 영생을 일종의 '천인합일天人合一'이라는 정신적인 차원으로 받아들였다. 쩡 선생도 인류는 자연에서 기원하여 자연에 의존하며, 자연과 소통하고 화합해서 공존해야 하는 운명이라고 굳게 믿는다. 오랫동안 그가 생물을 연구하고, 관찰하고, 그림을 그린 일은 그의 마음속 영지 한 송이를 찾는 일과 같았다. 그저 과학 연구나 예술 창작으로서의 차원은 일찌감치 초월했다.

쩡 선생이 일생을 살며 일했던 곳이 생물 다양성이 가장 풍부한 윈난이라는 건 그의 숙명을 짐작하게 한다. 살아 있는 것들은 지구에 생명의 순환을 알려주고 아름다움과 지혜를 선사한다. 한평생 식물과 그 오묘한 생명의 비밀을 탐구한 쩡 선생에게 이 모든 것은 바로 종교이자 세계였다.

버섯 세계의 정수를 취하다

1972년 짱무臧穆 선생은 중국과학원 쿤밍식물연구소에 들어가 일했다. 그때부터 쩡샤오롄 선생과 짱무 선생의 40여 년에 걸친 우정이 시작됐다. 1975년 쩡샤오롄 선생은 짱무 선생의 연구에 발맞춰 그의 첫 번째 진균 식물 세밀화를 그렸다. 짱무 선생은 버섯의 새 품종을 발견할 때마다 몹시 흥분해서 채집한 버섯을 쩡 선생에게 보냈고, 쩡 선생도 흥미로워하며 피곤한 기색도 없이 즐겁게 그림을 그렸다. 이 장에서는 쩡샤오롄 선생이 1975년 이후에 창작한 진균 회화 작품들을 모아 찬찬히 감상해보려 한다. 이로써 쩡샤오롄 선생의 진균을 소재로 한 창작 시리즈의 흐름을 보고, 중국 서남부 진균학 연구 개척자인 짱무 선생에게도 경의를 표하고자 한다.

진근의소산

화학실험용 여과지에 과슈
60×23센티미터
1976년

윈난 야생 버섯 손 그림

종이에 여러 재료
18×24.5센티미터
1970년대

싸리버섯
부속우간균
젖버섯
기와무늬무당버섯
영지
무당버섯

윈난의구마

Tricholomopsis yunnanensis, 云南拟口蘑

화학실험용 여과지에 과슈
35×23센티미터
1980년대

자색 영지

Ganoderma sinensis

화학실험용 여과지에 과슈
35×23센티미터
1980년대

등향우간균

Boletus citrifragrans, 橙香牛肝菌

화학실험용 여과지에 과슈
35×23센티미터
1980년대

동충하초

화학실험용 여과지에 과슈
35×23센티미터
1980년대

노루궁뎅이

Hericium erinaceus

화학실험용 여과지에 과슈
35 × 23센티미터
1980년대

홍탁죽손

Phallus rubrovolvatus, 紅托竹荪

화학실험용 여과지에 과슈
35 ×23센티미터
1980년대

표고

Lentinula edodes

화학실험용 여과지에 과슈
35×23센티미터
1980년대

홍연아고

Amanita rubromarginata, 紅緣鵝膏

화학실험용 여과지에 과슈
35×23센티미터
1980년대

송이

종이에 과슈
37×26센티미터
1980년대

쿤밍에서 자주 보이는 야생 버섯

종이에 여러 가지 재료
61.5×47센티미터
2020년

제릉양두균
구개의소산
젖버섯아재비
간파균
란마오우간균
암갈망병우간균
기와무늬무당버섯

철정홍황아고

Amanita rubroflava, 凸頂紅黃鵝膏

종이에 여러 가지 재료
53×37센티미터
2021년

망개우간균

Boletus reticuloceps, 網盖牛肝菌

종이에 여러 가지 재료
75×52센티미터
2021년

술잔버섯

Sarcoscypha coccinea

종이에 여러 가지 재료
59×43센티미터
2022년

绯红肉杯菌　Sarcoscypha coccinea

노랑망태말뚝버섯

Phallus luteus

종이에 여러 가지 재료
59×43센티미터
2022년

海棠竹荪 *Phallus haitangensis*

흰목이

Tremella

종이에 여러 가지 재료
59×43센티미터
2022년

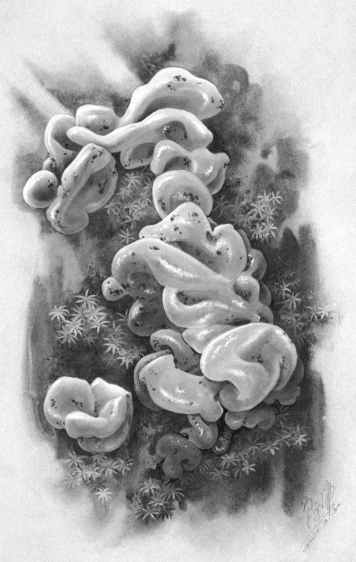

銀耳　Tremella fuciformis

충초왕

Ophiocordyceps megala, 蟲草王

종이에 여러 가지 재료
74×52센티미터
2022년

根据云淑翁授提修的模式标本绘制

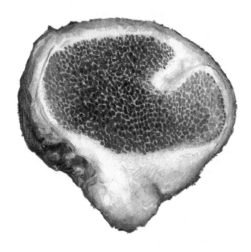

윈난경피마발(마발)

Scleroderma yunnanense, 雲南硬皮馬勃

마발
(먼지버섯, 말불버섯, 어리알버섯)

윈난 사람의 야생 버섯 계급도 중 마발馬勃은 중요한 자리를 차지하지
못한다. 매해 버섯을 먹는 윈난 사람 중에서도 마발을 먹었다는 사람은 보
이지 않는다. 윈난 민간에서는 마발을 '말방귀'라고 부르는데, 이 이름이
꽤 촌스러운 데다가 생김새도 도무지 눈에 띄지 않고 대부분은 대가 없거
나 있다 해도 매우 짧아서 숲속에 양이 싸놓은 작은 똥덩어리처럼 보인
다. 그래서 마발에 익숙하지 않은 사람이라면 보더라도 그냥 스쳐 지나가
버릴 것이다. 마발의 생산지는 주로 윈난 중부와 남부에 분포되어 있으며,
생태 환경이 비교적 좋은 산 중턱 낙엽층 속에서 자란다. 고온다습한 환경
을 좋아해 강우량이 풍부한 7~9월에 생장한다. 가끔 광야의 풀밭이나 농
가의 정원에 마발 몇 송이가 불쑥 돋아나기도 하지만 윈난 사람은 대수롭
지 않게 여긴다. 마발은 자라는 속도가 빠른데, 작은 것은 직경 몇 밀리미

터에서 2센티미터에 그치지만, 큰 것은 직경이 30센티미터 이상까지 자라기도 한다.

생장 초기의 마발을 채취한다면 식감이 부드럽고 신선한 맛이 나지만 만약 생장한 지 오래됐는데도 채취되지 않았다면 균실체가 늙어서 버섯 중간 살이 분말로 변해 있을 것이다. 17세기 아메리카 원주민들은 일종의 최루탄 지뢰를 만들어서 식민 침략자들과 싸우는 데 썼다고 한다. 그들이 적을 밀림으로 유인한 뒤 몸을 숨기면 적들은 지뢰를 밟고 단숨에 검은 연기가 사방에서 치솟는다. 연기에 휘말린 사람들은 눈물 콧물을 쏟으며 정신을 차리지 못해 꼴사나운 처지가 된다. 이 최루탄 지뢰는 사실 밀림에서 과도하게 성숙해버린 회갈색 마발이다. 버섯 내부에 함유된 분진이 바로 최루탄의 주요 성분이다. 마발은 밟히면 코와 목을 간지럽히는 검은 연기를 내뿜는다. 윈난 산속에 사는 사람들은 이 검은 연기를 도망친 말이 뀐 방귀라고 생각했고 그래서 버섯을 '말방귀'라 부르기 시작했다.

적당히 조리한 마발을 먹어본 식객이라면 이듬해에도 이 맛을 그리워할 것이다. 내가 좋아하는 방식은 윈난의 소박한 농가식 조리법인데, 절임 채소와 함께 마발을 볶는 것이다. 직경 2~3센티미터짜리 마발을 골라 편으로 썰어서 준비한다. 피망은 채로 썰고, 마늘은 편으로 썰고, 방가지똥 절임은 잘게 다진다. 무쇠 팬에 기름을 둘러서 달군 뒤 피망과 마늘을 넣고 센불에 볶는다. 그다음 마발을 넣어 즙이 나올 때까지 뒤적이며 볶는다. 미리 준비한 절임 채소를 팬에 넣고 소금을 뿌린다. 가장 중요한 것은 화초 분말과 초과 분말을 약간 넣어서 골고루 뒤섞는 것이다. 완성된 요리를 먹으면 진한 시골 마을의 풍미가 따라온다. 윈난 사람 중에서도 시골 사람들은 초과를 자주 쓰는 데다가 조화롭게 쓰므로 놀라운 맛을 느낄 수 있다. 반면 성안에 있는 큰 식당의 요리사들은 초과를 신중에 신중을 기해서 쓴다.

가정에서는 흔히 마발로 탕을 끓인다. 육수는 닭이든 갈비든 무엇으로 내도 좋다. 마발 갈비찜을 만들려면 마발과 갈비를 각각 500그램씩 준비하고, 적당량의 파, 생강, 소금, 소량의 맛술을 준비한다. 갈비는 작게 토막 내고 데쳐서 피 찌꺼기를 제거한 뒤 썰어둔 마발과 함께 냄비에 담는다. 여기에 파, 생강, 소금, 맛술을 넣고 냄비의 절반까지 찬물을 붓는다. 센불로 최소 30분을 끓이다가 약불에서 갈비가 물러질 때까지 푹 익힌다. 향을 더하려면 참기름을 조금 뿌려도 좋다. 탕에 넣은 맛술과 참기름이 마발과 어우러지며 나는 냄새는 입동 시기 찬바람이 싸늘하게 부는 거리에서 파는 요리를 떠올리게 한다. 추운 날 먹어서 따뜻함이 곱절로 느껴지는 요리, 참기름 뿌린 닭다리와 생강을 넣은 오리찜이다.

궁바오宮保마발은 깍둑썰기한 닭고기 대신 마발을 넣어서 전통적인 조리법에 색다른 풍미를 더한다. 우선 깨끗이 씻은 마발을 깍둑썰기한다. 마른 고추도 잘라둔다. 팬에 식용유를 두르고 약 180~210도로 가열한 뒤 땅콩을 튀기고 건져서 식힌다. 팬에 기름을 약간만 남겨서 마발을 넣고 황주, 굴소스와 함께 센불에 볶되 익으면 접시에 옮겨둔다. 마지막으로 150도 정도로 데운 기름에 마른 고추를 넣고 잠깐 볶은 뒤 피망과 익힌 마발을 넣어서 같이 볶는다. 간장과 감미료를 넣고, 튀겨뒀던 땅콩을 뿌려서 골고루 볶으면 완성이다.

내가 처음 마발을 먹은 곳은 윈난의 시골이 아니라 중국에서 가장 일찍부터 번성한 예술 공동체 중 쿤밍창쿠創庫에 있는 식당이다. 2001년 솨이수帥叔와 라오탕의 주도하에 쿤밍의 예술가와 디자이너들이 한데 모여 원래 기계 모형 공장이 있던 쿤밍 바허강壩河江 서쪽 강가에 쿤밍창쿠예술가 공동체를 창립했다. 예술가, 디자이너뿐만 아니라 북유럽에서 온 예술 기구 노르디카도 입주했다. 고증에 따르면 이곳은 중국의 예술 공동체 가운데 가장 초기에 세워진 곳 중 하나로 베이징의 798예술구보다 먼저 등장했다. 나중에 충칭과 상하이의 동종 업계 사람들이 창쿠에 와서 보고 배운 것을 토대로 충칭의 탄커쿠坦克庫와 상하이의 모간산莫干山 등에도 예술구가 생겨났다. 오늘날 복작복작한 예술 공동체가 된 쿤밍창쿠는 중국의 문화 여행 산업의 본보기이자 시범으로서 기능했다. 쑹둥宋冬, 추즈제邱志傑, 장언리張恩利 등 중국의 현대 예술을 대표하는 예술가들은 모두 창쿠의 전시회 또는 예술 활동에 참여한 적이 있다.

서양과 중국을 막론하고 예술가들이 모인 예술 공동체는 늘 시대의 유행을 선도한다. 그다음 상업 기구가 따라 들어오면서 결국 예술가들이 밀려나고 유행만 좇는 상업 지구가 되어버린다. 상업 기회에 민감한 장사꾼들도 당장 달려와 각양각색의 식당을 연다. 창쿠에도 양식 레스토랑, 훠궈 식당, 그리고 각지의 요리를 파는 식당이 열렸다. 우리는 '롼자다이웨이阮家傣味'라는 더훙주 요리를 파는 식당에 자주 갔다. 나는 이때 처음 마발을 먹었다. 창쿠에 작업실이 있던 디자이너 쑨하이하오孫海浩와 왕한王涵 등과 함께 식당에 갔는데 그들은 예전에 이 버섯을 먹어봤는지 자리에 앉자마자 마발 요리를 주문했다. 다이 식당에 와서 다이족 요리도 아닌 이 요리를 주문하는 게 좀 이상하게 여겨졌다. 그러나 방가지똥 절임과 함께 볶은 마발이 식탁에 올라왔을 때 나는 놀라고 말았다. 마발은 송로처럼 특유의 짙은 향과 맛이 있는 버섯이지만, 송로보다 더욱 싱그러운 맛이 나서 좀 더 숲 본연의 느낌을 가지고 있었다. 두 버섯은 외형도 닮은 데가 있다. 다만 송로의 살과 조직의 질감은 딱딱한 편인 데 반해 마발은 다른 야생 윈난 버섯과 비슷하게 부드럽다. 그날 이후로 윈난의 자치주 가운데 마발이 나는 곳에 가면 나는 현지 친구에게 마발을 먹을 수 있는 식당으로 데려가달라고 하게 됐다.

쑨하이하오는 나보다 몇 살 많은 심각한 '버섯 중독 환자'다. 대학을 졸업한 뒤 그는 광고 회사를 차렸고 몇 년간 성황리에 운영한 덕분에 윈난의 몇몇 담배 회사의 전담 디자인 회사로 자리잡았다. 그가 '타봉駝峰 항선'*에서 따온 '타봉'의 상표는 쿤밍 중심부에 있는 수많은 술집과 여관에 걸렸고 그곳들은 쿤밍의 젊은이부터 쿤밍을 방문한 젊은 외국인들이 저녁을 즐기는 장소가 되었다. 그러나 쑨하이하오는 이런 성취에 점점 흥미를 잃은 듯 회사의 일상 업무를 부하에게 맡기기 시작했다. 비록 매일 시간에 맞춰 출근하긴 했지만 그의 영혼은 어딘지 모를 곳을 떠돌아다니고 있었다.

하이하오는 포드 차량을 사더니 언제든 떠날 수 있도록 캠핑 용품을 싣고 뒷좌석도 없이 앞 좌석만 남겨놓았다. 당시에는 내비게이션도 없었다. 그는 지도 한 장만 달랑 가지고 운전기사에게 네다섯 시간은 가야 나오는

---

* 험프 루트Hump Route, 인도에서 티베트고원을 거쳐 중국 윈난고원으로 연결되는 공중 통로로 그 형태가 낙타 혹을 닮았다고 해서 타봉 항선이라고 불리며, 제2차 세계대전 당시 플라잉 타이거즈도 이 항로를 통해 전쟁 물자를 수송했다.

허허벌판의 산으로 가자고 했다. 차를 세우고 그는 한참 골똘히 생각에 잠기더니 느닷없이 "돌아가지" 하고 말했다. 그러면 기사는 영문도 모른 채 그를 태우고 쿤밍으로 돌아왔다. 이렇게 영문 모를 여정이 반복되자 나중에는 기사도 익숙해졌다.

그러는 동안 워낙 과묵했던 하이하오는 점점 더 말수가 줄었다. 술집에 가서 콜라 한 잔과 마른 안주 한 접시를 시켜놓고 홀로 외로이 한밤중까지 앉아 있곤 했다. 그의 눈 속에서 타오르는 게 욕망인지 절망인지 분간할 수 없었다.

어느 날 갑자기 하이하오는 가장 큰 사이즈의 최신형 아이맥을 사왔다. 그날부터 그는 아침부터 밤까지 컴퓨터 앞에만 붙어 있었다. 하루는 호기심을 이기지 못해 나도 그의 옆에 끼어 앉았다. 그가 도대체 무엇에 빠져 있는지 너무 궁금했던 것이다. 알고 보니 그는 구글의 이글아이Eagle eye 프로그램을 사서 고화질의 화면 속 자유로이 날아다니는 매가 되어 쿤밍의 창충산長蟲山에서 피레네산맥까지, 또 얼하이호에서 에게해까지 날고 있었다. 콜라 한 잔을 앞에 두고 침묵과 우울함에 사로잡혔던 그는 사라지고 의기양양한 표정을 지으며 자신이 새로 발견한 것을 청산유수로 알려주었다.

윈난에서는 어떤 사람이 비상식적인 행동을 하거나 본인 내키는 대로 굴 때면 이 사람이 버섯 때문에 '탈이 났다'고 설명하는 게 가장 간단하다. 버섯에 중독된 것이다. 이게 아니고서야 보통 사람은 그들의 행동을 생각해낼 수도 설명할 수도 없다. 윈난에는 이런 사람이 많다. 하이하오도 그 중 한 명이다. 윈난에서 자랐으니 온갖 버섯을 먹어봤을 텐데 그는 꼭 마발만 즐겨 먹었다. 보통 사람들은 사업을 시작할 때 상업적인 네트워크와 인맥에 기댔지만 하이하오는 인공위성에서 사업 가능성을 찾아냈다. 그는 남들이 보지 못하는 절묘한 지점에 주목해 독특한 사업을 기획하고 설계했지만 하이하오의 회사에는 경험이 풍부한 집행 팀이 없었다. 그래서 사업을 쿤밍에서 시작하든 시솽반나, 리장에서 하든 전부 성황리에 마치지 못했다. 대체로 남 좋은 일이나 해준 꼴이 되었고 다른 회사에 일부 특색 있는 공정으로 편입이나 되는 식이었다. 한번은 하이하오가 사뭇 진지하게 식사나 하자며 나를 추이후호 호숫가로 불러냈다. 그러고는 어떻게 해야 일을 제대로 하고 돈도 원만하게 받을 수 있겠냐며 속내를 토로했다. 이 문제는 내게도 골머리를 썩게 하던 난제였다. 우린 하소연만 한바탕하며 서로의 아픈 상처를 다독여준 뒤 건강히 지내라는 인사를 끝으로 헤어졌다. 그때의 만남 이후로 나도 오랫동안 일하던 을의 위치에서 탈출해 훌쩍 베이징으로 가 떠돌이 생활을 시작했다. 하이하오도 그대로 흥분한 채 이글아이로 오대양 육대주의 사업을 모색했다.

하이하오의 이런 기행을 형님들은 주의 깊게 봤고 응원했다. 그중에는 올림픽 주경기장을 설계하는 데 공헌한 아이乂 형님도 있고, 또 청두成都 글로벌센터를 세운 문화관광 부동산 업계 큰손인 덩훙鄧鴻도 있었다. 하루는 하이하오가 또 이글아이를 하던 중 태평양 위에서 작은 섬을 찾아냈는데 듣자 하니 이곳을 사들여서 문화 여행지로 개발하려는 듯했다. 이것저것 다 따져보고 분석한 결과 이곳이야말로 천국이라는 것이었다. 그래서 덩훙과 하이하오는 전용기를 타고 당장 그리로 날아갔다. 그러나 그곳은 미군기지와 너무 가까웠고, 그 바람에 중국이 전략적으로 이곳을 사용하려던 게 아니냐며 괜한 의심을 샀다. 결국 미국의 간섭으로 섬 구매 계획은 무산됐다.

하이하오의 이글아이는 태평양 위를 떠돌다가 마침내 중국 동남부에서 2100킬로미터 떨어진 팔라우에 머물렀다. 팔라우는 서태평양과 동남아가 통하는 관문으로 면적은 싱가포르의 절반이었고 인구도 1만여 명뿐으로 1994년에야 미국의 간섭에서 벗어나 정식으로 독립 주권을 회복한 곳이었다. 하이하오는 줄곧 세련된 호텔을 짓는 꿈을 가져왔고 팔라우의 열대 기후와 아름다운 풍경을 떠올리자 그의 몽상을 실현하기에 적절해 보였다. 하이하오는 짧은 시간 안에 그곳의 대통령과 추장뿐 아니라 평범한 사람들과도 한데 어울렸다. 그리고 마침내 호텔을 세웠으니 그의 꿈을 이룬 셈이긴 하다.

팔라우는 솔직히 너무 멀어서 몇 년간 하이하오의 소식은 팔라우에 다녀온 친구들을 통해 건너 들었을 뿐이다. 그는 그 섬에서 거의 신선처럼 살고 있으며, 하늘을 나는 건 아니지만 바다를 잠수하고 있단다. 내가 팔라우에 가려면 비행기를 몇 번 환승해야 하는지 알아보는 사이에 그가 또 중국으로 이사했다는 소식이 들려왔다. 주하이珠海와 원저우溫州에서 큰 프로젝트를 맡았다는 것이다.

하이하오와 만나지 못한 지도 어느덧 10여 년이나 됐다. 그가 한 모든 일이 남들 눈에는 영화 속에서나 벌어질 법한 것이지만 그는 확실히 자신의 이상을 실현하기 위해 몸소 노력하는 사람이다. 이런 사고방식과 행동은 원난이 아닌 다른 지방 사람은 상상하고 이해하기 힘들 것이다. 그러나 그의 곁에 있는 우리 같은 친구들은 이를 정상이라고, 단지 버섯을 먹고 중독되었을 뿐이며, 어쩌면 평생 이럴지도 모른다고 여긴다. 설령 그렇다고 한들 무슨 상관이겠는가? 그저 나는 그와 쿤밍에서 다시 만나 마발 요리를 하는 작은 식당에 가서 숲속의 기운을 느끼고 싶을 뿐이다. 그의 입에서 나오는 하늘과 넓은 바다에 관한 이야기를 듣고 싶다.

중국포식동충하초 (박쥐나방동충하초)

Ophiocordyceps sinensis

충초

내가 어릴 적 충초는 지금처럼 신비한 후광이 없는, 약재상의 비싼 약재 중 하나였을 뿐이다. 당시 상점은 백화점, 철물점, 미곡상, 식료품상, 석탄 가게, 약재상 등 몇 종류를 벗어나지 않았다. 그중 약재상은 어린이들이 좋아하는 가게였다. 쿤밍에서 가장 역사가 오래된 거리 튀둥로에는 당나라 시대 남조국에서 지은 튀둥성拓東城이 있다. 튀둥성은 쿤밍에 가장 먼저 출현한 초기 형태의 성시였다. 1945년 양전닝 선생은 시난연합대학을 졸업한 뒤 미국에서 공부를 계속하기 위해 튀둥로에서 기차를 타고 우자바 공항으로 갔다. 여러 언어에 능통하고 수십 종류의 사투리를 할 줄 알았던 자오위안런趙元任 선생도 1938년 중앙연구원 역사어언연구소에 재직하던 기간에 튀둥로에 살았다. 내가 어릴 때만 해도 이 거리는 예전과 크게 다르지 않았고 세월에 마모되어 반들반들해진 돌길도 그대로였다. 성 남쪽에 사는 아이들은 튀둥로에 하나 있던 약재상을 자주 기웃거렸다. 영업을 하느라 바빠서 가게를 개조할 시간이 없었는지 몰라도, 약재상은 중화민국 시대의 전통 구조를 유지하고 있었다. 약장 서랍에는 전통적인 방식대로 중약 이름이 붙어 있었고, 처방전을 건네면 점원들이 약을 꺼내 재래식 종이로 포장해주었다. 대부분의 약재는 노련하고 날랜 손놀림으로 휙휙 꺼낼 수 있었지만, 충초처럼 귀중한 약재는 작고 정교한 저울에다 무게를 달아야 했다. 매대 위에는 커다란 황동 구슬 두 개가 있었는데 그 안에는 흰색과 붉은색을 엇갈려 꼰 무명실이 감겨 있어서 구슬에서 잡아당긴 실로 다 지은 약을 묶어줬다.

약재상에서 가장 흥미로운 곳은 다름 아닌 진열장이었다. 그 안에는 녹이, 웅장, 인삼, 삼칠 등 각종 귀중한 약재가 놓여 있었다. 게다가 약재상에서는 진열장 정리에 매우 신경을 써서 정기적으로 약재 배치를 조정했다. 진열장 정리는 귀중한 약재 뒤편의 배경 그림을 바꾸는 식으로 이뤄졌다. 내가 처음 본 충초도 이 진열장 안에 놓여 있는 것이었다. 이곳은 내 어린 시절 자연박물관이었고, 약재들의 배치를 바꾸는 일은 마치 새로운 전시회가 열리는 듯해서 나와 친구들은 유리창에 얼굴을 바짝 붙이고 진열장을 구경하며 상상 속으로 빠져 들어갔다. 나는 어른이 된 뒤로도 다른 나라나 도시에 가면 늘 현지의 자연박물관을 구경하는데, 이 습관도 어쩌면 어린 시절 약재상 진열장에서 열린 전시회와 관련이 있지 않을까.

윈난 사람 대부분은 충초가 야생 버섯과 관련된다는 것을 모른다. 그저 이게 원래는 벌레였다는 것을 다소 신기해할 뿐이다. 사실 충초는 곤충과 버섯의 결합체의 일종으로 박쥐나방과의 충초편복아蟲草蝙蝠蛾 *Hepialus* *armoricanus*의 유충과 충초 진균 버섯이 결합된 것이다. 벌레는 가느다란 누에처럼 생겼다. 고리 무늬가 있고, 보통 3~5센티미터로 자라며 표면은 짙은 황색이거나 계피색이다. 머리와 가까운 부분은 고리 무늬가 좀 더 가늘다. 매년 한여름이면 해발 3800미터 이상의 설산 습지대에서도 얼음과 눈이 녹고, 충초편복아는 꽃잎 위에 수천수만 개의 알을 낳는다. 알을 까고 나온 조그만 벌레들은 축축하고 헐거운 토양을 파고들어 식물 근경의 양분을 흡수하며 몸을 통통하게 불린다. 이때 구형의 진균 자낭 포자가 충초편복아의 유충을 만나면 벌레의 내부를 파고 들어가 그 영양을 흡수하고 균사를 발아한다.

진균에 감염된 박쥐나방 유충은 지표의 2~3센티미터 되는 곳까지 꿈틀거리며 기어가서 머리를 위쪽에 두고 꼬리를 아래로 둔 채 죽는다. 이게 바로 '동충'이다. 유충은 죽었지만 체내의 진균은 나날이 생장해 벌레의 몸속에 가득 찬다. 그리고 이듬해 늦봄에서 초여름, 벌레의 머리 부분에 자홍색 작은 풀이 2~5센티미터 길이로 자란다. 이 풀의 끝부분에는 파인애플 형태의 자낭각이 있는데 이게 바로 '하초'다. 이렇게 유충의 껍데기와 그 위에서 돋아난 작은 풀을 '동충하초'라고 한다. 이맘때가 충초가 가장 실한 때로 체내 유효 성분이 높아서 채집하기에도 좋다.

동충하초의 주요 산지는 윈난, 쓰촨, 칭하이青海 등이다. 윈난에서는 주로 디칭주 더친德欽 중부에서 북부 일대, 진사강, 란창강, 누장강, 삼강 유역의 상류 지역 및 해발 3000~4000미터의 고산 습지대 지구다. 해발 4500미터 이상의 고산 습지대에 생장하는 동충하초의 품질은 특히 우수하다. 동충하초는 분포하는 지역이 좁고, 자연적인 기생률도 낮아서 까다로운 생장 조건만큼이나 수량도 극히 한정돼 있다.

동충하초는 중국의 전통적인 귀중한 보양제로 폐와 신장을 보하고 기침을 멎게 하며 쇠약 증상을 호전시키고 정기를 기르는 데도 좋다. 생활 수준이 높아짐에 따라 충초를 아는 사람이 늘었을 뿐 아니라, 충초 시장은 점점 공급이 수요를 따라가지 못해 가격이 천정부지로 치솟았다. 동충하초의 탁월한 효력은 신기함의 극치라고 할 만해서 '선초'라는 이름에도 부끄럽지 않다.

충초는 중약의 처방에 따라 복용할 수도 있지만 민간에서도 약선으로 만들어 보양식으로 먹어왔다. 사람들이 충초를 떠받든 만큼 다양한 조리법이 생겨났다. 먼저 충초 오리탕은 늙은 오리 한 마리, 동충하초 10그램, 적당량의 대추, 대파, 생강, 맛술, 소금을 준비해야 한다. 오리는 씻은 뒤 물기를 뺀다. 씻어서 씨를 제거한 대추, 편으로 썬 생강, 자른 파를 충초와 함께 오리 배 속에 넣고 이쑤시개로 봉합한다. 오리를 작은 냄비에 옮기고 적당량의 물, 소금, 맛술을 넣는다. 오리가 든 작은 냄비를 큰 냄비에 담아서 중탕으로 1시간 반 동안 약불로 졸이면 완성이다.

충초 자라탕도 보양에 매우 좋은 음식이다. 동충하초 열 뿌리쯤, 자라 500그램, 표고버섯, 조미료 적당량이 필요하다. 자라는 씻어서 토막을 낸다. 표고버섯은 깨끗이 씻고, 생강은 편으로 썬다. 이상의 재료를 충초와 함께 솥에 넣고 물과 조미료를 더해 중탕으로 익힌다.

동충하초죽도 있다. 멥쌀 1냥, 가루로 만든 충초 열 뿌리, 자란 가루 10그램, 얼음 설탕 적당량을 준비한다. 쌀을 깨끗이 씻고 얼음 설탕을 함께 넣어 죽을 끓인다. 동충하초 가루와 자란 가루를 죽에 넣고 골고루 섞어서 잠시 졸인 뒤 불을 끄고 5분간 뜸들이면 완성이다.

윈난에서 충초는 집에서 치궈지氣鍋鷄*를 해 먹을 때 가장 자주 쓰인다. 치궈 안에 손질해서 토막 낸 닭을 넣고 충초 몇 뿌리를 더하면 귀한 손님을 최고로 대접할 수 있다. 윈난 사람 대부분은 동충하초를 물에 불려서 먹는 게 좋다고 여긴다. 동충하초 서너 뿌리를 골라 물에 깨끗이 씻은 뒤 잔에 넣고 끓인 물을 부어가면서 마신다. 이런 식으로 자기 전까지 몇 번 음용한 뒤 남은 충초는 씹어 먹는다.

최근 동충하초의 가격이 폭등함에 따라 맹목적으로 대량 채집을 하는 현상이 나타났다. 자원은 점차 감소했고 생산량은 해마다 하락했다. 어떤 사람들은 돈을 벌 욕심에 머리를 굴려서 동충하초 모형까지 만들었다. 밀가루와 몇 가지 재료를 섞어서 하룻밤 안에 수많은 가짜 '충초'를 만들어낸 뒤 상인들은 가짜 모형을 진짜 충초에 섞어서 판다. 그러니 충초를 살 때는 특별히 조심해야 한다.

책을 쓰던 중 이따금 무용예술가 양리핑이 떠오르곤 했다. 20년 전 나는 베이징 바오리保利극장에 「윈난영상」을 관람하러 갔다. 대규모 공연을 보며 마치 고향 윈난의 산수로 돌아간 듯했고 극장의 어둠 속에 있으려니 뜻밖에 눈물이 눈자위를 촉촉이 적셨다. 작품은 샹거리라 설역 고원의 한 수행자를 따라가며 각 장과 단락이 진행된다. 공연 도중 어째서인지 문득 동충하초의 생장 형태가 스치듯 떠올랐다. 나는 양리핑의 예술 인생이 일

---

* 치궈는 윈난 요리에 쓰는 자기 냄비로 가운데 구멍이 나 있다. 구멍에서 나오는 증기로 내용물을 찔 수 있으며 치궈지는 이 냄비로 만든 닭찜을 가리킨다.

종의 '선초' 상태를 닮았다고 생각한다. 그는 충초의 벌레처럼 고원 토지의 풍부한 양분을 찾아 토양 속으로 깊이 파고 들어가 식물 근경의 영양을 흡수한다. 그가 새 작품을 잉태하는 과정은 포자가 충초로 들어가 균사로 자라나고 여름에는 초원에 붉은색 작은 풀이 돋아나는 것과 같다. 깊은 내공이 있으면서도 겉으로 드러내지 않는다. 게다가 이런 상태는 반복적으로 계속되며 끊이지 않는다. 그는 한동안 시간이 흐르면 금세 또 새 작품을 세상에 내놓곤 했다. 마치 매년 여름 고원에 다시 돋아나는 동충하초처럼 말이다.

양리핑도 '버섯에 중독된' 윈난 사람이다. 윈난 사람의 마음속에서 그는 '선초'와도 같지만, 이웃집 누나처럼 다리나 쿤밍의 거리를 돌아다니는 탓에 사람들 앞에 불쑥 나타나곤 한다. 나는 늘 리핑에게서 사방으로 뿜어져 나오는 빛을 느껴왔지만 막상 그에 관해 쓰려니 아무래도 그 인기에 편승하는 듯한 느낌이 좀 든다. 그저께는 그가 SNS에 눈물을 머금고 게시물을 하나 올렸다. 시작한 지 거의 20년에 접어든 위안성타이原生態무용단을 코로나19 때문에 어쩔 수 없이 해산하게 됐다고 말했다. 그 말을 듣자 갑자기 눈물이 났다. 모두 리핑이 무대에서 빛나는 모습을 봤을 뿐, 무대 뒤에서 그가 견뎌야 했던 고통은 잘 알지 못했다.

내가 막 리핑 누님을 알았을 때 그는 이미 전설이었다. 그는 13세에 시솽반나가무단에 들어가서 춤을 배우고 윈난성가무단에 들어갔으며, 막 20세가 되었을 때 무용극 「공작 공주孔雀公主」로 문화부의 창작 대상, 연출 대상을 받으며 중앙민족가무단원이 된다. 같은 쿤밍에 있으면서도 나는 그의 무대를 직접 본 적이 없었고, 화면을 통해서 공연을 봤을 뿐이었다.

1984년 신중국 성립 35주년을 축하하는 대형 뮤지컬 작품 「중국 혁명의 노래中國革命之歌」에서 그는 군무를 이끌고 독무를 맡았다. 1986년 그의 무용작품 「공작의 영혼孔雀之靈」은 제2회 전국무용대회에서 창작 작품 1등상, 연출 1등 상을 받아 시대를 아우르는 고전이 되었으며 그 밖에도 수많은 상을 받았다. 1988년 그는 「춘만연환만회春晩聯歡晩會」(CCTV 제야 방송 공연)에 출연해 윈난의 무용을 수많은 중국인에게 알렸다. 「공작의 영혼」은 나중에 1990년 아시안게임 폐막식에서도 연출되었으며 1994년에는 중화민족 20세기 무용 경전 작품 금상을 받았다. 훗날 양리핑은 그가 창작하고 공연한 무용작품으로 CCTV의 「춘만연환만회」에 여러 차례 등장해 윈난의 깊은 산과 우림을 표현하며 모두에게 향수를 느끼게 해주었다. 그는 전설일 뿐만 아니라 전기적인 인물이었다.

처음 리핑 누님을 만난 곳은 우리 두 사람의 공통 지인인 작가 샤오강肖鋼의 숙소에서였다. 그때 샤오강은 윈난성 문화청에서 일하고 있었는데 문화청은 시 중심에 위치한 데다가 독신자 숙소를 제공해줘서 그의 친구들은 자주 그곳에 모여 술을 마셨다. 하루는 우리끼리 모여 있는데 느닷없이 양리핑이 들어왔다. 이미 다들 잘 아는 친구 사이인지 그는 자연스럽게 합류해서 술을 마시기 시작했다. 1980년대 그 가장 아름답던 시절 예술가들은 만나서 술을 두어 모금 마시기만 하면 곧 예술 창작 문제를 심각하게 토론하곤 했다. 그 무리에서 나는 나이가 가장 어려 늘 경청하기만 했을 뿐 감히 끼어들지 못했다. 그저 양리핑의 실제 모습이 너무 아름다워서 질식할 것만 같았고 그날 뭘 토론했는지 기억조차 나지 않는다. 그저 리핑 누님이 말하고 술을 마시는 모습을 마냥 바라보며 참 행복하다고 느꼈을

탕쯔항 튀둥로 서쪽 입구, 1984년, 윈난성 쿤밍, 장웨이민 촬영

뿐이다. 어쩌면 이건 오늘날 팬들이 스타를 바라볼 때의 심정과 같은 것이 아니었을까.

그 후로 오랫동안 나는 그의 소식을 텔레비전이나 매체에서만 들을 수 있었다. 한편 내 친구 샤오취안肖全은 1990년대에 줄곧 양리핑을 따라다니며 사진을 찍었으므로 당시 리핑 누님의 사진은 대부분 샤오 형님이 찍은 것이었다. 가장 인상적인 사진은 만리장성 위에서 찍은 것들인데 그중 몇 점은 이미 사람들에게 널리 알려져 있다. 샤오 형님에게 듣기로 리핑 누님은 자주 윈난의 산수를 누비며 소수민족의 음악과 춤을 수집한다고 했다. 나중에 리핑 누님은 영화에 출연하기도 했는데 그중 「난릉왕蘭陵王」과 「태양조太陽鳥」는 국제영화제에서 상을 받았다. 그러나 모두에게 가장 깊은 인상을 남긴 건 장지중張記中이 제작한 드라마 「사조영웅전射雕英雄傳」에서 연기한 매초풍梅超風*이리라. 이 배역은 모두의 기억 속에 그의 트레이드마크인 아주 긴 손톱을 각인시켰다.

1990년대 말의 어느 날, 나는 상하이에서 음악가 허쉰톈何訓田, 주저친朱哲琴 및 작가 장셴張獻, 탕잉唐穎과 함께 쿤밍 안닝安寧 교외에 있는 윈난민족문화전수관의 발기인 톈펑田豐을 방문했다. 톈펑은 중앙악단의 국가 1급 작곡가로, 윈난에서 민요를 수집하던 중 윈난의 여러 소수민족의 전통 음악과 춤 문화에 탄복해 1993년 혼자서 안닝에 전수관을 세웠다. 걸출한 민간 예술가들은 이곳에서 소수민족 전통 음악을 구전으로 전수하

---

* 진용의 무협소설 『사조영웅전』에 나오는 인물로 손가락으로 할퀴듯 공격하는 무공을 사용하는데, 양리핑이 출연한 드라마에서는 이 무공이 무용처럼 아름답게 묘사되었다.

며 그 민족의 우수한 음악과 춤의 전통을 보존한다. 전수관은 지극히 유토피아적인 색채를 띠고 있었다. 수강생은 모두 각지의 산채에서 모집한 사람이라 대부분 표준어를 할 줄 몰랐고 까막눈이었다. 모두 함께 먹고 자며 일도 했는데 전승 학습 외에도 생계를 해결하기 위해 채소나 곡식을 심었으므로 과정이 쉽지 않았다. 우리가 톈핑 선생과 이야기하고 있을 때 문득 익숙한 자취가 느껴졌다. 알고 보니 리핑 누님은 이곳에서 민간 예술가들과 함께 공부하고 연구한 지 오래였다. 그는 민간 예술가들과 함께 먹고 자고 공부했으며 성공한 예술가라는 이유로 조금의 특별 대우도 받지 않았다. 그가 중요하다고 여기는 건 세대를 전승해 내려온 예술 자산뿐이었다.

2002년 양리핑은 중앙민족가무단에서 은퇴하고 충초처럼 윈난으로 돌아갔다. 그리고 자기 작품을 창작하는 데 전념하며 초원에 봄이 왔을 때 흙을 뚫고 생장하기를 기다렸다. 이전의 양리핑이 무용수로서 무대 위에서 활약했다면, 윈난에 돌아온 뒤로는 창작자로서 또 다른 높은 봉우리를 향하는 듯했다. 2003년 8월 8일 양리핑의 위안성타이무용단 대작 「윈난영상」이 쿤밍에서 초연을 선보였고 그때부터 중국 무용사의 신화가 시작됐다. 「윈난영상」은 19년에 걸쳐 7000여 회나 공연됐다. 이를 시작으로 그는 예술 인생의 두 번째 전성기에 돌입했다. 이 시기에 그는 「장미藏謎」「윈난의 소리雲南的響聲」 등 위안성타이의 색채가 짙은 작품을 창작했고, 「공작孔雀」「십면매복十面埋伏」처럼 실험적인 작품으로 서양 관중을 사로잡은 작품들도 발표했다. 그리고 서양의 클래식 「봄의 제전」을 동양의 철학, 지혜, 심미관으로 해석함으로써 그의 창작자로서의 시각을 새롭게 선보였다. 2020년 양리핑은 그의 고향 다리의 상징적인 건축물인 양리핑대극장에 무용극「아평이 진화를 찾네阿鵬找金花」를 헌정하며 사랑하는 고향 사람들에게 감사를 전하기도 했다.

쿤밍에 돌아온 뒤 양리핑은 연습이 끝난 늦은 밤이면 디자이너 왕한의 작업실에 가서 홀가분한 마음으로 푸얼차를 마셨다. 나도 그를 그곳에서 자주 마주쳤는데 그럴 때면 우린 편하고 자유로운 상태로 일상적인 이야기를 주고받고 예술을 말하기도 하면서 어떤 부담도 없이 생각나는 대로 대화를 나눴다. 한번은 무용단 연습에 관한 이야기가 나오자 그는 연습이란 무용수 자신의 몸이 매일 필요로 하는 것이라고 말했다. 12세에 시솽반나가무단에 선발됐을 때부터 그는 스스로 연습했고, 나중에 중앙민족가무단에서도 마찬가지였다. 그는 단체 연습이 아니라 자기 몸에 필요한 것을 찾아서 연습했다. 그는 여전히 세파에 휘둘리지 않고 제 갈 길을 가며 창작을 이어오고 있다. 또한 자신의 이런 방법을 활용해 사시沙溪 산촌에서 온 샤오진화小金花와 자신의 조카 샤오차이치小彩旗 같은 젊은 무용 신예를 육성하고 있다.

그는 과반科班(옛날 전통극 배우 양성 단체) 전통에 속박되지 않고 생활 속에서 자신의 무용 창작에 녹여낼 수 있는 요소들을 민감하고 세심하게 포착한다. 내 친구 어우거謳歌는 인민해방군 총정치부가무단에서 어린 시절을 보냈다. 당시를 회상하면 중앙민족가무단과 벽 하나를 사이에 둔 커다란 운동장에서 다리 찢기 연습을 할 때마다 예쁜 누나 한 명이 보러 오고는 했단다. 나중에야 그 사람이 양리핑이라는 사실을 알았다고 한다. 양리핑은 아이들의 춤에서 많은 영감을 얻었다. 또한 그는 자연으로부터도 배움을 얻었고 꽃 하나, 새 하나까지 스승으로 삼았다. 그로써 그는 꽃과 새의 자태와 색채를 몸으로 터득했고 이를 자기 작품 속으로 가지고 왔다. 그의 일상은 언제나 꽃향기와 색채의 언어 속에 깊이 잠겨 있다. 누군가는 그런 그를 보고 가식적이라 말할지 모르지만, 정말이지 이는 그가 자연을 스승으로 삼고, 그로 인해 자연과 하나 된 그의 일상일 뿐이다.

나는 수십 년 동안 예술과 관련된 일을 해왔고 다채로운 예술가들을 만났지만 그중 양리핑이야말로 가장 예술적인 사람이라고 여겨진다. 그의 마음속에서는 언제나 예술이 제일 앞에 있다. 예술을 위해서라면 그는 모든 것을 버릴 수도 있다. 과거 「윈난영상」을 제작할 때 무용단이 재정 위기에 처하자 그는 자기 부동산을 팔고 광고를 찍는 등 작품을 완성할 때까지 자금을 모으며 버텼다. 극단 공연이 원활하게 진행되고 수입이 안정됐을 때 그는 또 쌍랑 문화 마을 설립을 지원했고 현지의 젊은 세대의 창업을 도왔다. 비록 대중에게 그는 그저 꽃과 새와 어우러진 세계에 사는 사람처럼 비치곤 하지만, 사실 그의 생활은 특이할 정도로 단순하고 소박하다. 사치를 부리지도 않고, 친구나 가족과 함께하는 시간을 가장 좋아한다. 사교를 좋아하지도 않으며 심지어 사람이 많은 장소를 두려워하기도 한다. 그러나 연습장에서나 무대에서는 그에게서 어떤 어색함의 흔적도 찾아볼 수 없으며 순식간에 유능하면서도 과감한 사람으로 변신한다.

쿤밍현대미술관에서 양리핑의 작품을 보여줄 전시회를 개최하는 건 내가 몇 년간 품어왔던 숙원이다. 2020년 여름의 어느 밤, 왕한의 집에서 전시회를 구상했을 때 나는 양리핑이 전시회의 세부 사항에 대해 말하는 걸 들으면서 예술가로서 타고난 그의 천부적인 자질에 감탄할 수밖에 없었다. 그라면 어느 장르의 예술을 했대도 틀림없이 성공했을 것이다. 그날 나는 직접 주방에 가서 견수청과 기와무늬무당버섯을 요리했다. 우리는 버섯을 먹으면서 이야기를 나눴고, 매우 즐거운 시간을 보냈다. 그런데 나중에 그 무용단의 한 사람이 하소연을 하는 게 아닌가. 바로 그날부터 리핑 누님이 기와무늬무당버섯에 꽂히는 바람에 자기네도 버섯을 물릴 때까지 며칠 내내 먹었다는 것이다. 나는 그날 우리가 먹은 버섯이 '딱' 적당히 익었기에 그가 버섯을 먹고 '업'된 거라고 해명할 수밖에 없었다. 2020년 10월 「완우유이萬舞有奕」라는 제목으로 양리핑의 전시회가 쿤밍현대미술관에서 성대하게 개막했다. 전시회에서는 리핑의 주요 작품들의 무대이미지부터 도구와 복장까지 전시했다. 관람객은 마치 자기가 무대에 오른 것처럼 양리핑이 무대 위에서 느끼는 감각들을 체험할 수 있었다. 전시화는 사람들로부터 환영과 호평을 받았다.

　2003년 양리핑의 무용단은 사스의 영향으로 한동안 해산해야 했고 코로나19 이후에도 힘든 시간이 계속됐다. 나는 다리의 양리핑대극장에서 그와 함께 「아핑이 진화를 찾네」를 본 적이 있다. 공연이 끝난 뒤 그는 훌륭했다며 갈채를 보냈고, 단원들을 일일이 응원해줬다. 나는 그가 어려운 상황에서도 끝까지 버티려던 마음을 깊이 이해했다. 하지만 무정한 공연 시장 상황은 예술가를 생존 문제에 직면하도록 몰아붙였다. 그는 자신의 예술 인생 50주년을 기념하자마자 눈물을 머금고 「윈난영상」 가무단을 해산한다고 선포했다. 하지만 그가 가무단과 그의 단원을 버린 것은 아니었다. 2022년 4월 양리핑이 감독하고 출연한 십이지 시리즈 무용 예술 영화 「후샤오투虎嘯圖」가 온라인으로 상영되었다. 양리핑의 주도하에 각

장르의 무용 대가들이 한데 모여서 여러 예술 기법을 활용해 무용 예술의 새로운 형식을 보여주었다. 양리펑이 포스트 팬데믹 시대와 무용 관람을 함께 사유함으로써 시도한 일이었다. 그의 어머니는 그에게 잠깐 멈추라고, 쉬었다 다시 가라고 곧잘 타일렀다고 한다. 그러나 그는 팬데믹 상황이든 천하가 태평할 때든 시종 멈출 수가 없었다.

양리펑에게 가장 중요한 건 아름다운 무대다. 그는 아무리 삶이 힘들어도 힘을 내서 난관을 넘어야 한다고 믿는다. 그는 말했다. "저는 우리 마음속에 여전히 무대가 존재한다고 믿습니다. 하루빨리 무대로 돌아갈 수 있기를 바랍니다."

내가 윈난 친구들의 이야기를 들려주면 사람들은 그들을 그다지 이해하지 못할 뿐더러 내 이야기를 믿지도 못한다. 그러나 정말로 이 친구들은 버섯에 중독된 것처럼 늘 남들이 이해할 수 없는 행동과 결정을 한다. 물론 그에 따른 결말 역시 여느 사람들과는 다르기 마련이다. 그들은 샹거리라 고원의 충초처럼 겨울에는 벌레였다가 여름에는 풀이 되기도 하고, 매해 쉬지 않고 자라나는 고원의 계종 같기도 하다. 여름이 오고 또 한 해의 버섯 철이 시작된다. 입하를 맞아 쿤밍에 비가 내리면 난방기를 틀어야 할 만큼 금세 쌀쌀해진다.

팬데믹이 끝났다. 며칠 전 양리펑이 「윈난영상」 리허설을 재개했다는 뉴스를 보았다. 역시 그는 자기의 단원들을, 자기 예술을 버리지 않았다.

치마버섯 (백삼)

Schizophyllum commune

백삼

나는 토박이 윈난 사람이지만 백삼白蔘도 버섯의 일종이라는 사실을 오랫동안 몰랐다.

10여 년 전 내가 베이징의 차마고도 식당에 북방 출신 친구를 초대했을 때의 일이다. 그는 전통 윈난 요리인 백삼 달걀찜을 주문하면서 달걀찜 안에 든 백삼이 '나무 꽃'이라는 이름의 버섯이라고 말했다. 곧이어 그와의 논쟁이 시작됐다. 왜냐하면 내가 알고 있던 '나무 꽃'은 어머니가 어릴 적부터 내게 먹인 갈색 버섯으로 '나무 수염'이라고도 불렸다. 그리고 우리 윈난 사람은 애초에 백삼을 윈난의 야생 버섯으로 치지 않았다. 그 친구는 윈난의 식물에 대해 꽤 잘 아는 듯했고 식사가 끝나고 집으로 돌아오는 길에 나는 얼른 백삼이 무엇인지 알아보기 시작했다.

윈난 사람은 늘 내키는 대로 행동한다. 나무에 착생해서 사는 여러 생물을 죄다 먹거리로 여기고, 사물에 이름을 붙일 때도 제멋대로 붙인다. 어릴 적 어머니는 냉채를 만들 때 '나무 꽃'이라는 것을 넣었는데 쫄깃쫄 깃 씹는 맛이 좋았다. 어머니가 이것을 나무의 '수염'이라고 알려줬고 나는 나이를 먹어서도 윈난의 무침 요리에서 '나무 꽃'이 보이지 않으면 뭔가 허전함을 느꼈다.

백삼은 일반적으로 매년 봄가을에 윈난성의 윈산, 훙허, 푸얼, 위시, 린 창, 바오산, 더훙, 리장 등지의 산림에서 자라는데, 대부분 숲속의 마른 나 뭇가지와 쓰러진 나무에서 생장한다. 기본적으로 백삼은 대가 없고 활짝 핀 꽃처럼 생겼기 때문에 '나무 꽃'이라고도 불린다. 그러니까 친구의 말 대로 백삼을 '나무 꽃'이라고 불러도 틀린 건 아니었다. 그렇게 부르는 것 도 백삼의 외양에 잘 들어맞았다.

야외에서 보이는 백삼은 대부분 족생이나 군생으로 흐드러지게 핀 국 화 무리 같다. 갓은 대부분 부채꼴이거나 콩팥 모양이고, 재질은 조금 질 기다. 색은 흰색 또는 회백색이다. 맛은 싱그럽고 신선해서 개운하며 영 양소가 풍부하다. 윈난의 일부 버섯꾼도 백삼을 '흰 꽃'이라고 부른다. 백 삼은 치마버섯의 일종으로 생김새가 두드러지진 않지만 약으로도 쓰이며 인체에 필수적인 아미노산 8종을 함유하고 있다. 버섯꾼들은 백삼을 채취 하면 이물질을 제거하고 햇볕에 말려서 보관한다.

백삼 본연의 맛을 살린 요리를 먹고 싶다면 현지의 식자재를 곁들여야 한다. 여러 요리 중 가장 특색 있는 음식이라면 윈난 화퇴 백삼일 것이다. 조리법은 사실 그리 복잡하지 않다. 재료는 백삼, 윈난 화퇴, 풋고추, 홍고 추, 마늘, 소금이다. 우선 말린 백삼을 물에 불리고 씻는다. 깨끗한 물이 나올 때까지 손으로 주물거리며 꼼꼼히 헹군다. 화퇴, 풋고추, 홍고추, 마늘을 깍둑썰기한다. 팬에 기름을 둘러서 데우고 부재료를 넣어 바짝 볶는다. 준비된 백삼을 넣고 소금을 치면 완성이다.

　신선한 백삼이 시장에 나올 때면 풋고추 백삼 볶음을 만들어도 좋다. 이것도 윈난의 전통 가정 요리 중 하나로, 윈난의 녹색 저우피고추를 곁들여 만든다. 우선 신선한 백삼 3냥, 윈난의 저우피고추 5~6개, 마늘 세 톨, 납육 약 50그램을 준비한다. 백삼은 뿌리를 자르고 이물질을 제거한 뒤 잘게 찢어서 씻는다. 평평한 팬에 백삼을 약불로 덖어서 수분을 날리고 향기가 날 때쯤 꺼내둔다. 납육은 편으로 잘게 썰고 약불로 볶아서 기름을 뽑는다. 납육에서 나온 기름에 다진 마늘을 넣고 중불에 볶아 향을 낸 뒤, 잘게 썬 윈난 저우피고추를 넣고 계속 뒤적이며 볶는다. 고추 표면이 투명해지면 소금 작은 술을 넣고 골고루 볶는다. 마지막에는 센불로 올려 미리 덖어둔 백삼과 납육을 넣고 모든 재료를 함께 골고루 섞으며 볶는다. 간을 본 뒤 소금을 더 쳐도 된다.

　윈난 사람이 또 즐겨 하는 요리는 바로 백삼 달걀찜이다. 사실 이건 흔히 보이는 달걀찜에 물에 불린 백삼이나 신선한 백삼을 넣는 게 전부다. 달걀찜의 부드러움과 백삼의 쫄깃함이 어우러지면서 풍미가 훌륭하다.

　최근 몇 년간 윈난의 야생 버섯과 미식은 다른 지방의 먹보들로부터 점점 더 사랑받고 있다. 그러다보니 윈난 사람이 도리어 북방 사람으로부터 백삼과 관련된 지식을 배우는 일도 있는 것이다. 2000년 즈음 차마고도 식당이 베이징에 개업했을 때 베이징을 다 찾아봐도 윈난식 요리를 하는 식당은 다섯 군데를 넘지 않았다. 이제는 온갖 브랜드의 윈난식 레스토랑이 전국 각지에서 피어나고 열매를 맺더니 윈난의 식자재와 특유의 맛이 각지 식객들의 미각 체계를 정복하고 있다. 윈난 요리 식당의 사장들은 그동안 각개전투를 펼치며 터전을 일구려고 노력했다. 그중에서도 양아이 쥔楊艾軍으로 말할 것 같으면 업계 사람 누구나 그가 꾸준한 노력을 통해 윈난식 요리를 널리 알려왔다는 사실에 동의한다.

중국 전역을 통틀어 직업을 여러 개 가진 청장년이 가장 많은 곳을 꼽는다면 쿤밍이 빠질 수 없다. 나도 영락없이 그중 한 명이다. 그리고 시야를 넓혀 보면 내 곁에 있는 친한 사람들은 죄다 이런 부류다. 양아이쥔도 물론이다. 양아이쥔은 일찍이 쿤밍에 두 곳뿐이었던 외교용 호텔 중 쿤밍 호텔에서 일을 시작했다. 그는 우수한 서비스 정신을 갖고 있었으므로 베이징 인민대회당에 선발돼서 4년간 일했고, 덩샤오핑 시절 중국과 외국의 원수며 지도자들을 대접하기도 했다.

이 4년의 업무 경험으로 쌓은 식견 덕분에 그는 색다른 가치관을 정립했고 무슨 일을 하든 격식을 차리게 되었다. 베이징에서 윈난으로 돌아온 그는 윈난에서 가장 먼저 호텔 관리 회사를 세웠다. 그의 회사는 공문, 내부 문서, 관리 제도 등 모두 인민대회당의 체계와 양식을 고스란히 본떴다. 운영진 회의는 늘 쿤밍 시산西山의 정자에서 진행되거나 안닝에 있는 '천하제일' 온천에서 열렸다. 이후 총회의에서 하달하는 문서도 모두 엄격하게 격식을 지켰다. 직원들은 쑥덕거렸다. 양 사장이 혹시 버섯을 먹고 탈이 난 건가, 조그만 회사를 국가기관처럼 운영하다니. 그러나 양아이쥔은 형식이란 매우 중요한 것이며, 일이 크든 작든 모두 인민대회당의 일처럼 진지하고 책임감 있게 완성해야 한다고 말했다.

윈난의 대형 숙박업과 요식업이 불황을 겪고 있을 때 양아이췬은 몇몇 특색 있는 식당 운영에 도전했다. 스물 몇 살짜리 젊은이는 온몸에서 호르몬이 용솟음치는 데다가 문화예술을 사랑하는 감수성까지 갖고 있었다. 하루는 그가 관리하는 한 식당에서 가수 뤄뤄(傑傑)와 함께 온 추이젠을 마주치자 신이 난 나머지 추이젠의 쿤밍 첫 콘서트를 추진하기도 했다. 양아이췬은 추이젠의 콘서트 조직위원회의 회원이 되어 자신의 조직 관리 능력을 충분히 발휘했다. 근래에도 양아이췬은 기존의 업무 방식을 유지한 채 윈난성요식·미식업종협회라는 민간 기구를 활기차게 꾸려나가고 있다. 기구가 만들어진 지도 어느덧 17년이 다 되었고 이제는 중국 동종 업계의 협회 중에서도 가장 영향력 있는 민간 기구 중 하나로 성장해 있다.

양아이췬이 협회를 세우기 전까지만 해도 윈난 요리는 중화요리 계통에서 곧잘 생략되곤 했다. 윈난 요식업에 종사하는 사람들도 흩어진 모래알처럼 스르르 나타났다가 이내 뿔뿔히 사라졌다. 양아이췬은 사람들을 똘똘 뭉치게 하고 함께 발전하게 함으로써 그전까지 업계에서 서로 경쟁하고, 심지어 싸우던 기업들을 하나로 단결시켰다. 이로써 요식업자들은 교류하면서 서로 배우고, 돕고, 발전을 도모하는 대가족이 되었고 마침내 요식업계에 따뜻한 기류가 흘렀다. 나도 그들의 활동에 두어 번 참여했는데, 그들이 함께하는 모습을 보면 경쟁 상대가 아니라 친밀한 형제끼리 모인 것 같다. 이런 장면을 아마 다른 곳에서는 좀처럼 볼 수 없을 것이다.

2009년 양아이췬이 이끄는 윈난성요식·미식업종협회는 부단한 노력을 통해 「윈난성 인민정부의 요식업 발전 촉진에 관한 의견」을 내놓았다. 2015년에는 「'혀끝 위의 윈난' 행동 계획」을 발표함으로써 윈난 요식업 발전의 기초와 산업 틀을 다졌다. 협회에서는 또 요식업계 우수 대표를 인민 대표와 정책 협회의 위원으로 선발되도록 지지했고, 그때부터 요식업계에도 의회 정치에서의 발언권이 생겼다.

양아이쥔은 인간관계가 좋고 인맥이 넓기 때문에 그런 인적자원을 충분히 이용해서 윈난 요식업의 발전을 도모했다. 그는 인민대회당에서 일했을 때 맺었던 좋은 협력관계를 기초로 윈난의 각종 진귀한 식자재를 중식 요리사들이 쓸 수 있도록 소개했으며 동시에 요리 대가들의 정교한 기술을 윈난으로 들여왔다. 그는 '윈난 요리를 베이징으로' '윈난 요리를 상하이로' 등의 큰 프로젝트를 조직해서 지휘함으로써 그전에는 8대 요리 계통*에 속하지 못하고 인지도도 낮았던 윈난 요리를 베이징, 상하이 등의 대도시에 널리 알렸다. 그는 국가 규모의 전문 협회와의 연계를 추진했고, 윈난 요리 업계의 발전을 위한 새로운 틀을 조직했다. 각종 미디어와 플랫폼에 윈난 요리와 관련 업계를 홍보했고 적극적으로 노출했다. 협회를 통해 윈난 요식업은 많은 곳으로부터 인정받을 만큼 발전했고, 나아가 정부가 업무를 이관할 만큼 공신력도 확보했다. 윈난성의 16개 주와 시, 50여 개의 현에도 구석구석 요식업 협회가 세워졌다.

양아이쥔은 문화를 사랑했던 청년다운 태도를 유지하고 있다. 일단 어느 정도 경험과 깨달음이 누적되면 이를 모아 출판했다. 그동안 그는 간행물 『윈난의 요식과 미식雲南餐飮與美食』을 정기적으로 편집하고 출판하는 한편, '혀끝 위의 윈난' 음식 문화 시리즈 총서를 저술하고 편집해서 출판

---

* 산둥, 쓰촨, 광둥, 장쑤, 저장, 푸젠, 후난, 후이저우의 요리를 가리킨다.

했다. 총서 중 『균림천하菌臨天下』 『청향사일淸香四溢』 등의 저작은 윈난의 미식과 야생 버섯을 다른 지방과 외국에 소개하는 역할을 했다. 그동안 협회는 그의 지휘 아래 베이징, 상하이 등의 일선一線 도시*에서 윈난식 식당을 발전시켰고, 윈난의 다양한 미식을 조정하거나 통합했으며, 유엔과 싱가포르에서 윈난 요리 전시와 품평을 진행하며 윈난의 미식을 전 세계에 알렸다.

20여 년 전까지만 해도 윈난 요리는 몇몇 도시에 드문드문 있었을 뿐이다. 그러나 협회와 업계 종사자가 함께 노력한 끝에 윈난의 요식업 영업 총액은 2005년 약 100억 위안에서 2019년 1972억 위안으로 15년간 쭉 증가하며 전국 3위 안에 들 만큼 성장했다. 요식업 종사 인원도 2005년의 200여 만 명에서 2019년의 380여 만 명으로 증가하며 업계의 지속적인 발전의 기틀을 단단히 굳혔다.

양아이쥔은 매번 가슴에 협회 로고가 새겨진 흰색 폴로셔츠 차림새다. 빨간색 원형 로고 가운데에는 쑨원 선생의 필체로 '음화식덕飮和食德'이 쓰여 있어 협회의 취지를 여실히 드러낸다. 기회만 있으면 그는 주변 사람들에게 윈난 요리의 친환경성과 발전 전망에 대해 막힘없이 늘어놓을 것이다. 윈난성요식·미식업종협회의 전 회원이 참여하는 대회는 양아이쥔이 수십 년간 일관되게 지켜온 업무 방식과 형식을 유지하고 있으며, 인민대회당에서 개회할 때처럼 예의를 차리고 엄숙하며 진지한 태도로 임하는 것 또한 여전하다. 당연히 이때 공문도 빠질 수 없다. 어쩌면 이게 양아이

* 베이징, 상하이, 광저우, 선전深圳으로 중국에서 가장 규모가 크고 발전한 도시.

쿤의 성공 비결이 아닐까.

윈난 요리를 더 널리 알리기 위해, 양아이쿤은 윈난의 산수를 누비며 수많은 천연 식자재를 정리하고 연구한다. 그와 통화할 때면 거의 늘 윈난의 자치주나 향과 진에서 각종 향토 조리법 또는 소수민족의 조리법을 정리하거나 산과 골짜기를 넘나들며 진귀한 식자재를 찾고 있다. 특히 버섯 철에는 야생 버섯 산지로 가서 그의 마음속 그 어떤 식자재보다 제일인 윈난 버섯을 찾는다. 그가 한결같이 윈난 야생 버섯을 추천하고 다닌 덕분에 윈난 요리 계통의 요리사들은 풍부한 창작의 원천을 얻었을 뿐만 아니라 인민대회당과 미슐랭, 블랙 펄 레스토랑의 요리사도 미식을 창조할 때 야생 버섯을 사용하기 시작했다. 이 또한 윈난 미식을 지혜롭게 알리고 발전시키는 방법일 것이다.

양아이쿤에게는 밥을 먹는 게 바로 일이다. 함께 밥을 먹을 때면 그는 늘 식자재와 조리법에 대해 끝도 없이 말한다. 그러나 유감스럽게도 나는 오늘까지도 그가 만든 요리를 먹어본 적이 없다. 그러고 보니 과연 호기심이 인다. 일생에 걸쳐 윈난 미식과 운명으로 맺어진 사람의 요리 솜씨는 어떨까? 그는 여느 쿤밍 남자처럼 스스로 본인을 요리에 정통하다고 인정하며 자랑스럽게 말한다. "나는 견수청을 요리할 때도 대가의 비법을 따르네. 물론 가장 자신 있는 요리는 역시 백삼 달걀찜이지." 견수청을 조리하려면 일식의 복어 조리사가 그러하듯 반드시 식객을 책임질 줄 알아야 한다. 나는 견수청을 다룰 줄 아는 남자라면 분명 책임감 있는 사람일 것이라 여긴다. 그리고 백삼 달걀찜이라니! 백삼 달걀찜은 가장 간단한 집밥 요리다. 그는 의기양양함에 유머를 더하며 빠져나갈 구멍을 잊지 않았다.

양아이퀀이 그동안 했던 모든 일도 이토록 지혜로웠다.

후기

심蕈을 찾아서

윈난에 사는 사람이라면 평생 버섯(심)을 따라 헤아릴 수 없이 많은 사람들과 관계 맺는 운명을 타고났다.

버섯 심蕈, 처음 이 글자를 안 건 어릴 적 어머니가 집안에 내려오는 비법으로 고기 볶음을 해줬을 때다. 어머니는 물에 불린 표고버섯을 넣으며 이것이 '향심香蕈'이라고 했다. 그 후로도 나는 심이 무엇인지 제대로 알진 못했다. 나중에 공부를 하고서야 심의 뜻을 알게 되었다. 이는 다소 예스러운 글자였으므로 현대인은 대부분 '쥔菌' 또는 '모구蘑菇'라는 단어로 이 글자를 대체했다. 그러나 강남 일대의 고풍스러운 지역에서는 아직도 이 글자를 쓰는 데가 많이 남아 있었고, 가령 장쑤의 유명한 위산쉰유몐廬山蕈油面은 창수常熟 우산의 소나무 아래에서 자라는 버섯으로 고명을 올린 면요리를 뜻한다.

나는 윈난성 쿤밍에서 나고 자랐다. 어린 시절 가장 동경했던 일은 산에 올라가 심을 찾는 것과 바다에서 물고기를 잡는 거였다. 쿤밍의 평지 가운데에는 물이 찰랑이는 덴츠호滇池가 있는데 옛사람들은 '연못 지池'로는 덴츠호의 규모를 표현할 수 없다고 생각했는지 덴츠호가 500리에 이를 만큼 거대했다고 말했다. 윈난 사람은 오랫동안 고지에 거주했으므로 커다란 바다를 동경했고 주변 호수를 죄다 바다라고 불렀다. 그런 맥락에서 얼하이호, 청하이程海호, 양쭝호 등이 생겼다. 내가 그 시절 가장 부러워했던 사람은 덴츠호 주변 작은 어촌에 친척을 둔 친구였다. 그들은 방학이면 고깃배를 타고 '바다'에 나가 물고기를 잡으며 며칠이나 덴츠호에서 노닐곤 했다. 덴츠호 주변은 온통 산으로 둘러싸여 있는데 이때 산은 윈난 사람이 상상력을 발휘해서 만들어낸 산이 아니라 진짜 산이다. 그러므로 산에 올라가 심을 찾는다는 것은 그 시절 가장 동경하면서도 실현 가능성도 있는 환상적인 모험의 하나였다.

우기가 오고 비 내린 다음 날, 운동장의 잔디밭이나 건물이 철거되며 갑자기 드러난 도시의 공터 위에서, 그리고 생각지도 못했던 수많은 곳에서 회백색 송이가 불쑥 솟아났다. 이름도 잘 몰랐지만 일 년에 한 번씩은 심을 찾겠다는 충동이 싹텄다. 나도 버섯꾼을 따라 몇 차례 산을 올랐지만 매번 기와무늬무당버섯처럼 잡버섯 몇 포기나 겨우 캤을 뿐, 흔하고 맛있는 야생 버섯을 푸짐하게 한 끼 우걱우걱 먹는 게 전부였다. 부모님이 들려줬던 계종을 한 소쿠리나 캤다는 이야기는 이미 전설과도 같았다. 그럼에도 매년 우기만 되면 산에 올라가서 심을 찾겠다는 마음이 드는 건 일종의 신비한 힘에 조종당하는 것 같기도 했다.

부모님은 오가는 교통 편도 좋지 않은 데다 산에 갔을 때의 안전을 걱정해 단호하고 다소 거칠게 아이들을 산에 가지 못하게 했다. 아이들은 부모를 상대로 늘 꼼수를 부리고 지혜와 용기를 겨룬 끝에 대자연의 품에 안길 수 있었다. 심을 찾는 여행마다 풍성한 수확의 기쁨을 누리는 것은 아니었지만 그래도 늘 대자연의 신기한 면모를 볼 수 있었다. 오늘까지도 나는 어느 산비탈에 자리 잡은 숲의 숨결과 그곳에 불어오던 바람 소리를 기억할 수 있다. 그 산과 들을 탐색하는 일은 평생에 걸쳐 때때로 돋아나는 동경이 되었다.

심은 예로부터 지금까지 줄곧 사람들이 찾아 헤맨 목표였다. 명나라 4대 화가 중 한 명인 구영仇英은 「채지도采芝圖」를 그렸다. 그는 자신의 장기를 살려 공필 인물화와 청록산수青綠山水*를 하나로 합쳐 그림의 앞쪽은 사실적으로, 뒤쪽은 허구적으로 그렸다. 그림 중간에는 운무가 자욱이 끼어 있고 구름은 물처럼 흘렀다. 산석 위에 선 은둔자의 옷자락은 펄럭이고 표정은 침착해서 언뜻 선인처럼 보인다. 울창한 소나무 아래로는 한 동자가 영지를 캐고 있다. 신령한 샘물이 바위 틈새에서 솟아나고 저 멀리 까마득한 연기와 구름을 배경으로 묵죽墨竹이 일렁인다. 푸른 구름과 산이 한데 이어져 있어서 청산은 더욱 아득해 보인다. 그림 속 인물의 형상은 생동감 넘치고, 영지를 캐기에 환경도 알맞아 보인다. 그림 속 풍경은 중국 고대 문인이 심을 찾던 이상적인 조건에 부합한다. 그러니까 중국 고대인이 버섯을 찾던 것은 장수의 비밀을 캐고 싶었다기보다는 사실 자연과 공생하고 공

---

* 광물질인 석청, 석록을 주색으로 한 산수화.

존하는 생활 방식을 찾았던 것이 아닐까.

원난의 숲속에서 당신은 직접 버섯을 캐본 적이 없을 수도 있다. 하지만 이 숲속의 정령은 매년 약속이라도 한 듯 당신의 생활 속으로 들어갈 것이다. 특히 당신이 미식을 즐기는 사람이라면 매년 봄비가 내린 뒤 솔잎으로 덮인 홍토에서 심이 머리를 내밀길 기다릴 것이다. 당신이 심을 좋아하지 않는 사람이라 해도 봄의 끝자락부터 가을이 깊어질 때까지 주변 친구와 가족들이 차례대로 그들 마음속에 있는 각종 산의 진미를 권할 것이고, 저도 모르는 새 당신은 한 해 동안 제법 많은 양의 심을 먹을 것이다. 원난 사람으로서 당신은 멀리 사는 친구에게 반드시 송이나 유지중을 선물로 보낼 것이고 당신의 친구 네다섯 명 중 한 명쯤은 반드시 심에 중독되었을 것이다. 중독자의 경험담은 버섯 철 모두의 화젯거리가 되어줄 것이고, 이듬해의 중독자가 나올 때까지 모두가 한 해를 즐겁게 보낼 수 있을 것이다. 심은 일종의 신비한 힘을 발휘하며 시종일관 당신의 삶 속에 있다.

일찍이 2019년, 나는 2020년 설 연휴를 이용해 원난 버섯에 대한 글들을 책으로 묶으려고 했다. 하지만 곧이어 코로나19가 강타했고 내 글도 몇 차례의 격리와 3년이란 시간을 버틴 끝에야 책으로 나올 수 있었다. 글을 쓰는 일은 사실 기이한 심을 찾는 여행과 닮았다.

원난 사람이 지얼이라고 부르는 야생 버섯은 우리 삶에서 불가결한 생물이다. 더욱이 버섯을 먹는 일은 사실 원난 사람에게는 생활 그 자체다. 최근에는 생물학자의 지속적인 연구뿐만 아니라 사회학자와 예술가들도 진균과 인류의 관계를 연구하는 데 공을 들이기 시작했다. 그들은 연구에 깊이 빠져들고야 깨달았다. 사실 생물학자의 과학 연구는 다른 영역에 비해 이미 멀리 앞서 있었다. 그래서 과학 연구는 더 많은 사회학자와 예술가가 새로운 시각으로 진균 세계를 탐험하도록 자극하기도 했다.

윈난은 진균 자원의 풍부함으로는 지구상에서 둘째가라면 서러운 곳이다. 윈난 사람과 진균의 관계는 결국 먹을 것이라는 데 초점이 맞춰져 있다. 윈난 사람으로서 나는 이성적인 연구 방식을 견지하며 내 일생과 함께해온 이 신기한 생물, 버섯과 윈난 사람의 기묘한 관계를 잘 기록하고 싶었다. 그러나 펜을 놀릴 때마다 버섯을 먹고 중독된 친한 친구들의 일화가 떠올랐고, 나까지 버섯에 중독된 것처럼 신바람이 났다. 결국 이성적으로 글을 쓸 수 없을 바에는 차라리 의식의 흐름대로 마음껏 써보기로 했다.

나는 윈난이라는 버섯 왕국에 살 수 있어서 운이 참 좋았다고 생각한다. 어릴 적부터 먹은 버섯이 셀 수 없이 많다. 그리고 내가 살았던 쿤밍에 어려서부터 들락거린 식물원이 있었으니 그 또한 운이 참 좋았다. 막 중학교에 진학했을 무렵 나는 쉬츠徐遲 선생의 『생명의 나무 상록生命之樹常綠』에 깊은 감명을 받았고, 차이시타오蔡希陶 등 이전 세대 식물학자들에게 존경을 금치 못했다. 나는 헤이룽탄黑龍潭에 있는 쿤밍식물원에 갈 때마다 몹시 흥분했지만 이과 과목은 늘 쥐약이라 속수무책이었고, 미래에 식물학 연구와 관련된 일을 한다는 건 감히 꿈도 꿀 수 없었다. 그러나 몇 년 전 나는 이 식물원에서 한평생 일한 쩡샤오렌 선생을 만나고, 그와 깊은 우정을 나눴다. 나는 선생의 부탁으로 쩡 선생이 윈난미술관출판사에서 낸 작품집 『극명초목生命之樹常綠』을 위해 글을 쓰기로 했다. 막중한 책임감을 느꼈던 만큼 우선 중국의 근대 식물학 연구를 배경으로 한 그의 예술 인생을 이해하고 싶었다. 쩡 선생의 60년에 걸친 식물 세밀화 창작 생애를 이해하고 나자 차이시타오 선생, 우정이吳征鎰 선생 등 이전 세대 식물학자로부터 시작해 양주량楊祝良, 뉴양牛洋, 시왕 같은 신세대 식물학자에 이르기까지, 그들이 중국의 식물학에 공헌한 연구 정신에 대한 경외심은 배가 되었다.

이 책을 계획했을 첫 무렵 쩡 선생께 가르침을 청했다. 선생은 진균에 관한 전문 서적을 빌려주었고, 이 책을 위해 야생 버섯 세밀화를 그릴 사람으로 그의 제자 양젠쿤 선생을 추천해주었다. 젠쿤 선생은 2년이 넘는 시간 동안 창작에만 전념해 정교한 채색화 40여 점을 그려주었고, 그 특유의 직관성으로 이 책의 서사를 확장하고 책에 영혼을 불어넣어주었다. 내가 이 책을 완성하길 격려하며 쩡 선생은 자기가 이전에 창작한 윈난 야생 버섯 작품을 제공해주었을 뿐만 아니라 그가 사랑하는 윈난 야생 버섯을 주제로 새로운 작품을 제작해주기까지 했다. 나는 그의 기대를 저버릴 수 없다는 책임감을 더 깊이 느꼈다. 또한 쩡 선생은 그가 존경하는 진균 전문가 양주량 교수를 내게 소개해주었다. 감수를 받기 위해 초고를 양 교수에게 넘겼을 때는 성적이 안 좋은 학생이 과제를 제출하는 것처럼 조마조마하고 불안했다. 양 교수는 싫증 한번 내지 않고 버섯의 라틴어 학명을 정확하게 표기해주었고, 초고를 통독해 검토할 부분과 수정할 부분을 짚어줬다. 양 선생은 세계 진균학계에서 명성을 떨치는 과학자로, 주량오미케스Zhuliangomyces가 바로 그의 이름을 따서 명명한 속이다. 이런 전문 과학자와 예술가들이 내 책을 뒷받침해준 일은 영광스러운 일이 아닐 수 없다. 이 책을 쓰고 편집하는 과정에서도 양 선생의 박사과정 지도생인 왕경선王庚申과 왕쯔루이王子睿에게 큰 도움을 받았고 덕분에 나의 여러 아이디어를 정확하게 실현할 수 있었다. 동시에 내가 윈난대학에서 교수로 재직했을 때의 학생인 귀옌옌郭妍彥, 탕쉬안湯璇, 천커웨陳可悅, 슝훙리熊鴻利 등이 온라인과 오프라인의 자료를 검증해주었다. 그들이 자료 정리 작업을 맡아준 덕분에 집필 작업도 순조롭게 진행됐다. 특히 이 작품을 완성할 때까지 버틸 수 있도록 해준 아내 천잉의 지지와 독촉에 감사드린다.

몇 년 전 이스탄불에서 오르한 파무크가 자주 출몰하던 그 거리를 어슬 렁거릴 때 자꾸 만 리 밖에 있는 고향 사람인 시인 위젠이 떠오르고는 했다. 위젠과 파무크는 놀랄 만큼 닮은 점이 하나 있는데, 바로 자신의 고향을 대면하는 방식이다. 풍물이든 인정이든 아낌없이 찬미하고 깊은 정이 글에서 흘러넘치도록 한다. 이스탄불에서 오르한 파무크의 책을 읽는 건 일종의 호사를 누리는 일이었다. 보스포루스해협을 마주한 채 오가는 대형 선박을 보며 그의 『이스탄불』을 읽었지만, 내 마음은 이미 저 멀리 쿤밍을 떠올리고 있었다. 고향을 서술한 글을 읽을 때마다 위젠이 떠올랐다. 그에게 이 책의 서문을 청하자 그는 흔쾌히 승낙하며 덧붙였다. "윈난에서 견수 청 한 접시를 먹지 않으면 이 여름을 어떻게 날 수 있겠어?"

2020년 3월 나는 천잉과 부모님과 함께 치앙마이에서 쿤밍으로 돌아왔지만, 쿤밍에 착륙하자마자 격리되었다. 연로한 부모님은 우리와 마찬가지로 코로나19 방역 체계의 여러 복잡한 일에 묵묵히 협조했고, 자정이 되었을 때야 우린 격리 호텔에 입실할 수 있었다. 성인이 된 뒤로는 처음으로 부모님과 함께 가장 긴 시간을 보내야 했다. 15일 동안, 두 분이 비교적 고령이라는 이유로 우리는 매일 두 번 함께 식사할 수 있었다. 아버지는 늘 내게 뭘 하고 지내는지 물었고, 금세 잊어버렸지만 잊으면 금방 또 물었다. 버섯에 관한 책을 쓰고 있다고 말했더니 아버지는 흥미롭게 여기며 글의 진도가 얼마나 나갔는지 때때로 관심을 보이기도 했다. 하지만 아버지는 내가 이 책을 완성해서 보여드릴 때까지 기다리지 못하고 1년 전 돌연 세상을 떠났다. 이 책에 담긴 많은 글은 아버지 곁에서 쓴 것이다. 이 책은 내가 하늘에 계시는 아버지에게 드리는 선물이라고도 할 수 있다.

이 책을 마무리했을 때는 이미 10월 말이었다. 나는 다리의 젠촨劍川에 있는 스바오산石寶山에 가서 올해의 마지막 송이를 찾았다. 새벽에 바이족 버섯꾼과 함께 산에 오르자 가는 길에 싸리버섯, 백우간균이 드문드문 있어 손 가는 대로 채집할 수 있었지만 수량은 이미 매우 적었다. 산과 언덕을 넘고 버섯꾼이 잘 아는 '버섯 소굴'에 도착했다. 그는 대나무 막대기 하나를 내게 건네고 자기도 하나를 쥔 채 송이가 있으리라고 짐작되는 지점을 찾아갔다. 막대기 끝부분이 비스듬하게 잘려 있기에 처음에는 경사진 길을 기어오르기 쉬우라고 잘라둔 줄 알았다. 그러나 나중에 보니 버섯꾼들은 막대를 마치 레이저 탐지기처럼 쓰며 송이를 찾고 있었다. 심을 찾는 과정은 이상하고 신비로웠다. 그들은 우선 대나무 막대기로 낙엽 위를 가볍게 훑으면서 손에 전해지는 느낌을 세심히 감각했고, 부엽 밑의 송이를 찾으면 손으로 낙엽을 살살 파헤쳐 송이를 감싼 흙을 걷어내고 조심스럽게 송이를 캤다. 나는 심을 찾는 사람들이 대나무 막대기 말고도 송이의 혼잣말에 귀 기울일 때가 더 많다고 느꼈다. 만약 송이가 말하지 않는다면 송이를 찾기란 불가능할 것이다. 애나 로웬하웁트 칭도 그의 책『세계 끝의 버섯』에서 이렇게 감탄했다. "좋은 버섯을 찾기 위해서는 나의 모든 감각이 필요하다. 송이버섯 따기에는 비밀이 하나 있기 때문이다. 그 비밀은 버섯을 거의 찾지 않는 것이다."*

이미 깊은 가을에 접어든 탓인지 이날 오전 우리는 송이 한 송이를 캔 것이 다였다. 송이가 있던 땅 위에 서자 나는 불현듯 흙 속에 섞인 균사와 송이의 기이한 향을 맡을 수 있었다. 사실 내 발밑의 균사는 줄곧 쉼 없이 천천히 생장하고 있다. 우리는 끝없는 균사의 생장 속에서 이제 막 버섯을 찾는 여정을 시작했을 뿐이다.

요 몇 년간은 일과 개인적인 흥미 때문에 중국과학원 쿤밍식물연구소를 자주 드나들었다. 차를 몰아서 츠바茨壩를 지나 천천히 식물원 구역에 접어들면, 가슴 깊이 스며들어 신선한 감동을 주는 싱그러운 기운과 눈에 서리는 울창한 푸른빛이 흘러넘치기 시작한다. 순식간에 기분이 좋아지고 일을 한다기보다는 여행을 시작하는 느낌이 든다. 윈난은 내가 태어나고 자란 곳이다. 내 머리 위 푸른 하늘에는 '1만 톤이나 되는 흰 구름'이 늘 떠다니고, 발밑의 토지에서는 언제든 계종이 한 송이 한 송이 솟아나며, 곁에는 평생 자연을 사랑하는 친구들이 있다. 윈난의 버섯을 위해 책 한 권을 쓰지 않는다면 그것이야말로 평생 가장 아쉬운 일이 될지도 모른다.

2022년 6월 26일 처음 쓰고
2022년 12월 20일 보충하다
쿤밍 밍펑산 우스산거無事山居에서

* 애나 로웬하웁트 칭, 노고운 옮김, 『세계 끝의 버섯』(현실문화, 2023), 430쪽.

찾아보기

버섯
중독

초판인쇄 2025년 2월 26일
초판발행 2025년 3월 4일

지은이 녜룽칭
그림 쩡샤오롄, 양젠쿤
펴낸이 강성민
편집장 이은혜
편집 양나래
마케팅 정민호 박치우 한민아 이민경 박진희 황승현
브랜딩 함유지 함근아 박민재 김희숙 이송이 김하연 박다솔 조다현 배진성 이준희
제작 강신은 김동욱 이순호
독자모니터링 황치영

펴낸곳 (주)글항아리 | 출판등록 2009년 1월 19일 제406-2009-000002호

주소 경기도 파주시 문발로 214-12, 4층
전자우편 bookpot@hanmail.net
전화번호 031-955-2689(마케팅) 031-941-5161(편집부)

ISBN 979-11-6909-356-9 03480

www.geulhangari.com